应用型本科院校"十三五"系列教材/机械工程类

主　编　张德生　孙曙光
副主编　郝素红　王　劲　孟凡荣
主　审　司俊山

机械制造技术基础课程设计指导

Guideline of the Basic Course of Mechnical Manufactory Technology

哈尔滨工业大学出版社

内容简介

本书提供了机械工程类专业进行机械制造技术基础课程设计的一般指导原则、设计方法、过程和步骤要求等,并着重指出机械加工工艺规程编制和夹具设计的要点、步骤、方法、内容等。通过3个示例进行演示,达到有效指导设计及参考作用。

本书可供高等院校本科、职业学院等机械类专业或近机类专业作为"机械制造技术基础课程设计"的指导书,也可作为课程配套教材或毕业设计的重要参考资料用书,还可供机械制造工程技术人员参考。

图书在版编目(CIP)数据

机械制造技术基础课程设计指导/张德生,孙曙光主编. —哈尔滨:哈尔滨工业大学出版社,2013.1(2023.1 重印)

应有型本科院校"十三五"规划教材

ISBN 978-7-5603-3980-1

Ⅰ.①机… Ⅱ.①张… ②孙… Ⅲ.①机械制造工艺-高等学校-教材参考资料 Ⅳ.①TH16

中国版本图书馆 CIP 数据核字(2013)第 018377 号

策划编辑　杜　燕
责任编辑　范业婷
封面设计　高永利
出版发行　哈尔滨工业大学出版社
社　　址　哈尔滨市南岗区复华四道街 10 号　邮编 150006
传　　真　0451-86414749
网　　址　http://hitpress.hit.edu.cn
印　　刷　哈尔滨市工大节能印刷厂
开　　本　787mm×1092mm　1/16　印张 18.5　字数 421 千字
版　　次　2013 年 1 月第 1 版　2023 年 1 月第 6 次印刷
书　　号　ISBN 978-7-5603-3980-1
定　　价　37.80 元

(如因印装质量问题影响阅读,我社负责调换)

《应用型本科院校"十三五"规划教材》编委会

主　任	修朋月	竺培国			
副主任	王玉文	吕其诚	线恒录	李敬来	
委　员	丁福庆	于长福	马志民	王庄严	王建华
	王德章	刘金祺	刘宝华	刘通学	刘福荣
	关晓冬	李云波	杨玉顺	吴知丰	张幸刚
	陈江波	林　艳	林文华	周方圆	姜思政
	庹　莉	韩毓洁	蔡柏岩	臧玉英	霍　琳
	杜　燕				

序

哈尔滨工业大学出版社策划的《应用型本科院校"十三五"规划教材》即将付梓,诚可贺也。

该系列教材卷帙浩繁,凡百余种,涉及众多学科门类,定位准确,内容新颖,体系完整,实用性强,突出实践能力培养。不仅便于教师教学和学生学习,而且满足就业市场对应用型人才的迫切需求。

应用型本科院校的人才培养目标是面对现代社会生产、建设、管理、服务等一线岗位,培养能直接从事实际工作、解决具体问题、维持工作有效运行的高等应用型人才。应用型本科与研究型本科和高职高专院校在人才培养上有着明显的区别,其培养的人才特征是:①就业导向与社会需求高度吻合;②扎实的理论基础和过硬的实践能力紧密结合;③具备良好的人文素质和科学技术素质;④富于面对职业应用的创新精神。因此,应用型本科院校只有着力培养"进入角色快、业务水平高、动手能力强、综合素质好"的人才,才能在激烈的就业市场竞争中站稳脚跟。

目前国内应用型本科院校所采用的教材往往只是对理论性较强的本科院校教材的简单删减,针对性、应用性不够突出,因材施教的目的难以达到。因此亟须既有一定的理论深度又注重实践能力培养的系列教材,以满足应用型本科院校教学目标、培养方向和办学特色的需要。

哈尔滨工业大学出版社出版的《应用型本科院校"十三五"规划教材》,在选题设计思路上认真贯彻教育部关于培养适应地方、区域经济和社会发展需要的"本科应用型高级专门人才"精神,根据前黑龙江省委书记吉炳轩同志提出的关于加强应用型本科院校建设的意见,在应用型本科试点院校成功经验总结的基础上,特邀请黑龙江省9所知名的应用型本科院校的专家、学者联合编写。

本系列教材突出与办学定位、教学目标的一致性和适应性,既严格遵照学科体系的知识构成和教材编写的一般规律,又针对应用型本科人才培养目标及与之相适应的教学特点,精心设计写作体例,科学安排知识内容,围绕应用讲授理论,做到"基础知识够用、实践技能实用、专业理论管用"。同时注意适当融入新理论、新技术、新工艺、新成果,并且制作了与本书配套的PPT多媒体教学课件,形成立体化教材,供教师参考使用。

《应用型本科院校"十三五"规划教材》的编辑出版,是适应"科教兴国"战略对复合型、应用型人才的需求,是推动相对滞后的应用型本科院校教材建设的一种有益尝试,在应用型创新人才培养方面是一件具有开创意义的工作,为应用型人才的培养提供了及时、可靠、坚实的保证。

希望本系列教材在使用过程中,通过编者、作者和读者的共同努力,厚积薄发、推陈出新、细上加细、精益求精,不断丰富、不断完善、不断创新,力争成为同类教材中的精品。

前　言

"机械制造技术基础课程设计"是机械类专业重要的实践教学环节,目的在于通过本课程设计的指导使学生能综合运用所学知识,培养学生设计"机械加工工艺规程"和"机床夹具"的工程实践能力,也为学生做好毕业设计及走上工作岗位打下坚实基础。

本书指出了机械制造技术课程设计的主要任务及要求,并较详细地叙述机械加工工艺规程编制和机床夹具设计的步骤和方法,指出如何确定毛坯类型、加工工艺方法、切削用量参数、刀具和量具等工艺装备选用、确定时间定额、常用夹具所用定位元件与夹紧元件等的选用,最后以3个典型零件的加工工艺规程编制及夹具的设计为示例,并附有少量零件图样供课程设计选用。

全书共分5章及附录。第1章指出了课程设计任务书的内容及要求、常用手册和标准等参考资料,并给出任务书等参考模板;第2章介绍机械加工工艺规程制订的步骤和内容,内容包括确定零件的生产类型、工艺分析、毛坯的设计、工艺路线的拟订、工艺计算、工艺文件和模板的编制;第3章介绍机床夹具的设计方法与步骤,内容包括定位方案设计、对刀及导向装置设计、夹紧装置设计、夹具体设计和夹具装配图的设计等;第4章介绍常用设计资料,主要有毛坯选择、尺寸公差与机械加工余量、工序间加工余量、工序尺寸及其公差的确定、常用金属切削机床的选择、常用金属切削刀具和量具的选择、切削用量的选择、时间定额的确定、夹具的常用定位元件、对刀元件、导向元件、常用夹紧元件的选择;第5章介绍典型零件的机械加工工艺规程编制及典型夹具设计,选用了拨叉、齿轮、法兰盘3个典型零件作为示例,详细介绍了编制机械加工工艺规程和夹具设计过程、方法、设计常规内容和要求。附录附有少量零件图样供课程设计选用。

本书尽量选择学生比较熟悉或感兴趣的零件进行实例指导,内容具体实用,可供高等院校本科、职业学院等机械类专业或近机类专业作为"机械制造技术基础课程设计"的指导书,也可作为课程配套教材或毕业设计的重要参考资料用书,还可供机械制造工程技术人员参考。

本书由张德生、孙曙光任主编。孟凡荣、王劲和郝素红任副主编,编写组成人员分工是:黑龙江工程学院张德生(第1章),黑龙江东方学院孙曙光(第2.1~2.4节),黑龙江东方学院郝素红(第2.5~2.7节、第4.8~4.10节),辽宁机电职业技术学院王劲(第3.1~3.4节、第5.3节),黑龙江东方学院孟凡荣(第5.2节)、哈尔滨石油学院林兵(第5.1节、第4.6节),哈尔滨石油学院孟浩(第4.5节),哈尔滨剑桥学院朱礼贵(第4.1~4.4节),黑龙江东方学院许兴蕊(第4.7节、附录),黑龙江东方学院张博(第3.5~3.7节)。

由于编者水平有限,殷切期望广大读者对书中疏漏之处予以批评指正。

编 者
2012年10月

目 录

第1章 概述 ··· 1
1.1 课程设计的培养目标 ··· 1
1.2 课程设计任务书的内容及要求 ·· 1

第2章 机械加工工艺规程的制订 ·· 7
2.1 机械加工工艺规程的设计步骤 ·· 7
2.2 确定零件的生产类型 ··· 7
2.3 零件的工艺分析 ··· 8
2.4 毛坯的设计 ··· 10
2.5 工艺路线的拟定 ··· 11
2.6 工艺计算 ·· 22
2.7 工艺档的编制 ·· 26

第3章 机床专用夹具设计 ··· 30
3.1 夹具设计的基本要求 ··· 30
3.2 专用夹具的设计方法与步骤 ·· 30
3.3 定位方案设计 ·· 35
3.4 对刀及导向装置设计 ··· 45
3.5 夹紧装置设计 ·· 48
3.6 夹具体设计 ··· 59
3.7 夹具装配图的设计 ·· 65

第4章 常用设计资料 ··· 74
4.1 毛坯尺寸公差与机械加工余量 ··· 74
4.2 工序间加工余量 ··· 83
4.3 工序尺寸及其公差的确定 ··· 93
4.4 常用金属切削机床的技术参数 ··· 95
4.5 常用金属切削刀具 ··· 114
4.6 常用量具 ··· 124
4.7 常用加工方法切削用量的选择 ·· 127
4.8 时间定额的确定 ·· 154

  4.9 常用定位元件、对刀元件与导向装置元件 ……………………………………… 161
  4.10 常用夹紧元件 ……………………………………………………………………… 179
第5章 典型零件的工艺规程编制及典型夹具设计 ……………………………………… 210
  5.1 拨叉的工艺规程编制及典型夹具设计 …………………………………………… 210
  5.2 离合齿轮的工艺规程编制及典型夹具设计 ……………………………………… 230
  5.3 法兰盘工艺规程编制及典型夹具设计 …………………………………………… 254
附录 课程设计题目选编 ………………………………………………………………… 273
参考文献 ……………………………………………………………………………………… 284

第 1 章 概 述

1.1 课程设计的培养目标

机械制造技术基础课程设计是在完成机械制造技术基础或机械制造工艺学(含夹具设计)课程及生产实习之后的一个重要的实践环节。学生须综合运用所学知识进行工艺设计和夹具结构设计,为后续的毕业设计打下良好的基础。

要求学生全面、综合运用机械制造技术基础及相关先修课程的理论和实践知识,进行零件加工工艺规程的设计和机床专用夹具的设计。培养目标如下:

(1) 培养学生设计机械加工工艺的能力。通过课程设计,熟练运用机械制造技术基础或机械制造工艺学课程中的基本理论以及在生产实习中学到的知识,正确掌握一个典型零件在加工中定位、夹紧以及工艺路线安排、工艺尺寸确定等工艺加工问题,保证零件的加工质量,具备设计一个中等复杂程度零件的工艺规程的能力。

(2) 培养设计典型夹具结构的能力。学生通过夹具设计的训练,能根据被加工零件的加工要求,运用夹具设计的基本原理和方法,学会拟定夹具设计方案,设计出合理而能保证加工质量的夹具,培养结构设计能力和独立思考设计能力。

(3) 培养学生熟悉并查阅工艺及夹具等有关手册、标准、规范、相关参考资料等技术资料的能力。

(4) 进一步培养学生制图、识图、运算和编写技术文件等基础技能。

1.2 课程设计任务书的内容及要求

1.2.1 课程设计任务书的内容

题目:××××零件的机械加工工艺规程及典型夹具的设计

根据所提供的零件图样、年产量、每日班次(生产纲领)和生产条件等原始资料,完成以下任务:

(1) 绘制被加工零件的零件图(1 张,A3 或 A4)。

(2) 绘制被加工零件的毛坯图(1 张,A3 或 A4)。

(3) 编制机械加工工艺规程(工艺过程卡、工序卡及辅助工序卡等,1 套)。

(4) 设计并绘制典型夹具装配图(1 套,A3 或 A3 以上)。

(5) 设计并绘制典型夹具中的非标准零件图(通常为夹具体,1 张,A3 或 A4)。

(6) 编写课程设计说明书(1 份)。

1.2.2 课程设计要求

学生应像工厂技术人员一样接受实际设计任务,认真对待课程设计,在老师的指导下,根据设计任务,合理安排时间和进度,有计划、认真地按时完成设计任务,培养良好的工作作风。要做到:收集零件的相关资料,通过了解零件的功用及工作条件等,对零件进行工艺分析并提出加工工艺方案;能提出问题并解决问题,要有自己的观点和想法,完成工艺分析及规程设计和设计典型夹具。必须以负责的态度完成自己所做的课程设计。注意理论与实践相结合,达到整个设计在技术上是先进的、在经济上是合理的、在生产上是可行的。

教师在选题时,首选中等复杂程度、中批或大批生产的零件。

题目由指导教师选定,经系(教研室)主任审核后发给学生。

课程设计时间一般为 3 周,其进度及时间分配见表 1.1。

表 1.1 课程设计进度及时间分配表

序号	课程设计内容	天数	备注
1	发放课程设计题目、要求、内容、方法等,并作相应讲解	0.5	约占 3.5%
2	准备工作:阅读相关参考资料,明确设计要求,了解设计对象,拟定设计计划	0.5	约占 3.5%
3	分析研究被加工零件,绘制零件图及毛坯图	2	约占 13.2%
4	拟定工艺路线,进行工艺设计,设计工艺卡片	4	约占 26.3%
5	夹具设计:夹具装配图及夹具零件图	6	约占 40%
6	编写设计说明书	1.5	约占 10%
7	答辩	0.5	约占 3.5%

1.2.3 成绩考核

学生在完成课程设计任务后,应在课程设计的全部图纸及说明书上签字,指导教师予以审核。教师按照课程设计的培养目标要求,根据学生所提交的材料,主要从以下两方面对学生进行考查,来综合评定学生的成绩。

(1) 材料:包括零件图、工艺文件、夹具装配图及非标准零件图和说明书。该项占总成绩的 60%。

(2) 答辩及平时表现:包括答辩回答问题的情况、平时的出勤表现、工作态度与独立工作能力等诸方面表现。该项占总成绩的 40%。

以上两项中,任何一项不合格都按不及格处理,缺任何一项按无成绩处理。

成绩分优秀、良好、中等、及格和不及格五个等级。

1.2.4 说明书撰写与装订要求

1. 装订顺序

封皮 — 任务书 — 目录 — 正文 — 参考文献(不少于 5 篇)。

2. 正文内容

(1) 绪论。

(2) 零件设计与工艺分析。

(3) 工艺规程设计。

(4) 夹具设计。

3. 其他要求与说明

(1) 图纸要求:须用 AutoCAD 或 CAXA 等绘图软件严格按照机械标准绘制。

(2) 论文要求:WORD 排版,字数不少于 5 000 字,左侧装订(不含图纸)。

(3) 将论文及图纸装入档案袋中并在档案袋封面写明课程设计名称、学生姓名等信息。

1.2.5 模　板

各学校可根据自己的实际情况自定模板,以下可作为参考。说明书封皮模板如图 1.1 所示。任务书模板如图 1.2 所示。装配图的标题栏模板如图 1.3 所示。零件图的标题栏模板如图 1.4 所示。

机械制造技术基础

课程设计说明书

设计题目：×××零件的机械加工工艺规程及典型夹具设计

专业班级：_____

学生姓名：_____

学生学号：_____

指导教师：_____

×××学校

年　　月　　日

图1.1　说明书封皮模板

机械制造技术基础课程设计任务书

设计题目：×××零件的机械加工工艺规程及典型夹具设计

设计内容：

1. 绘制零件图和毛坯图各一张。

2. 编制零件的加工工艺过程,并填写加工工艺过程卡及工序卡一套。

3. 设计指定工序的夹具,绘制夹具装配总图一套。

4. 绘制夹具的非标零件图一张。

5. 编写设计说明书一份。

指导教师：_____

年　　月　　日

图1.2　任务书模板

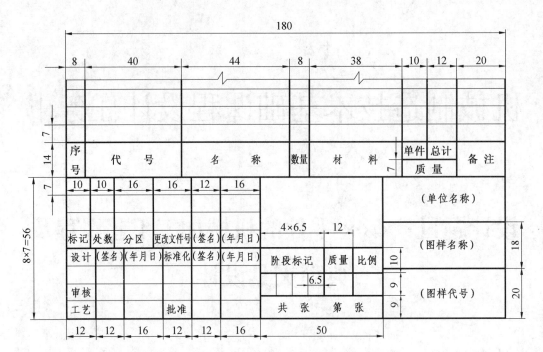

图 1.3　夹具装配图的标题栏模板

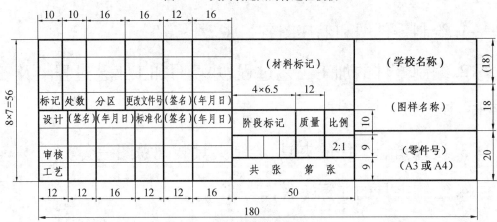

图 1.4　零件图的标题栏模板

第 2 章

机械加工工艺规程的制订

2.1 机械加工工艺规程的设计步骤

设计零件的机械加工工艺规程的步骤如下:
(1) 根据零件的生产纲领,确定生产类型;
(2) 根据零件图和产品装配图,对零件进行工艺分析;
(3) 确定毛坯的种类和制造方法,确定毛坯的尺寸和公差;
(4) 拟定工艺路线;
(5) 确定各工序的加工余量,计算工序尺寸及公差;
(6) 选择各工序的机床设备及刀具、量具等工艺装备;
(7) 确定各工序的切削用量和时间定额;
(8) 编制工艺。

2.2 确定零件的生产类型

零件的生产类型是指企业(或车间、工段、班组、工作地等)生产专业化程度的分类,它对工艺规程的制订具有决定性的影响。零件的生产类型一般可分为大量生产、成批生产和单件生产三种,不同的生产类型有着完全不同的工艺特征。零件的生产类型是按零件的生产纲领来确定的。生产纲领是指企业在计划期内应当生产的产品产量和进度计划。年生产纲领是包括备品和废品在内的某产品的年产量。零件的年生产纲领为

$$N = Qn(1 + a)(1 + b) \tag{2.1}$$

式中 N—— 零件的生产纲领,件/年;
Q—— 产品的年产量,台、辆/年;
n—— 每台(辆)产品中该零件的数量,件/台、辆;
a—— 备品率,一般取 2% ~ 4%;
b—— 废品率,一般取 0.3% ~ 0.7%。

根据式(2.1)可求得零件的年生产纲领,再通过查表,就能确定该零件的生产类型。

表2.1为汽车制造厂机械加工车间生产类型的划分,表2.2和表2.3为划分其他机械加工产品的生产类型时所需查阅的表格。

表2.1　汽车制造厂机械加工车间生产类型的划分

汽车特征		乘用车或1.5 t以下商务用车	商务用车	
			2～6 t汽车	8～15 t汽车
生产类型		年生产纲领或年产量/辆		
成批生产	小批	2 000以下	1 000以下	500以下
	中批	2 000～20 000	1 000～10 000	500～5 000
	大批	20 000～50 000	10 000～50 000	5 000～10 000
大量生产		50 000以上	50 000以上	10 000以上

表2.2　不同机械产品的零件质量型别表

机械产品类别	加工零件的质量/kg		
	重型零件	中型零件	轻型零件
电子工业机械	>30	4～30	<4
中、小型机械	>50	15～50	<15
重型机械	>2 000	100～2 000	<100

表2.3　机械加工零件生产类型的划分

生产类型		产品类型		
		重型零件	中型零件	轻型零件
		年生产纲领/件		
单件生产		5以下	20以下	100以下
成批生产	小批	5～10	20～200	100～500
	中批	100～300	200～500	500～5 000
	大批	300～1 000	500～5 000	5 000～50 000
大量生产		1 000以上	5 000以上	50 000以上

2.3　零件的工艺分析

1. 了解零件的功用

(1) 熟悉零件图,了解该零件在部件或总成中的位置、功用。

(2) 分析零件图和该零件所在部件或总成的装配以及部件或总成对该零件提出的技术要求,确定主要加工表面,以便在拟订工艺规程时采取措施予以保证。

2. 零件的技术要求分析

(1) 掌握零件的结构形状、材料、硬度及热处理等情况,了解该零件的主要工艺特点,形成工艺规程设计的总体构想。

(2) 了解加工表面的尺寸精度、形状精度、位置精度、表面粗糙度及其他方面的质量要求。

(3) 明确哪些表面是主要加工表面,以便在选择表面加工方法及拟定工艺路线时重点考虑。

(4) 从零件的设计角度出发,分析制订的零件技术要求是否合理。

3. 审查零件的工艺性

根据零件的技术要求及其在产品中的装配要求,结合生产类型和生产条件,从工艺角度出发,对零件图样进行工艺性审查,其审查内容和审查原则参见表2.4。

表2.4 零件工艺性审查内容和原则

类 别	零件工艺性审查内容及审查原则
零件图样	(1) 零件图样上的各视图表达清楚,符合机械制图标准 (2) 尺寸公差、形位公差和表面粗糙度标注正确、统一、完整
铸造	(1) 铸件的壁厚:保证铸造时组织结构均匀,减小内应力;厚度合适、均匀,不得有突然变化 (2) 铸造圆角:防止产生浇注缺陷和应力集中;圆角尺寸适当,不得有尖棱尖角 (3) 铸件结构:减少分型面、型芯和便于起模;结构尽可能简化,有合理的起模斜度(一般不大于3°) (4) 加强肋:防止冷却时铸件变形或产生裂纹;加强肋布置适当,厚度尺寸适当 (5) 铸件材料:有较好的可铸性
锻造	(1) 模锻件结构:尽量简单对称,横截面尺寸不得有突然变化,弯曲处的截面应适当增大 (2) 模锻件圆角半径:圆角尺寸适当,不得有尖棱尖角 (3) 起模斜度:外表面的起模斜度取(1∶10)~(1∶7);内表面的起模斜度取(1∶7)~(1∶5);对高精度的模锻件起模斜度可适当减小 (4) 锻件材料:有良好的可锻性
热处理	(1) 热处理的技术要求合理,零件材料选择符合所要求的物理、力学性能 (2) 热处理零件尽量避免尖角、锐边和盲孔,截面尽量均匀、对称
切削加工	(1) 尺寸公差、形位公差和表面粗糙度的要求应尽量经济合理 (2) 零件具有合理的工艺基准(或辅助基准),工艺基准与设计基准尽量重合 (3) 零件的结构要尽量统一并标准化,便于采用标准刀具进行加工 (4) 零件各加工表面的几何形状应尽量简单,尽量减少切削加工表面面积 (5) 零件结构有便于装夹的表面,对于相互位置精度要求高的表面可尽量在一次装夹中完成加工 (6) 成批大量生产,零件的结构应尽量便于多面或多件同时加工,提高生产效率

2.4 毛坯的设计

机械加工中毛坯的种类很多,如铸件、锻件、型材、挤压件、冲压件及焊接组合件等,同一种毛坯又可能有不同的制造方法。各种毛坯制造方法的特点及应用范围见表2.5。

表2.5 各种毛坯制造方法的特点及应用范围

毛坯类型	制造精度(IT)	加工余量	原材料	工件外形尺寸	工件形状	适用生产类型	生产成本
型材		大	各种材料	小	简单	各种类型	低
型材焊接件		一般	钢	中、大	较复杂	单件生产	低
砂型铸造	13级以下	大	铸铁、青铜	各种尺寸	复杂	各种类型	较低
自由铸造	13级以下	大	钢	各种尺寸	较简单	单件小批生产	较低
普通模锻	11~13	一般	钢、锻铝	小、中	一般	中大批生产	一般
金属模铸造	10~12	较小	铸铝	小、中	较复杂	中大批生产	一般
精密铸造	8~11	较小	钢、铝合金	小	较复杂	大批生产	较高
压力铸造	8~11	小	铸铁、铸钢、铝合金	小、中	复杂	中大批生产	较高
熔模铸造	7~10	很小	铸铁、铸钢、青铜	小	复杂	中大批生产	高

提高毛坯制造质量,可以减少机械加工劳动量,降低机械加工成本,但往往会增加毛坯的制造成本。

1. 选择毛坯的制造方法应考虑的因素

(1) 材料的工艺性能。材料的工艺性能在很大程度上决定了毛坯的种类和制造方法。例如,低碳钢的铸造性能差,但其可锻性、可焊性均好,因此,低碳钢广泛用于制造锻件、型材、冲压件、挤压件及组合毛坯等。

(2) 毛坯的尺寸、形状和精度要求。毛坯的尺寸大小和形状复杂程度是选择毛坯的重要依据。直径相差不大的阶梯轴宜采用棒料;直径相差较大的阶梯轴宜采用锻件。尺寸很大的毛坯,通常不宜采用模锻或压铸、特种铸造等方法,而宜采用自由锻造或砂型铸造。形状复杂的毛坯,不宜采用型材或自由锻件,可采用铸件、模锻件、冲压件或组合毛坯。

(3) 零件的生产纲领。毛坯的制造方法要与零件的生产纲领相适应,以求获得最佳的经济效益。生产纲领大时宜采用高精度和高生产率的毛坯制造方法,如模锻及熔模铸造等;生产纲领小时,宜采用设备投资少的毛坯制造方法,如木模砂型铸造及自由锻造。

(4) 采用新材料、新工艺、新技术的可能性。确定了毛坯的种类和制造方法后,即可通过查表求得毛坯的尺寸和公差。有关详细内容见第3.2节。

2. 毛坯图的绘制要求

(1) 粗实线表示毛坯表面轮廓,以双点画线表示经切削加工后的表面,在剖视图上可用交叉线表示加工余量。

(2)毛坯图上的尺寸值包括加工余量在内。可在毛坯图上注明成品尺寸(基本尺寸)但应加括号,如图 2.1 中的(ϕ55)。

(3)在毛坯图上可用符号表示出机械加工工序的基准。

(4)在毛坯图上注有零件检验的主要尺寸及其公差,次要尺寸可不标注公差,如图 2.2 中的 $\phi 30 \pm 0.5$。

(5)在毛坯图上注有材料规格及必要的技术要求。如材料及规格、毛坯精度、热处理及硬度、圆角半径、分模面、起模斜度、内部质量要求(气孔、缩孔、夹砂)等。

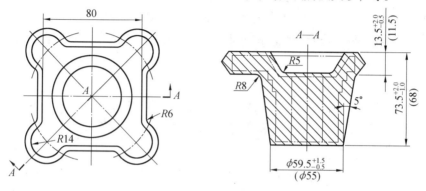

图 2.1 凸缘的毛坯图

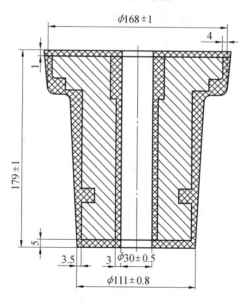

图 2.2 轴套零件的毛坯图

2.5 工艺路线的拟定

工艺路线的拟定包括:定位基准的选择,各表面加工方法和加工方案的确定,加工阶段的划分,工序集中程度的确定,工序顺序的安排以及选择各工序所用的机床和工艺装备等。对于复杂零件,应多设计几种工艺方案,进行分析比较后,从中选择一个比较合理的加工方案。

1. 定位基准的选择

定位基准可分为粗基准和精基准:用毛坯上未经加工的表面作定位基准,称为粗基准;在后续的加工工序中,采用已加工的表面作定位基准,称为精基准。粗基准和精基准选择原则见相关教材。

2. 机械加工定位与夹紧符号

机械加工定位支承符号与辅助支承符号的画法如图 2.3 所示。定位与夹紧符号标注示例见表 2.6,常用装置符号标注示例见表 2.7。定位、夹紧符号与装置符号综合标注示例见表 2.8。

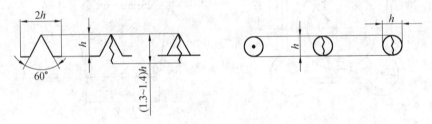

图 2.3 定位支承符号与辅助支承符号的画法(摘自 JB/T 5061—2006)

表 2.6 定位与夹紧符号标注示例(摘自 JB/T 5061—2006)

分类	标注位置	独立定位		联合定位	
		标注在视图轮廓线	标注在视图正面	标注在视图轮廓线	标注在视图正面
定位支承符号	固定式				
	活动式				
辅助支承符号					
夹紧符号	手动				
	液压	Y	Y	Y	Y
	气动		Q	Q	Q
	电磁	D	D	D	D

表2.7 常用装置符号标注示例(摘自 JB/T 5061—2006)

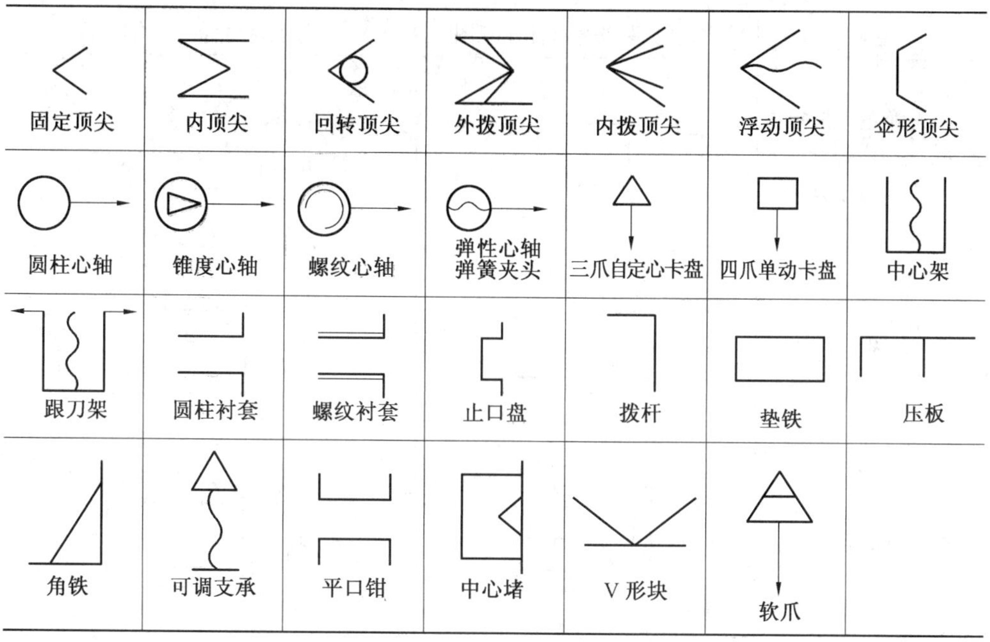

固定顶尖	内顶尖	回转顶尖	外拨顶尖	内拨顶尖	浮动顶尖	伞形顶尖
圆柱心轴	锥度心轴	螺纹心轴	弹性心轴弹簧夹头	三爪自定心卡盘	四爪单动卡盘	中心架
跟刀架	圆柱衬套	螺纹衬套	止口盘	拨杆	垫铁	压板
角铁	可调支承	平口钳	中心堵	V形块	软爪	

表2.8 定位、夹紧符号与装置符号综合标注示例(摘自 JB/T 5061—2006)

序号	说明	定位、夹紧符号标注示意图	装置符号标注示意图
1	床头固定顶尖、床尾固定顶尖定位拨杆夹紧	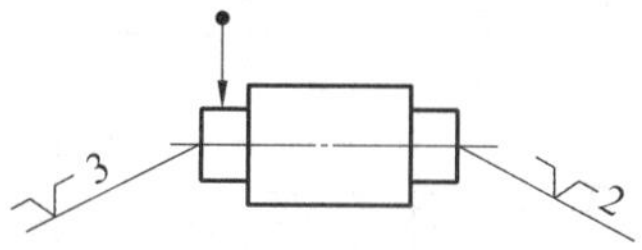	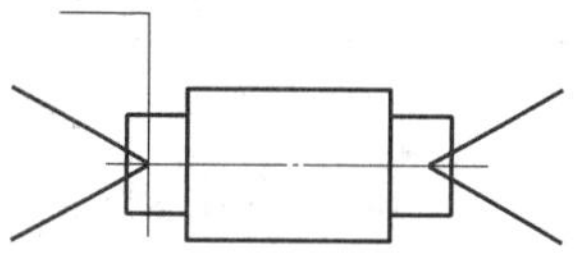
2	床头内拨顶尖、床尾回转顶尖定位夹紧	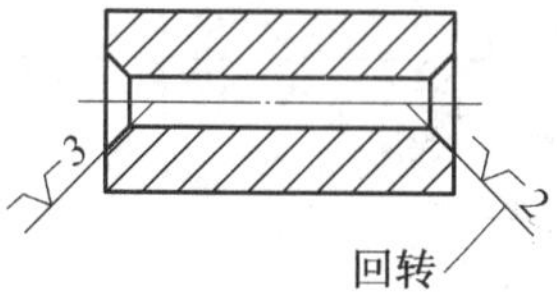	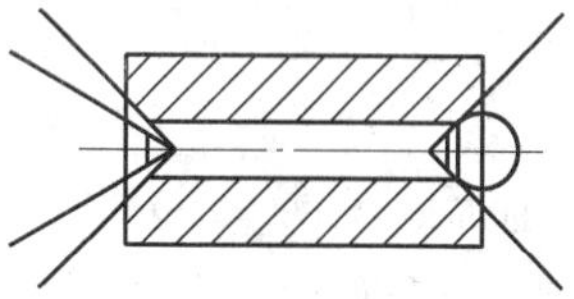
3	床头外拨顶尖、床尾回转顶尖定位夹紧	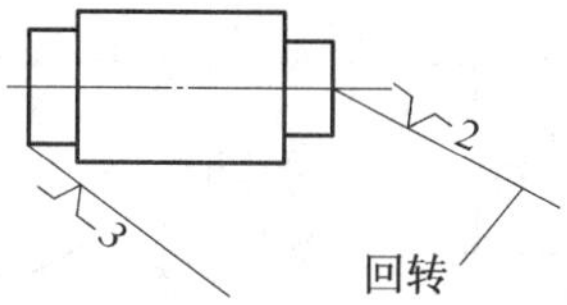	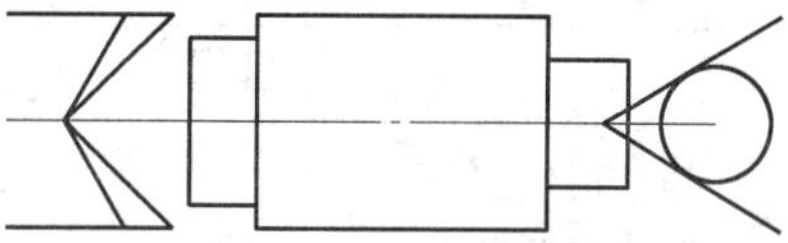

续表 2.8

序号	说明	定位、夹紧符号标注示意图	装置符号标注示意图
4	床头弹簧夹头定位夹紧,夹头内带有轴向定位,床尾内顶尖定位	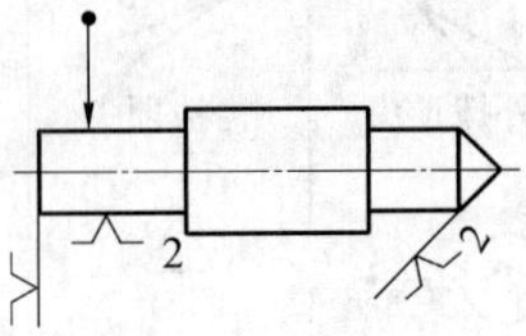	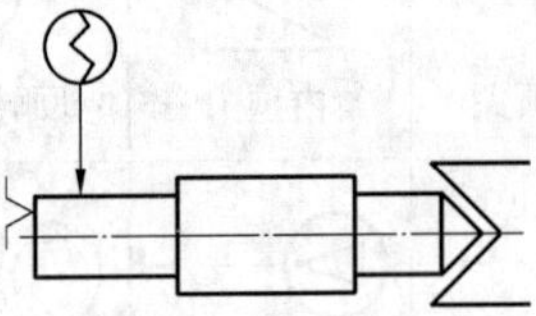
5	弹性心轴定位夹紧	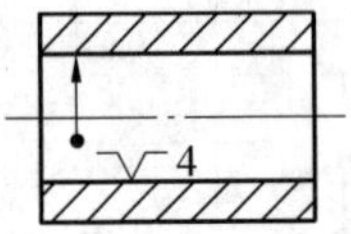	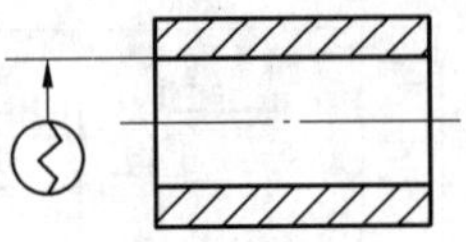
6	锥度心轴定位夹紧	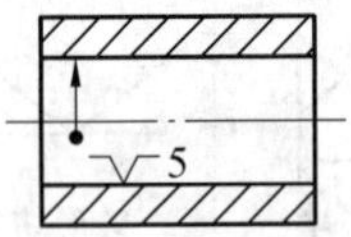	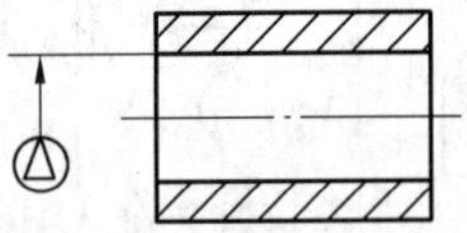
7	圆柱心轴定位夹紧、带端面定位	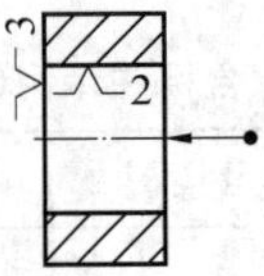	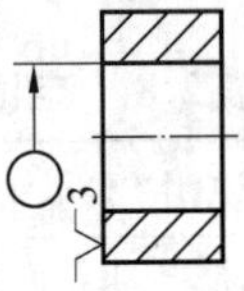
8	三爪自定心卡盘定位夹紧	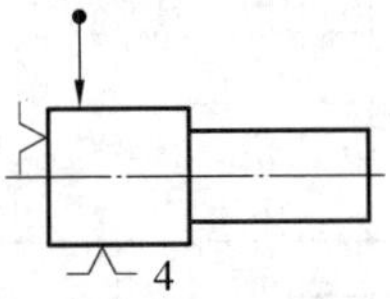	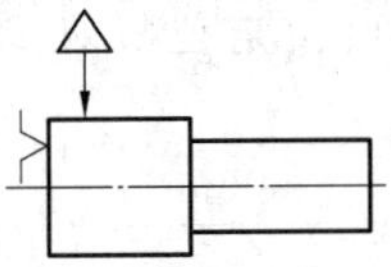
9	四爪单动卡盘定位夹紧,带端面定位	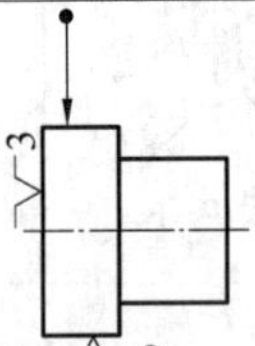	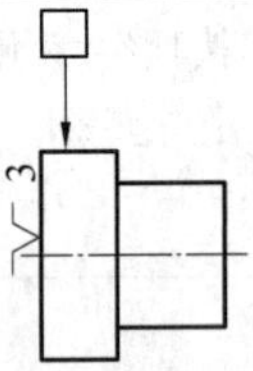
10	床头固定顶尖,床尾浮动顶尖定位,中部有跟刀架辅助支承,拨杆夹紧(细长轴类零件)	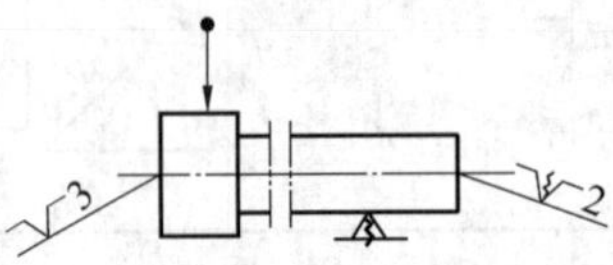	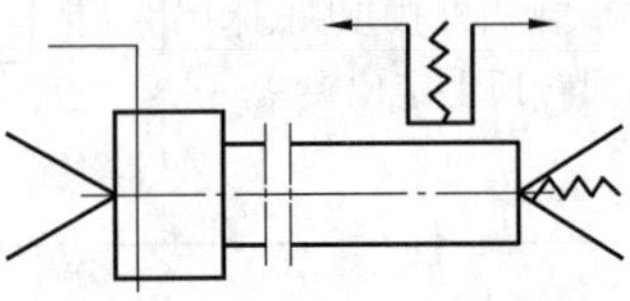

续表 2.8

序号	说明	定位、夹紧符号标注示意图	装置符号标注示意图
11	床头三爪自定心卡盘，带轴向定位夹紧，床尾中心架支承定位（长轴类零件）	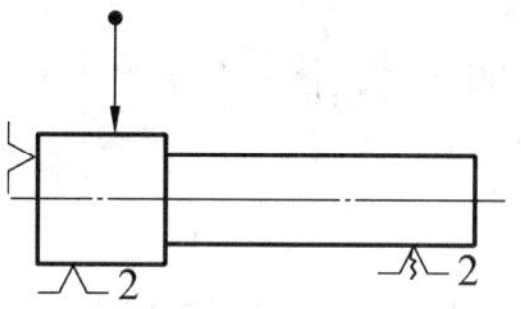	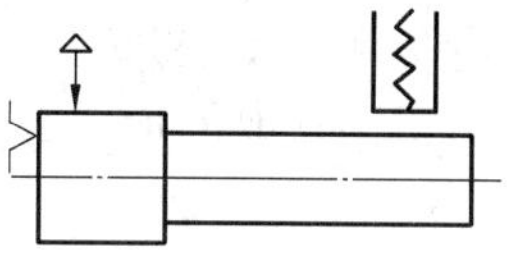
12	止口盘定位，气动压板联动夹紧	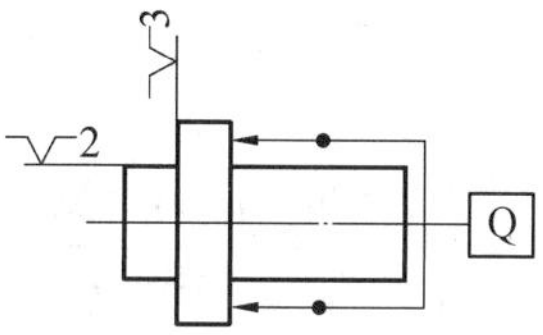	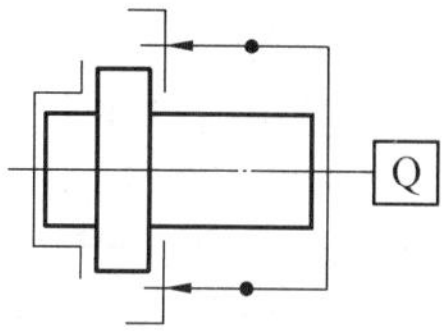
13	角铁、V形块及可调支承定位，下部加辅助可调支承，压板联动夹紧	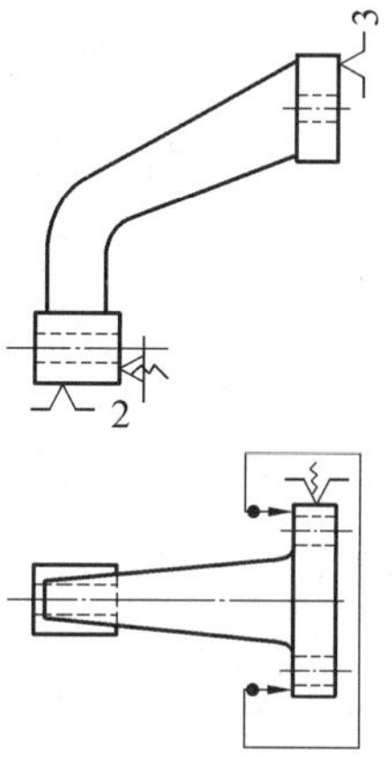	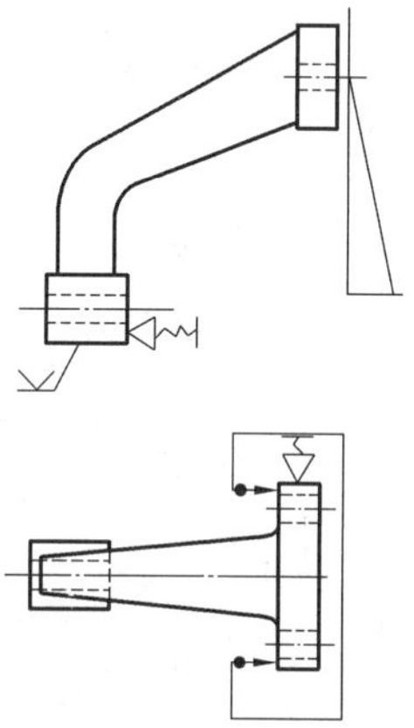
14	一端固定V形块，下平面垫铁定位，另一端可调V形块定位夹紧	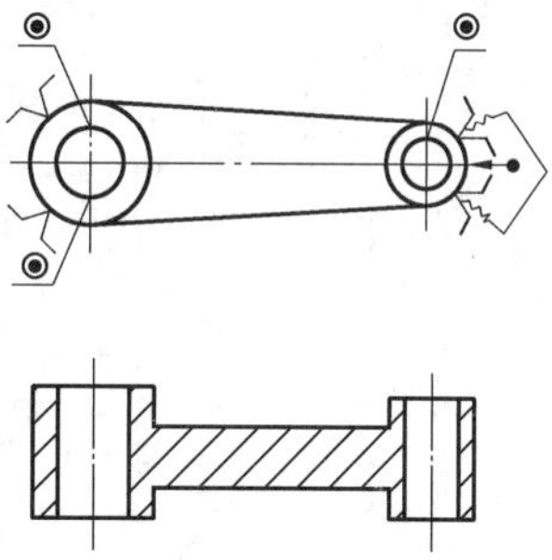	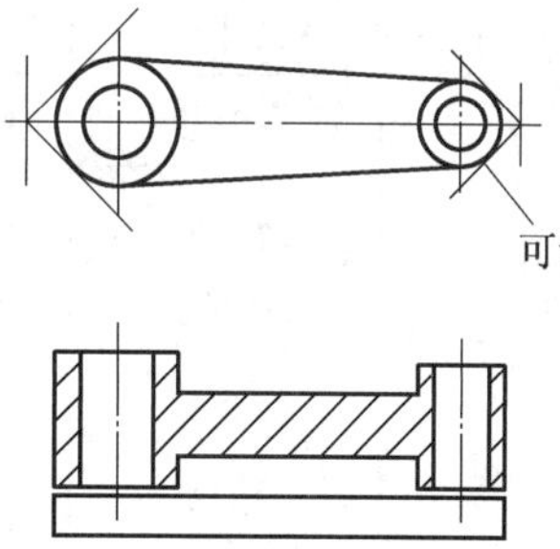

3. 加工方法的选择

（1）加工方法的选择原则。

① 要根据每个加工表面的技术要求，确定加工方法及分几次加工。加工表面的技术要求是决定表面加工方法最重要的因素之一，除了考虑图纸要求外，还要考虑因基准选择而提出的更高要求。一般先定出表面的最终加工方法，然后依次向前选定前道工序的加工方法。

② 加工方法能确保加工面的几何形状精度、表面相互位置精度要求。

③ 考虑工件材料的性质。例如,淬火钢必须用磨削的方法加工,而有色金属一般采用金刚镗或高速精车的方法进行精加工,不宜磨削。

④ 要考虑生产类型,即要考虑生产率和经济性的问题。在大批大量生产中可采用高效专用设备和专用工艺装备加工,例如加工孔、内孔槽等可以采用拉削的方法。在单件小批生产中采用一般的加工方法,使用万能机床、刨削、铣削及钻扩铰等加工方法和通用工艺装备。

⑤ 要结合现场条件。如设备精度状况、设备负荷情况以及工人操作技术水平等。

(2) 典型表面加工方案及其加工的经济精度和表面粗糙度。

① 各种加工方法的加工经济精度见表2.9。

表 2.9 各种加工方法的加工经济精度

	加工方法	经济精度		加工方法	经济精度
外圆表面	粗车	IT11 ~ IT13	内孔表面	钻孔	IT12 ~ IT13
	半精车	IT8 ~ IT10		钻头扩孔	IT11
	精车	IT7 ~ IT8		粗扩	IT12 ~ IT13
	精密车	IT5 ~ IT6		精扩	IT10 ~ IT11
	粗磨	IT8 ~ IT9		一般铰孔	IT10 ~ IT11
	精磨	IT6 ~ IT7		精铰	IT7 ~ IT9
	精密磨	IT5 ~ IT6		精密铰	IT6 ~ IT7
	研磨	IT5		粗拉孔	IT10 ~ IT11
平面	粗车端面	IT11 ~ IT13		精拉	IT7 ~ IT9
	精车端面	IT7 ~ IT9		粗镗	IT11 ~ IT13
	精密车端面	IT6 ~ IT8		精镗	IT7 ~ IT9
	粗铣	IT9 ~ IT13		金刚镗	IT5 ~ IT7
	精铣	IT7 ~ IT11		粗磨	IT9
	精密铣	IT6 ~ IT9		精磨	IT7 ~ IT8
	拉削	IT6 ~ IT9		精密磨	IT6
	粗磨	IT7 ~ IT10		研磨	IT6
	精磨	IT6 ~ IT9		珩磨	IT6
	精密磨	IT5 ~ IT7			
	研磨	IT5			

② 典型表面的主要加工方法、经济精度和表面粗糙度见表 2.10 ~ 表 2.13。

表 2.10　外圆表面加工的经济精度和表面粗糙度

序号	加工方法	经济精度	表面粗糙度 $Ra/\mu m$	适用范围
1	粗车	IT11 ~ IT13	6.3 ~ 25	适合于淬火钢以外的各种金属
2	粗车 → 半精车	IT8 ~ IT10	3.2 ~ 6.3	
3	粗车 → 半精车 → 精车	IT6 ~ IT9	0.8 ~ 1.6	
4	粗车 → 半精车 → 精车 → 滚压(抛光)	IT5 ~ IT6	0.2 ~ 0.025	
5	粗车 → 半精车 → 磨削	IT6 ~ IT8	0.8 ~ 0.4	适合于淬火钢,未淬火钢
6	粗车 → 半精车 → 粗磨 → 精磨	IT5 ~ IT7	0.4 ~ 0.1	
7	粗车 → 半精车 → 粗磨 → 精磨 → 超精加工	IT5 ~ IT6	0.1 ~ 0.012	
8	粗车 → 半精车 → 精车 → 精磨 → 研磨	IT5 级以上	< 0.1	
9	粗车 → 半精车 → 粗磨 → 精磨 → 超精磨(或镜面磨)	IT5 级以上	< 0.05	
10	粗车 → 半精车 → 粗车 → 金刚石车	IT5 ~ IT6	0.2 ~ 0.025	适用于有色金属

表 2.11　内圆表面加工的经济精度和表面粗糙度

序号	加工方法	经济精度	表面粗糙度 $Ra/\mu m$	适用范围
1	钻	IT12 ~ IT13	12.5 ~ 25	加工未淬火钢及铸铁的实心毛坯,也可加工孔径为 15 ~ 20 mm 有色金属
2	钻 → 铰	IT8 ~ IT10	1.6 ~ 3.2	
3	钻 → 粗铰 → 精铰	IT7 ~ IT8	0.8 ~ 1.6	
4	钻 → 扩	IT10 ~ IT11	6.3 ~ 12.5	同上,但孔径 > 15 ~ 20 mm
5	钻 → 扩 → 粗铰 → 精铰	IT7 ~ IT8	0.8 ~ 1.6	
6	钻 → 扩 → 铰	IT8 ~ IT9	1.6 ~ 3.2	
7	钻 → 扩 → 机铰 → 手铰	IT6 ~ IT7	0.1 ~ 0.4	
8	钻 → 扩 → 拉	IT7 ~ IT9	0.1 ~ 1.6	大批量生产
9	粗镗(或扩孔)	IT11 ~ IT13	6.3 ~ 12.5	毛坯有铸孔或锻孔的未淬火钢及铸件
10	粗镗(或粗扩) → 半精镗(或精扩)	IT9 ~ IT10	1.6 ~ 3.2	
11	扩(镗) → 铰	IT9 ~ IT10	1.6 ~ 3.2	
12	粗镗(或粗扩) → 半精镗(或精扩) → 精镗(铰)	IT7 ~ IT8	0.8 ~ 1.6	
13	镗 → 拉	IT7 ~ IT9	0.8 ~ 1.6	
14	粗镗(或粗扩) → 半精镗(或精扩) → 浮动镗刀块精镗	IT6 ~ IT7	0.4 ~ 0.8	

续表 2.11

序号	加工方法	经济精度	表面粗糙度 $Ra/\mu m$	适用范围
15	粗镗→半精镗→磨孔	IT7～IT8	0.2～0.8	适合于淬火钢,未淬火钢
16	粗镗(扩)→半精镗→精镗→精磨	IT6～IT7	0.1～0.2	
17	粗镗→半精镗→精镗→金刚镗	IT6～IT7	0.025～0.4	适用于有色金属
18	钻→(扩)→粗铰→精铰→珩磨	IT6～IT7	0.025～0.2	黑色金属
	钻→(扩)→拉→珩磨	IT6～IT7	0.025～0.2	
	粗镗→半精镗→精镗→珩磨	IT6～IT7	0.025～0.2	
19	以研磨代替上述方案中的珩磨	IT6 级以上	0.1 以下	
20	钻(粗镗)→扩(半精镗)→精镗→金刚镗→脉冲滚挤	IT6～IT7	0.1	有色金属及铸件上的小孔

表 2.12 平面加工的经济精度和表面粗糙度

序号	加工方法	经济精度	表面粗糙度 $Ra/\mu m$	适用范围
1	粗车	IT10～IT11	6.3～12.5	未淬火钢、铸铁、有色金属端面加工
2	粗车→半精车	IT8～IT9	3.2～6.3	
3	粗车→半精车→精车	IT6～IT7	0.8～1.6	
4	粗车→半精车→磨削	IT7～IT9	0.2～0.8	钢、铸铁端面加工
5	粗刨(粗铣)	IT12～IT14	6.3～12.5	未淬硬的平面
6	粗刨(粗铣)→半精刨(半精铣)	IT11～IT12	1.6～6.3	
7	粗刨(粗铣)→精刨(精铣)	IT7～IT9	1.6～6.3	
8	粗刨(粗铣)→半精刨(半精铣)→精刨(精铣)	IT7～IT8	1.6～3.2	
9	粗铣→拉	IT6～IT9	0.2～0.8	大量生产未淬硬的小平面
10	粗刨(粗铣)→精刨(精铣)→宽刃刀精刨	IT6～IT7	0.2～0.8	未淬硬钢件、铸铁件及有色金属件
11	粗刨(粗铣)→半精刨(半精铣)→精刨(精铣)→宽刃刀低速精刨	IT5	0.2～0.8	
12	粗刨(粗铣)→精刨(精铣)→刮研	IT5～IT6	0.1～0.8	
13	粗刨(粗铣)→半精刨(半精铣)→精刨(精铣)→刮研	IT5～IT6	0.1～0.8	

续表2.12

序号	加工方法	经济精度	表面粗糙度 Ra/μm	适用范围
14	粗刨(粗铣)→精刨(精铣)→磨削	IT6~IT7	0.2~0.8	适合于淬火钢,未淬火钢
15	粗刨(粗铣)→半精刨(半精铣)→精刨(精铣)→磨削	IT5~IT6	0.2~0.4	
16	粗铣→精铣→磨削→研磨	IT5以上	<0.1	

表2.13 齿轮与花键加工的表面粗糙度

加工方法	表面粗糙度 Ra/μm	加工方法	表面粗糙度 Ra/μm
粗滚	1.6~3.2	拉	1.6~3.2
精滚	0.8~1.6	剃	0.2~0.8
精插	0.8~1.6	磨	0.1~0.8
精刨	0.8~3.2	研	0.2~0.4

③ 常用机床所能达到的形状、位置加工经济精度见表2.14~表2.16。

表2.14 车床加工的形状、位置的经济精度

机床类型	最大加工直径/mm	圆度/mm	圆柱度/(mm·mm^{-1}(长度))	平面度(凹入)/(mm·mm^{-1}(直径))
卧式车床	250	0.01	0.015/100	0.015/≤200
	320			0.02/≤300
	400			0.025/≤400
	500	0.015	0.025/300	0.03/≤500
	630			0.04/≤600
	800			0.05/≤700
精密车床	250,320,400,500	0.005	0.01/150	0.01/200
高精度车床	250,320,400	0.001	0.002/100	0.002/100
转塔车床	≤12	0.007	0.007/300	0.02/300
	>12~32	0.01	0.01/300	0.03/300
	>32~80	0.01	0.04/300	0.04/300
	>80	0.02	0.05/300	0.05/300
立式车床	≤1 000	0.01	0.02	0.04

表2.15 钻床加工的形状、位置的经济精度　　　mm

加工方法 \ 加工精度	垂直孔轴心线的垂直度	垂直孔轴心线的位置度	两平行孔轴心线的距离误差或自孔轴心线到平面的距离误差	钻孔与端面的垂直度
按划线钻孔	0.5~1.0/100	0.5~2	0.5~1.0	0.3/100
用钻模钻孔	0.1/100	0.5	0.1~0.2	0.1/100

表 2.16　铣床加工的形状、位置的经济精度

机床类型	平面度 （mm·mm^{-1}（直径））	平行度（加工面对基面） （mm·mm^{-1}）	垂直度（加工面相互间） （mm·mm^{-1}）
卧式铣床	0.06/300	0.06/300	0.05/300
立式铣床	0.06/300	0.06/300	0.05/300

4. 加工阶段的划分

根据加工表面精度要求的不同，加工阶段一般可以划分为：

（1）粗加工阶段。此阶段的主要任务是切除各加工表面上的大部分余量，并加工出精基准。

（2）半精加工阶段。消除主要表面粗加工后留下的误差，使其达到一定的精度；为精加工做好准备，并完成一些精度要求不高的表面的加工（如钻孔、攻螺纹、铣键槽等）。

（3）精加工阶段。保证零件的尺寸、形状、位置精度及表面粗糙度达到或基本达到图样上所规定的要求。精加工切除的余量要小。

（4）光整加工阶段。对于精度要求很高（IT5 以上）、表面粗糙度值要求很小（$Ra \leqslant 0.2\ \mu m$）的表面，需设置光整加工阶段，目的是降低表面粗糙度值和进一步提高尺寸、形状精度，但其一般不能提高表面间的位置精度。

加工阶段的划分不是绝对的，在应用时要灵活掌握。例如，在自动化生产中，要求在工件一次安装下尽可能加工多个表面，加工阶段就难免交叉；有些刚性好的重型工件，由于装夹及运输都很费时费力，也常在一次装夹下完成全部粗、精加工；定位基准表面即使在粗阶段加工，也应达到较高的精度，以保证定位准确。

5. 工序顺序的安排

在安排工序顺序时，不仅要考虑机械加工工序，还应考虑热处理工序和辅助工序。

（1）机械加工工序的安排。

在安排机械加工工序时，应根据加工阶段的划分、基准的选择和被加工表面的主次来决定，一般应遵循以下几个原则：

① 先基准后其他。即首先应加工用作精基准的表面，再以加工的精基准为定位基准加工其他表面。如果定位基准面不只一个，则应按照基准面转换的顺序和逐步提高加工精度的原则来安排基准面和主要表面的加工，以便为后续工序提供适合定位的基准。

② 先主后次。先加工主要表面（装配表面、工作表面等），再加工次要表面（键槽、螺钉孔等）。与主要表面有位置关系要求的次要表面应安排在主要表面加工之后加工。

③ 先粗后精。先安排粗加工工序，后安排精加工工序，主要表面的粗加工、精加工要分开，按照粗加工→半精加工→精加工→光整加工顺序安排工序。

④ 先面后孔。先加工平面，后加工孔。因为平面定位比较稳定、可靠，所以像箱体、支架、连杆等平面轮廓尺寸较大的零件，常先加工平面，然后再加工该平面上的孔，以保证加工质量。但有些零件平面小，不方便定位，则应先加工孔。

⑤ 先修正后加工。在重要表面加工前应对精基准进行修正。

⑥ 精加工与光整加工。一般情况下，主要表面的精加工与光整加工应放在最后阶段

进行,对于易出现废品的工序,精加工和光整加工可适当提前。

(2) 热处理工序及表面处理工序的安排。

机械零件中常用的热处理工艺有退火、正火、调质、时效、氮化等。热处理的方法、次数和在工艺过程中的位置,应根据材料和热处理的目的而定。热处理工序安排见表2.17。

表 2.17 热处理工序安排

热处理种类及名称	预备热处理	表面处理	时效处理	最终处理		
	退火、正火、调质等	电镀、涂层、发蓝、氧化等	人工时效、自然时效	淬火、淬火回火、冰冷处理	渗碳	氮化
热处理目的	改善材料加工性能	提高表面耐磨性、耐腐蚀性、美观	消除内应力	提高材料硬度和耐磨性		
热处理工序安排	机械加工之前	工艺过程最后	粗加工前或后	半精加工之后精加工之前,铣槽、钻孔、攻螺纹去毛刺等次要表面加工之后,防止淬硬后无法加工	半精加工之后精加工之前,次要表面加工之前渗碳,防止变形	精加工之后

(3) 辅助工序的安排。

辅助工序是指不直接加工,也不改变工件的尺寸和性能的工序,但它对保证加工质量起着重要的作用。

① 检验工序。为保证零件制造质量,防止产生废品,需在下列场合安排检验工序: a. 粗加工全部结束之后; b. 零件从一个车间送往另一个车间的前后; c. 工时较长和重要工序的前后; d. 全部加工完成后,即工艺过程最后。除了安排几何尺寸检验(包括形位误差检验)工序之外,有的零件还要安排特殊检验。用于检验工件内部质量的超声波检验、X射线检查,一般都安排在机械加工开始阶段进行;用于检验工件表面质量的磁力探伤、荧光检验,一般都安排在精加工阶段进行;荧光检验如用于检查毛坯的裂纹,则安排在机械加工前进行。

② 去毛刺及清洗零件。表层或内腔的毛刺对机器装配质量影响很大,切削加工之后,应安排去毛刺工序。零件在进入装配之前,一般都安排清洗工序。工件内孔、箱体内腔容易存留切屑,研磨、珩磨等光整加工工序之后,微小磨粒易附着在工件表面上,也要注意清洗,否则会加剧零件在使用中的磨损。

③ 其他辅助的工序在用磁力夹紧工件的工序之后,例如,在平面磨床上用电磁吸盘夹紧工件,要安排去磁工序,不让带有剩磁的工件进入装配线。平衡、渗漏等工序应安排在精加工之后进行。

6. 机床及工艺装备的选择

机床及工艺装备的选择是制订工艺规程的一项重要工作,它不但直接影响工件的加工质量,而且影响工件的加工效率和制造成本。本书结合机械类专业课程设计的特点,在第 4 章中给出了常用机床、刀具、量具和夹具等的主要参数以供选用,本章只介绍选择的基本原则和注意事项。

(1) 机床选择的基本原则。

① 机床的加工尺寸范围应与零件的外廓尺寸相适应。

② 机床的精度应与工序要求的精度相适应。

③ 机床的功率应与工序要求的功率相适应。

④ 机床的生产率应与工件的生产类型相适应。

⑤ 还应与现有设备条件相适应(设备类型、规格及精度状况、设备负荷状况及设备分布排列情况等),如果没有相应设备可供选择时,需改装设备或设计专用机床。

(2) 夹具的选择。

单件小批生产中,应尽量选用通用夹具,为提高生产率可应用组合夹具。在大批大量生产中,应采用高效的气动、液动专用夹具。夹具的精度应与加工精度相适应。数控加工使用夹具大多比较简单,尽可能选用组合可调夹具,一般不用钻模,常常先用大钻头或中心钻锪定心坑,然后再用钻头钻孔。

(3) 刀具的选择。

刀具的选择主要取决于工序所采用的加工方法、加工表面的尺寸、工件材料、所要求的精度及表面粗糙度、生产率及经济性等。在选择时应尽可能采用标准刀具,必要时可采用复合刀具和其他专用刀具。数控加工费用高,对刀具要求较高,尽量选用可转位硬质合金刀片,或选用涂层刀具提高耐磨性,或采用金刚石、立方氮化硼等材质的性能更好的刀具。

(4) 量具的选择。

量具主要根据生产类型和所检验的精度来选择。在单件小批生产中应采用通用量具(卡尺、百分表等)。在大批大量生产中则采用各种量规和一些高生产率的专用检具。

2.6 工艺计算

2.6.1 确定加工余量的方法

确定加工余量的方法有计算法、查表法和经验估算法三种。

(1) 计算法。

通过分析影响加工余量大小的因素,确定各因素原始数值,再采用计算公式求出加工余量。此方法考虑全面,确定的加工余量合理。但目前所积累的资料不多,计算有难度,应用上受到限制,仅在大批量大量生产中,对某些重要表面或贵重材料零件的加工采用。

(2) 查表法。

以工厂生产实践和实验研究积累的经验为基础制成的各种表格为依据,再结合实际加工情况加以修正。这种方法简便、比较接近实际,在生产中广泛应用。

毛坯的机械加工余量(总余量)应根据本书第 4.1 节确定。

工序机械加工(半精加工和精加工)余量应根据本书第4.2节确定。粗加工余量由毛坯余量减去半精加工和精加工余量而得到。

(3) 经验估算法。

由一些有经验的工程技术人员或工人根据经验确定。这种方法虽然简单,但不够科学,不够准确,为防止余量过小而产生废品,一般确定出的余量值偏大,只适于单件小批生产。

2.6.2 工序尺寸及公差计算

工序尺寸及公差是由工艺过程及具体的加工方法决定的。解决这个问题的基本原理是工艺尺寸链原理。值得指出的是,要善于从具体的工艺过程中查明工艺尺寸链,正确地确定其封闭环和组成环。具体计算详见教材及本书的第4.3节。

2.6.3 切削用量的选择

1. 切削用量的选择原则与步骤

制订切削用量,就是要在已经选择好刀具类型、材料和几何角度的基础上,合理确定刀具的切削速度v_c、进给量f和背吃刀量a_p。

选择切削用量的基本原则和步骤是:首先选择尽可能大的背吃刀量a_p;其次根据机床进给机构强度、刀杆刚度等限制条件(粗加工时)或已加工表面粗糙度要求(精加工时),选取尽可能大的进给量f;最后通过查表或计算确定切削速度v_c。

需要强调的是,不同的加工性质,对切削加工的要求是不一样的,在选择切削用量时的侧重点也有所不同。

(1) 粗加工切削用量的选择原则是,尽量保证较高的金属切除率和必要的刀具耐用度,故优先考虑采用最大的背吃刀量a_p,其次考虑采用大的进给量f,最后才根据刀具耐用度的要求选定合理的切削速度v_c。

粗加工时背吃刀量应根据工件的加工余量和由机床、刀具、夹具及工件组成的工艺系统刚度来确定。在保留半精加工、精加工必要余量的前提下,应当尽量将粗加工余量一次切掉。如果粗加工余量太大,不能一次切去时,也应按先多后少的不等切削深度分几次切除。

粗加工的进给量应根据工艺系统的刚度和强度来确定。工艺系统的刚度和强度好,可选用大一些的进给量,反之,可适当减少。

粗加工的切削速度主要受刀具耐用度和机床功率的限制。根据工件材料和刀具材料,在已选定的a_p和f基础上使切削速度达到规定的刀具耐用度。同时使a_p、f和v_c三者决定的切削功率不超过机床的使用功率。

(2) 选择精加工的切削用量时应着重考虑如何保证加工质量,并在此基础上尽量提高切削效率。

① 精加工的背吃刀量,应根据机械加工余量表格查出的余量确定。

② 精加工的进给量,应按表面粗糙度的要求选择。表面粗糙度Ra值要求小时,应选较小的f,但也有一定限度,过小时反而使表面粗糙。

③ 精加工的切削速度,在保证合理刀具耐用度的前提下,应选取尽可能高的切削

速度。

（3）多刀切削时，为使各种刀具有较合理的切削用量，一般按各类刀具选择较合理的转速及每转进给量，然后用拼凑法进行适当的调整，使各种刀具的每分钟进给量一致。

（4）复合刀具的切削用量按复合刀具最小直径的每转进给量来选择，以使小直径刀具有足够的强度，切削速度按复合刀具最大的半径选择，以使大半径刀具有一定的耐用度。如钻铰复合刀具，进给量按钻头选择，切削速度按铰刀选择。

2. 切削用量的选择方法

无论哪种切削用量的选择都需要了解以下情况：工件材料、强度或硬度；工件加工部位的尺寸及其精度和粗糙度要求；机床的功率、走刀机构强度、转速级数和进给级数等；刀具种类、刀片材料、刀杆尺寸和几何参数等。

（1）背吃刀量 a_p。根据加工余量确定，一般是先把精加工（半精加工）余量扣除，然后把剩下的粗加工余量尽可能一次切除。如果毛坯精度较差，粗加工余量较大，刀具强度较低，机床功率不足，可分几次切除余量。通常取：

$$a_{p1} = \left(\frac{2}{3} \sim \frac{3}{4}\right) Z \tag{2.2}$$

$$a_{p2} = \left(\frac{2}{3} \sim \frac{3}{4}\right) Z \tag{2.3}$$

式中　Z——单边粗加工余量。

（2）进给量 f。背吃刀量确定后，进给量 f 的选择主要受刀杆、刀片、工件及机床进给机构等的强度、刚性的限制。实际生产中，采用查表法确定。粗加工时往往需要对机床功率和进给机构强度进行校核验算，而切削力、切削功率可以计算，亦可查表。

（3）切削速度 v_c。背吃刀量和进给量确定后，根据刀具耐用度，可以用公式计算或用查表法确定。

本书第 4 章收集整理了常见加工方法切削用量表格供学生设计时查阅，更多表格可参考切削用量手册或工艺师手册。本章主要介绍常见加工方法切削用量的计算公式。

3. 常用加工方法切削用量的选择特点

（1）刨、插削用量的选择，原则上与车削相同。

（2）钻孔时的背吃刀量 a_p 为孔的半径，扩孔、铰孔的背吃刀量 a_p 为扩（铰）后孔与扩（铰）前孔的半径之差。

（3）铣削加工要注意区分铣削要素，主要包括：

v_c——铣削速度，m/min，$v_c = \dfrac{\pi d_0 n}{1\,000}$；

d_0——铣刀直径，mm；

n——铣刀转速，r/min；

f——铣刀每转工作台移动距离，即每转进给量，mm/r；

f_z——铣刀每齿工作台移动距离，即每齿进给量，mm/z；

v_f——进给速度，即工作台每分钟移动的距离，mm/min，$v_f = fn = f_z z n$；

z——铣刀齿数；

a_e —— 铣削宽度,即垂直于铣刀轴线方向的切削层尺寸,mm;
a_p —— 铣削深度,即平行于铣刀轴线方向的切削层尺寸,mm。
不同铣削加工的切削要素如图2.4所示。

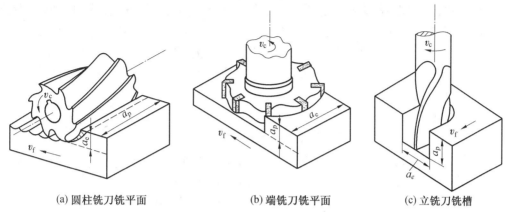

(a) 圆柱铣刀铣平面　　　(b) 端铣刀铣平面　　　(c) 立铣刀铣槽

图 2.4　不同铣削加工的切削要素

(4) 磨削用量的选择原则是在保证工件表面质量的前提下尽量提高生产率。磨削速度一般采用普通速度,即 $v_c \leqslant 35$ m/s。有时采用高速磨削,即 $v_c > 35$ m/s,如 45 m/s、50 m/s、60 m/s、80 m/s 或更高。磨削用量的选择步骤是:先选较大的工件速度 v_c,再选轴向进给量 f_a,最后才选径向进给量 f_r。

(5) 齿轮加工切削用量的选择步骤为:确定切齿深度和走刀次数→确定进给量→确定切削速度。一般模数小于 4 mm 的齿轮可一次走刀切至全齿深;模数大于 4 mm 或机床功率不足、工艺系统刚性较差时,可分两次切削,先切深为 $1.4m$(m 为模数),再切至全齿深;模数大于 7 mm 时,就要分三次切至全齿深。

(6) 组合机床切削用量的选择要点如下:

① 组合机床切削用量应比普通机床低 30%,以减少换刀时间,提高经济效益。

② 组合机床上的同时工作的多种刀具,其合理切削用量是不同的。如钻头要求 v_c 高 f 小,而铰刀则要求 v_c 低 f 大。但动力头每分钟的进给量却是一样的。为使各刀具都有较合适的切削用量,应首先列出各刀具独自选定的合理值,然后以"每分钟进给量相等"为标准进行折中,使各刀具的切削用量既适应自己的特殊要求,又满足其转速与每转进给量之乘积相等的统一要求。

③ 复合刀具的 f 应按其上最小直径选取,v_c 应按最大直径选取,钻铰复合刀具 f 按钻头选取,v_c 按铰刀选取。

④ 对于带有对刀运动(即主轴定位)的多轴镗床,各主轴转速应相等或成整倍数,以便于主轴定点停机装置的设计。

⑤ 切削用量的选择应力求各工序节拍尽可能相等,故常需降低高生产率工序的用量,提高低生产率工序的用量,以求平衡。

⑥ 在选用通用部件时,必须考虑通用部件本身的性能。所选定的每分钟进给量应高于滑台的最小进给量,否则部件本身无法实现所选定的进给量。对于液压滑台,所选的每分钟进给量应比滑台名义上所允许的最小值大 50%,以确保进给可靠。

2.7 工艺档的编制

工艺路线拟定之后,就要确定各工序的具体内容,其中包括工序余量、工序尺寸及公差的确定;工艺装备的选择;切削用量、时间定额的计算等。在此基础上,设计人员还需将上述零件工艺规程设计的结果以图表、卡片和文字材料的形式固定下来,以便贯彻执行。这些图表、卡片和文字材料统称为工艺文件。在生产中使用的工艺档种类很多,归纳起来,常用的工艺档有四种。

1. 机械加工工艺过程卡片

机械加工工艺过程卡片是以工序为单位,简要说明工件的加工工艺路线的一种工艺文件。卡片中包括工序号、工序名称、工序内容、完成各工序的车间和工段、所用机床与工艺装备的名称及时间定额等内容。它主要用来表示工件的加工流向,供安排生产计划、组织生产使用。在单件小批量生产中,一般只用工艺过程卡片。机械加工工艺过程卡片的格式应当参考表2.18。

2. 机械加工工序卡片

机械加工工序卡片是在工艺过程卡片的基础上,分别为每道工序所编写的一种工档。它用来具体指导工人进行生产,其内容较为详细。卡片中附有工序简图,是机械加工工序卡片上附加的工艺简图,用以说明被加工零件的加工要求。机械加工工序卡片格式参考表2.19。

在绘制工序图时应满足下列要求:

① 详细说明该工序每个工步的加工内容、工艺参数(切削用量、时间定额等)以及所用的设备和工艺装备等。

② 工序简图以适当的比例、最少的视图,表示出工件在加工时所处的位置状态,与本工序无关的部位可不必表示。一般以工件在加工时正对着操作者的实际位置为主视图。

③ 工序图上应标明定位、夹紧符号,以表示该工序的定位基准(面)、夹紧力的作用点及作用方向。

④ 本工序的加工表面,用粗黑实线(宽于零件图的外廓的粗线0.1~0.2 mm)表示,其他部位用细实线表示。

⑤ 加工表面上应标注出相应的尺寸、形状、位置精度要求和表面粗糙度要求。与本工序加工无关的技术要求一律不标。

⑥ 对于多刀加工和多任务加工,还应给出工序布置图,以表明每个工位刀具和工件的相对位置和加工要求。

3. 热处理工序卡片

热处理工序卡片在机械加工工艺中仅表示出热处理主要的要求,并经热处理工艺员会签。详细热处理工艺过程及参数由热工艺来完成。

4. 检验卡片

检验卡片是检验人员使用的工艺档,检验卡片中应指明该工序所需检验的表面和应该达到的技术要求。检验卡片的标准格式参考表2.20。

表 2.18 机械加工工艺过程卡片（JB/T 9165.2—1998）

（厂名）		机械加工工艺过程卡片	产品型号		零件图号				共 页	第 页
			产品名称		零件名称					
材料牌号		毛坯种类		毛坯外形尺寸		每毛坯可制件数		每台件数	备注	
工序号	工序名称	工序内容		车间	工段	设备		工艺装备	工时	
									准终	单件
						设计（日期）	审核（日期）	标准化（日期）	会签（日期）	
标记	处数	更改文件号	签字	日期	标记	处数	更改文件号	签字	日期	

表 2.19 机械加工工序卡片（JB/T 9165.2—1998）

（厂名）	机械加工工序卡片	产品型号		零件图号			共 页 第 页
		产品名称		零件名称			
			车间	工序号	工序名	材料牌号	
			毛坯种类	毛坯外形尺寸	每毛坯可制件数	每台件数	
			设备名称	设备型号	设备编号	同时加工件数	
			夹具编号		夹具名称	切削液	
			工位器具编号		工位器具名称	工序工时	
						准终	单件
工步号	工步内容	工艺装备	主轴转速/ (r·min⁻¹)	切削速度/ (m·min⁻¹)	进给量/ (mm·r⁻¹)	切削深度/ mm	进给次数	工步工时
								机动	辅助
						设计（日期）	审核（日期）	标准化（日期）	会签（日期）
标记	处数	更改文件号	签字	日期	标记	处数	更改文件号	签字	日期

表 2.20 检验卡片（JB/T 9165.2—1998）

（厂名）	检验卡片		产品型号		零件图号		共 页	第 页
			产品名称		零件名称			
工序号	工序名称	车间	检验项目	技术要求	检测手段	检验方法	检验操作要求	
简图：								
						设计（日期）	审核（日期）	标准化（日期）	会签（日期）
标记	处数	更改文件号	签字	日期	标记	处数	更改文件号	签字	日期

第3章 机床专用夹具设计

3.1 夹具设计的基本要求

机床专用夹具在机械加工中起着十分重要的作用,需要满足以下基本要求:

(1) 保证加工精度。夹具应有合理的定位方案、夹紧方案、正确的刀具导向方案以及合适的尺寸、公差和技术要求,应有足够的强度、刚度,确保夹具能满足工件的加工精度要求。

(2) 提高劳动生产率,缩短辅助时间。对于大批量生产中使用的夹具,宜采用如气动、液压等高效的多位、快速、联动等夹紧装置;而中小批量生产,则宜采用较简单的夹具结构及手动夹紧机构。

(3) 提高夹具的通用化和标准化程度。设计夹具时应尽量选用夹具通用零部件和标准化元件以及夹具的典型结构,以缩短夹具的设计制造周期,降低夹具成本。

(4) 易于操作、保证安全。夹具的操作手柄或扳手一般应放在右边或前面并有足够的操作空间。根据不同的加工方法,设置必要的防护装置、挡屑板以及各种安全器具。

(5) 具有良好的结构工艺性。夹具应便于制造、调整和维修,且便于切屑的清理、排除。专用夹具的生产属于单件生产,当最终精度由调整或修配保证时,夹具上应设置调整或修配结构,如适当的调整间隙、可修磨的垫片等。

3.2 专用夹具的设计方法与步骤

3.2.1 研究原始资料与分析设计任务

工艺人员在编制零件的工艺规程时,提出了相应的夹具设计任务书,其中对定位基准、夹紧方案及有关要求作了说明。夹具设计人员根据任务书进行夹具的结构设计。为了使所设计的夹具能够满足上述基本要求,设计前要认真收集和研究下列资料。

1. 生产纲领

工件的生产纲领对于工艺规程的制订及专用夹具的设计都有着十分重要的影响。夹具结构的合理性及经济性与生产纲领有着密切的关系。大批量生产多采用气动或其他机动夹具,单件小批生产时,宜采用结构简单、成本低廉的手动夹具,以及万能通用夹具或组合夹具。

2. 零件图及工序图

零件图是夹具设计的重要资料之一,它给出了工件在尺寸、位置等方面的精度要求。设计夹具的主要依据是工序图,它给出了所用夹具加工工件的工序尺寸、工序基准、已加工表面、待加工表面、工序精度要求等。

3. 零件工艺规程

了解零件的工艺规程主要是指了解工序所使用的机床、刀具、加工余量、切削用量、工步安排、工时定额、同时安装的工件数目等。关于机床、刀具方面应了解机床主要技术参数、规格、机床与夹具连接部分的结构尺寸,刀具的主要结构尺寸、制造精度等。

4. 夹具结构及标准

收集有关夹具零部件标准(国标、厂标等)、典型夹具结构图册。结合实际情况,吸收先进经验,尽量采用国家标准。

综上所述,专用夹具设计流程如图3.1所示。

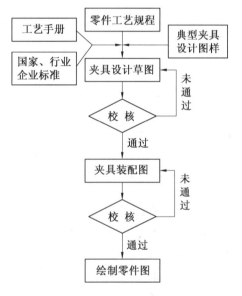

图3.1 专用夹具设计流程

3.2.2 制订夹具的总体方案及绘制结构草图

专用夹具总体方案的优劣往往决定了夹具设计的成败。多花一些时间充分地进行研究、讨论,最好制订两种以上的结构方案,进行分析比较,确定一个最佳方案。

绘制草图可以徒手画,也可以按尺寸和比例画,只画出其主要的部分,不需要对所有的细节进行描绘。具体的过程如下:

(1) 选择此工序工件的加工摆放位置为主视图,绘制双点画线勾勒其视图的外形轮廓,注意必须画出定位表面、夹紧表面和待加工表面。

(2) 根据该道工序的加工要求和基准的选择,确定工件的定位方式及元件的结构。要选择好定位元件及其在夹具上的安装方式,将元件在草图的被加工零件相应位置上画出。

(3) 确定刀具的导向、对刀方式,选择导向、对刀元件。对于不同类型的夹具(钻夹具、镗夹具、铣夹具等),其导向、对刀方式有所不同。确定好合适的元件后,将其画在草图上的被加工零件的相应位置。

(4) 按照夹紧的基本原则,确定工件的夹紧方式、夹紧力的方向和作用点的位置,选择合适的夹紧机构,在草图上的被加工零件相应位置上画出。

(5) 确定其他元件或装置的结构形式,如连接件、分度装置等。协调各装置、元件的布局,确定夹具体结构尺寸和夹具的总体结构。如资料中常用的标准结构和标准件,同样画在草图相应的位置上。

(6) 一道工序的夹具可以有多种结构方案,设计者应进行全面分析对比,确定出合理的设计方案。

3.2.3　绘制夹具装配图

绘制夹具装配图时应遵循国家制图标准,详细说明见第3.7节。

3.2.4　绘制零件图

经教师指定绘制1~2个关键的、非标准的夹具零件,如夹具体等。根据已绘制的装配图绘制专用零件图,具体要求如下:

(1) 零件图的投影应尽量与总图上的投影位置相符合,便于读图和核对;

(2) 尺寸标注应完整、清楚,避免漏注,既便于读图,又便于加工;

(3) 应将该零件的形状、尺寸、相互位置精度、表面粗糙度、材料、热处理及表面处理要求等完整地表示出来;

(4) 同一工种加工表面的尺寸应尽量集中标注;

(5) 对于可在装配后用组合加工来保证的尺寸,应在其尺寸数值后注明"按总图"字样,如钻套之间、定位销之间的尺寸等;

(6) 要注意选择设计基准和工艺基准;

(7) 某些要求不高的形位公差由加工方法自行保证,可省略不注;

(8) 为便于加工,尺寸应尽量按加工顺序标注,以免进行尺寸换算。

3.2.5　机床夹具设计过程举例

图3.2(a)为加工连杆零件小头孔的工序简图。已知:工件材料为45钢,毛坯为模锻件,成批生产规模,所用机床为Z525型立式钻床。试为该工序设计一个钻床夹具。具体设计过程简述如下。

1. 确定夹具的结构方案,绘制装配草图

(1) 布置图面。选择适当比例(通常取1∶1),用双点画线绘出工件的各视图的轮廓线及其主要表面(如定位基面、夹紧表面、本工序的加工表面等)。加工表面的加工余量可以用网纹线表示出来。

(2) 确定定位方案,选择定位元件。本工序加工要求保证的位置精度主要是中心距尺寸(120 ±0.08)mm 及平行度公差 0.05。根据基准重合原则,应选 ϕ36H7mm 孔为主要定位基准,即工序简图中所规定的定位基准是恰当的。定位元件选择长定位销 2(限制 4 个自由度)加小端面(限制 1 个自由度)和一个活动 V 形块 5(限制 1 个自由度),实现完全定位,如图 3.2(b) 所示。定位孔与定位销的配合尺寸为 $\phi36\frac{H7}{g6}$(定位孔 $\phi36_{0}^{+0.026}$,定位销 $\phi36_{-0.0265}^{-0.0095}$mm)。对于工序尺寸(120 ±0.08)mm 而言,定位基准与工序基准重合 $\Delta_{jb} = 0$;由于定位副制造误差引起的 $\Delta_{jw} = 0.026$ mm + 0.026 5 mm = 0.052 5 mm,$\Delta_{dw} = \Delta_{jb} + \Delta_{jw} = 0$ mm + 0.052 5 mm = 0.0525 mm,该方案的定位误差小于该工序尺寸制造公差 0.16 mm 的 1/3(0.16 mm/3 ≈ 0.533 3 mm),上述定位方案可行。

(3) 确定导向装置。本工序小头孔(ϕ18H7mm)加工的精度要求较高,采用一次装夹完成钻、扩、粗铰、精铰 4 个工步的加工,故此夹具选用快换钻套 4 做导向元件(图 3.2(c)),相应的机床上采用快换夹头。钻套高度 $H = 1.5D = 1.5 \times 18$ mm = 27 mm,排屑

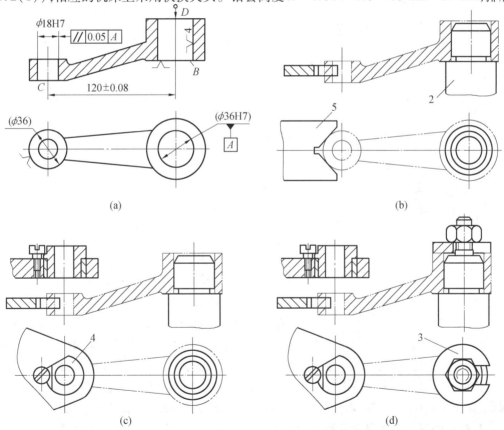

图 3.2 加工连杆零件小头孔的夹具设计过程
1— 夹具体;2— 定位销;3— 开口垫圈;4— 钻套;5— V 形块;6— 辅助支承

空间 $h = d = 18$ mm。

（4）确定夹紧机构。针对成批生产的工艺特征，此夹具选用螺旋夹紧机构夹压工件，如图 3.2(d) 所示。在定位销上直接做出一段螺杆，装夹工件时，先将工件定位孔装入带有螺母的定位销 2 上（螺母最大径向尺寸小于定位孔直径），接着向右移动 V 形块 5 使之与工件小头外圆相靠，实现定位；然后在工件与螺母之间插上开口垫圈 3，拧紧螺母压紧工件。

（5）确定其他装置。为了减小加工时工件的变形，保证加工时工艺系统的刚度，在靠近工件的加工部位增加辅助支承 6（图 3.3）。设计活动 V 形块的矩形导向和螺杆驱动装置。

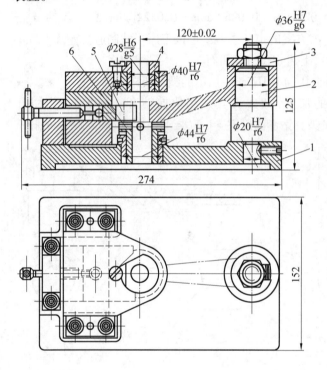

技术要求

1. 钻套孔轴线对 $\phi 36 \frac{H7}{g6}$ 轴线平行度公差为 0.02 mm。
2. 活动 V 形块对钻套孔与 $\phi 36 \frac{H7}{g6}$ 轴线所决定的平面对称度公差为 0.05 mm。

图 3.3　夹具设计总图
1—夹具体；2—定位销；3—开口垫圈；4—钻套；5—V 形块；6—辅助支承

（6）设计夹具体。夹具体的设计应通盘考虑，使上述各部分通过夹具体能有机地联系起来，形成一个整体。考虑夹具与机床的连接，因为是在立式钻床上使用，夹具安装在工作台上直接用钻套找正并用压板固定，故只需在夹具体上留出压板压紧的位置即可，不需专门的夹具与机床的定位连接元件。钻模板、矩形导轨和夹具体一起用 4 根螺栓固连，再用 2 根销子定位。夹具体上表面与其他元件接触的部位均做成等高的凸台以减少加工面积，夹具体底面设计成周边接触的形式以改善接触状况、提高安装的稳定性。

2. 在草图基础上画出夹具装配图

夹具装配图如图 3.3 所示。

3. 在夹具装配图上标注尺寸、配合及技术要求(图 3.3)

(1) 根据工序简图上规定的两孔中心距要求,确定钻套中心线与定位销中心线之间的尺寸为(120 ± 0.02)mm,其公差值取为零件相应尺寸(120 ± 0.02)mm 的公差值的 $\frac{1}{5} \sim \frac{1}{2}$;钻套中心线对定位销中心线的平行度公差取为 0.02 mm。

(2) 活动 V 形块对称平面相对于钻套中心线与定位销中心线所决定的平面的对称度公差取为 0.05 mm。

(3) 定位销中心线与夹具底面的垂直度公差取为 0.01 mm。

(4) 标注配合尺寸:$\phi 28 \frac{H6}{g5}$ mm、$\phi 40 \frac{H7}{r6}$ mm、$\phi 44 \frac{H7}{r6}$ mm、$\phi 36 \frac{H7}{g6}$ mm 和 $\phi 20 \frac{H7}{r6}$ mm。

(5) 按工件公差的 1/3,确定钻套、活动 V 形块的位置公差,写在技术要求中。

3.3 定位方案设计

3.3.1 常用定位方式与定位元件

1. 工件以平面定位

平面定位元件可分为主要支承和辅助支承两种,而主要支承元件又可分为固定支承、可调支承和自位支承三种类型。

(1) 主要支承。

① 固定支承。常用的有支承钉和支承板两种定位元件,如图 3.4 所示。一般 A 型平头支承钉适宜于精基准(已加工过的平面)定位;B 型球头支承钉与工件接触面积较小,适宜于粗基准(未加工过的表面)定位;C 型的滚花顶面支承适用于需要较大摩擦力的侧面定位,它不宜水平放置,因为难以清除切屑。A 型支承板结构简单,制造方便,但沉头螺钉处的切屑不易清除干净,宜用于侧面定位;B 型支承板清除切屑容易,多用于底面定位。

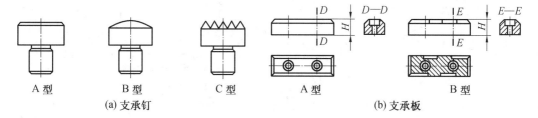

图 3.4 支承钉和支承板

支承钉与夹具体的配合采用 $\frac{H7}{n6}$ 或 $\frac{H7}{r6}$。当支承钉需要经常更换时,应加衬套。衬套外径与夹具体孔的配合一般用 $\frac{H7}{n6}$ 或 $\frac{H7}{r6}$,衬套内径与支承钉的配合选用 $\frac{H7}{js6}$。

② 可调支承。常用几种典型可调支承如图 3.5 所示。可调支承的应用如图 3.6 所示,工件用两个未加工过的阶梯平面 Ⅰ、Ⅱ 作为定位粗基准,在工件粗基准平面 Ⅰ 上用两个固定支承钉定位,在平面 Ⅱ 处用一个可调支承来定位,以弥补不同批次毛坯的制造误差。

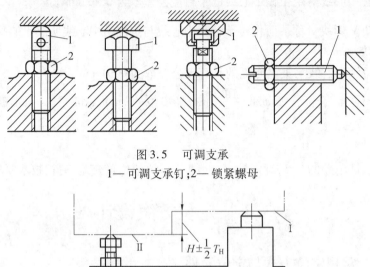

图 3.5　可调支承

1—可调支承钉;2—锁紧螺母

图 3.6　可调支承的应用

③ 自位支承。在工件定位过程中,能自动调整位置的支承称为自位支承,也称为浮动支承,常用几种典型的自位支承如图 3.7 所示。

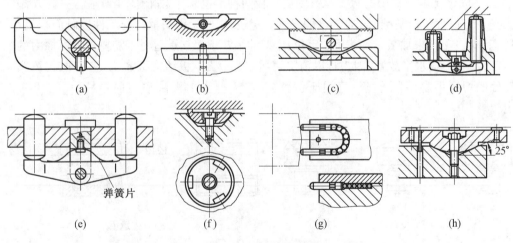

图 3.7　自位支承

(2) 辅助支承。

如图 3.8 所示的工件以平面定位好之后,由于需要加工的上顶面的右边部分悬伸突出,在切削力作用下,会产生变形而使上顶面下移,加工结束后产生弹性恢复,则上顶面的右边部分就会高于左边部分,即加工的平面度会很差。若在夹具的右边增设辅助支承,就可以提高支承刚性和稳定性,从而克服上述问题。每安装一个工件,就要调整一次辅助支承。

从工作过程上看,辅助支承似乎与可调支承类同,但实际上是不同的。首先,可调支承在工件定位过程中是起定位作用的,而辅助支承是不起定位作用的,亦即不限制工件的自由度;其二,可调支承在加工一批工件时只调整一次,所以其上有高度锁定机构(锁紧螺母),而辅助支承只有当

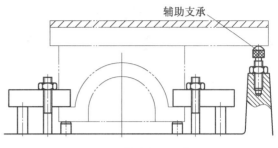

图3.8 辅助支承的应用

工件定位之后,再通过手动或自动调节其位置,使之与工件表面接触,因而每更换一次工件,需要调整一次。

辅助支承按工作原理可分为三种类型:

① 螺旋式辅助支承,如图3.9(a)、(b)所示。

② 弹性辅助支承,如图3.9(c)所示。

③ 推式辅助支承,适用于工件较重、垂直作用的切削载荷较大的场合,如图3.9(d)所示。

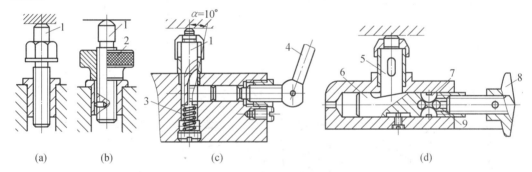

图3.9 辅助支承的结构

1、5—支承滑柱;2—螺母;3—弹簧;4、8—手柄;6—推杆;7—半圆键;9—钢球

2. 工件以外圆柱面定位

相应的定位元件有V形块、半圆定位装置、定位套、自动定心机构、支承板、支承钉等。其中,V形块用得最多。

(1) V形块。

常用V形块的结构如图3.10所示。V形块两定位工作平面间的夹角为60°、90°、120°三种,其中以90°应用最广,且结构已标准化。图3.10(a)用于较短的精基准定位;图3.10(b)用于较长的粗基准(如阶梯轴)定位;图3.10(c)和图3.10(d)用于两段精基准面相距较远的场合。一般来讲,较长的V形块可限制工件的4个自由度,较短的V形块仅限制工件两个移动的自由度。此外,V形块又有固定式与活动式之分。活动(浮动)式V形块如图3.11所示,活动V形块只能限制工件的1个自由度,以补偿因毛坯尺寸变化而对定位带来的影响,并可对工件起夹紧

作用。如图3.11(c)所示为加工连杆孔的定位方式。

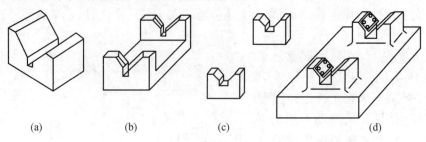

图 3.10 V 形块

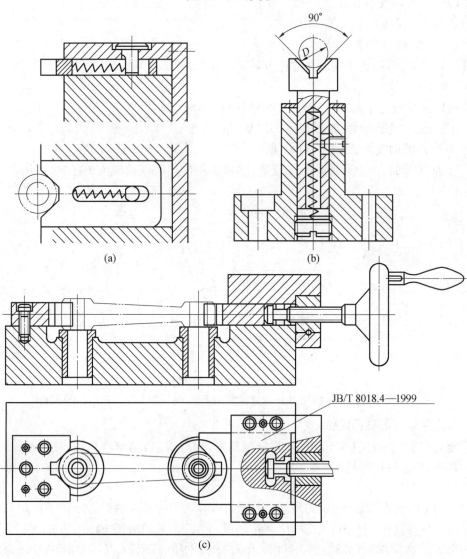

图 3.11 活动(浮动)式 V 形块

(2)定位套。

工件以外圆柱面在圆孔中定位所用的定位元件多制成套筒式固定在夹具体上,如图 3.12 所示。圆柱孔定位套较短,则短定位套只限制工件的两个移动自由度;如工件是以外圆柱面为主要定位基准时,则长定位套限制工件的 4 个自由度。

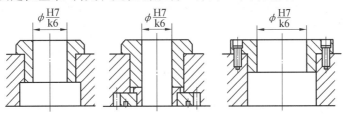

图 3.12 工件以外圆面定位的定位套

(3)半圆孔定位。

如图 3.13 所示,下面的半圆套是定位元件,上面的半圆套起夹紧作用。这种定位方式主要用于大型轴类零件及不便于轴向装夹的零件,其稳固性优于 V 形块。

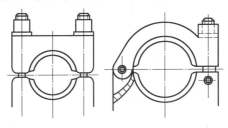

图 3.13 半圆孔定位

3. 工件以圆柱孔定位

工件以圆柱孔为定位基准,是生产中常见的定位方式。其常用的定位元件有定位销、定位心轴和定心夹紧装置等。

(1)定位销有圆柱销和圆锥销两类。

①圆柱销。圆柱销又分为长定位销和短定位销两种。短圆柱定位销一般限制 2 个移动自由度,长圆柱定位销可限制 4 个自由度。常用典型的圆柱销有固定式定位销(如图 3.14(a)、图 3.14(b)、图 3.14(c))和可换式定位销(图 3.14(d))。

②圆锥销。图 3.15(a)所示为固定锥销,可限制 3 个移动自由度;图 3.15(b)所示为活动锥销,只限制两个移动自由度;图 3.15(c)所示为固定锥销与活动锥销组合定位,共限制 5 个自由度,这种情况在车床、磨床上加工圆柱类零件时应用广泛。

(2)定位心轴种类很多,主要用于车、铣、磨等机床上加工套筒类和空心盘类工件的定位。常用的有圆柱心轴及锥度心轴等。

①圆柱心轴(过盈配合心轴)。过盈心轴限制工件 4 个自由度,如图 3.16 所示。

②圆柱心轴(间隙配合心轴)。如图 3.17 所示,其定位部分直径按 h6、g6 或 f7 制造。间隙较小时,可限制工件的 4 个自由度;间隙较大时,只限制两个移动自由度。

③锥度心轴。当工件要求定心精度高且装卸方便时,可采用图 3.18 所示的小锥度心轴来实现圆柱孔的定位,通常锥度为(1∶1 000)~(1∶5 000)。小锥度心轴可限制工件

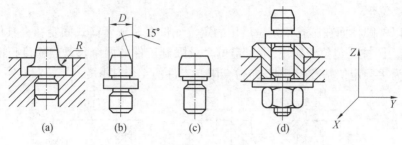

图 3.14　工件以圆柱孔定位的定位销

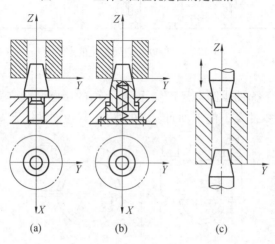

图 3.15　圆锥销定位

除绕轴线旋转以外的其余 5 个自由度。锥度心轴定心精度较高,但由于工件孔径的公差将引起工件轴向位置发生很大变化,且不易控制。

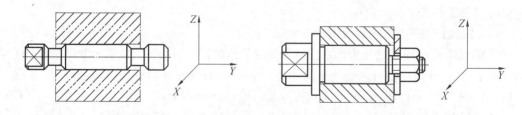

图 3.16　过盈间隙配合心轴　　　　　图 3.17　间隙配合的心轴

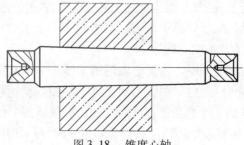

图 3.18　锥度心轴

3.3.2 定位误差的分析与计算

定位误差 Δ_{dw} 的大小是基准不重合误差 Δ_{jw} 和定位基准位移误差 Δ_{jb} 的代数和,即

$$\Delta_{dw} = \Delta_{jw} \pm \Delta_{jb} \tag{3.1}$$

使用夹具安装工件时,应尽量减少定位误差,在保证该工序加工要求的前提下,留给其他工艺系统误差的比例大一些,以便能较好地控制加工误差。根据加工误差计算不等式,定位误差应不超过零件公差的 $\frac{1}{5} \sim \frac{1}{3}$。

常见定位方式的定位误差计算见表 3.1。

表 3.1 常见定位方式的定位误差计算

定位形式	定位简图	定位误差计算/mm
一个平面定位	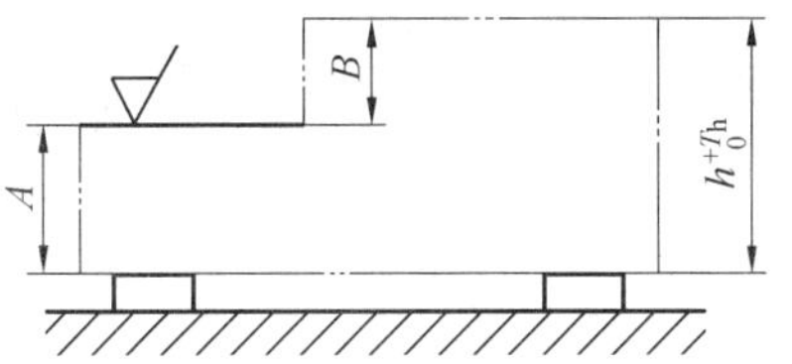	$\Delta_{dw}(A) = 0$ $\Delta_{dw}(B) = T_h$
	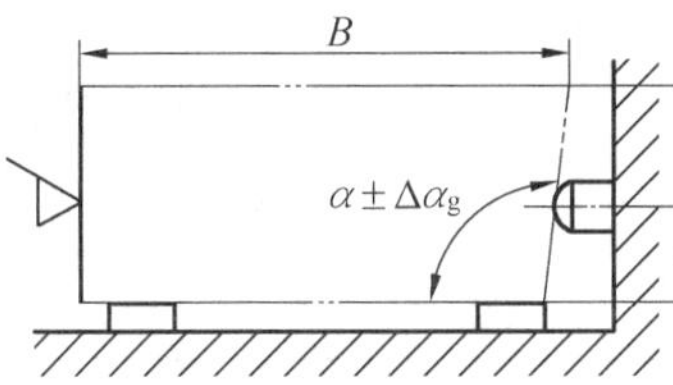	$\alpha = 90°$,当 $h < \dfrac{H}{2}$ 时 $\Delta_{dw}(B) = 2(H-h)\tan\Delta\alpha$ $\Delta_{dw}(H) = 0$
两个平面定位	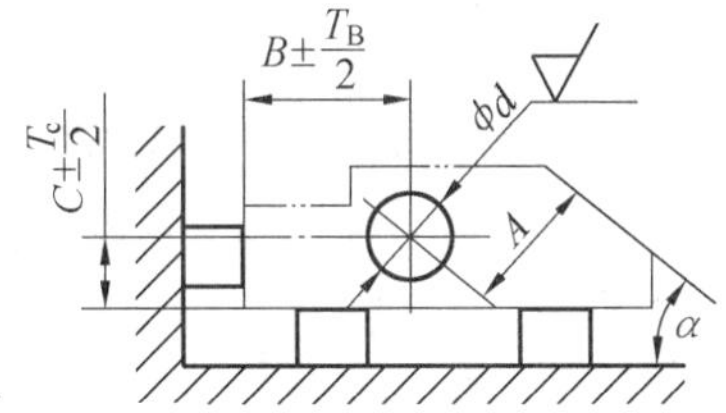	$\Delta_{dw}(A) = T_c\cos\alpha + T_B\cos(90° - \alpha)$ $\Delta_{dw}(B) = 0$ $\Delta_{dw}(C) = 0$ $\Delta_{dw}(\phi d) = 0$
	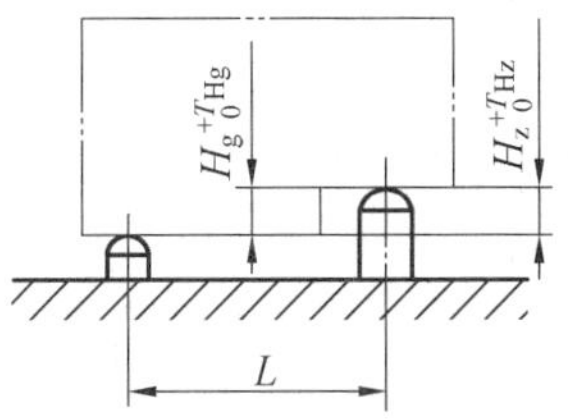	工件在水平面内最大角向定位误差 $\Delta_{db} = \arctan\dfrac{T_{Hg} + T_{Hg}}{L}$

续表 3.1

定位形式	定位简图	定位误差计算 /mm
一个平面一短销定位	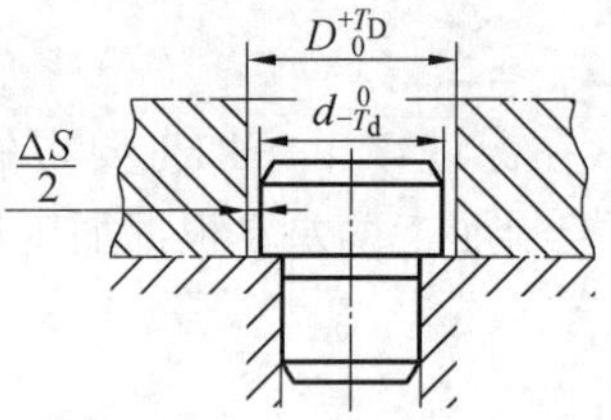 (图：$D_0^{+T_D}$，$d_{-T_d}^{0}$，$\frac{\Delta S}{2}$)	销垂直放置时 $\Delta_{dw} = T_D + T_d + \Delta S$ 销水平放置时 $\Delta_{dw} = \frac{1}{2}(T_D + T_d + \Delta S)$ 式中 ΔS——定位基准孔与定位销间的最小间隙
	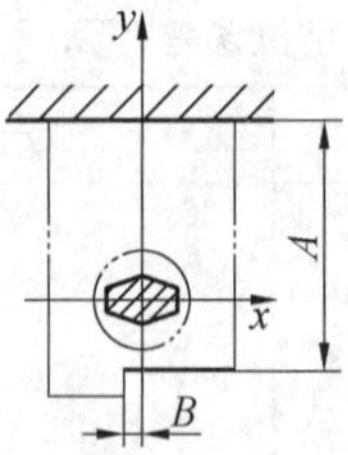 (图：A、B 尺寸，削边销)	$\Delta_{dw}(A) = 0$ $\Delta_{dw}(B) = T_D + T_d + \Delta S$ 式中 ΔS——定位基准孔与削边销间的最小间隙
两垂直面定位	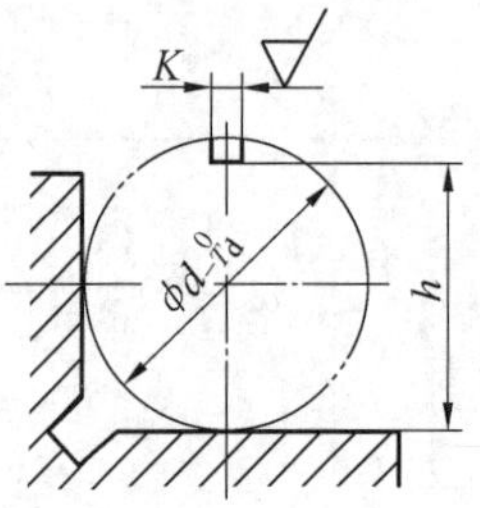 (图：K、h，$\phi d_{-T_d}^{0}$)	$\Delta_{dw}(K) = 0$ $\Delta_{dw}(对称度) = \frac{1}{2}T_D$
	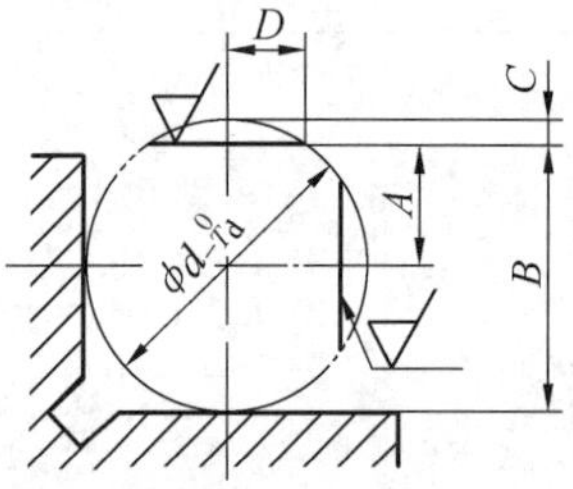 (图：D、A、B、C，$\phi d_{-T_d}^{0}$)	$\Delta_{dw}(A) = \frac{1}{2}T_D$ $\Delta_{dw}(B) = 0$ $\Delta_{dw}(C) = 0$ $\Delta_{dw}(D) = \frac{1}{2}T_D$

续表 3.1

定位形式	定位简图	定位误差计算/mm
两垂直面定位	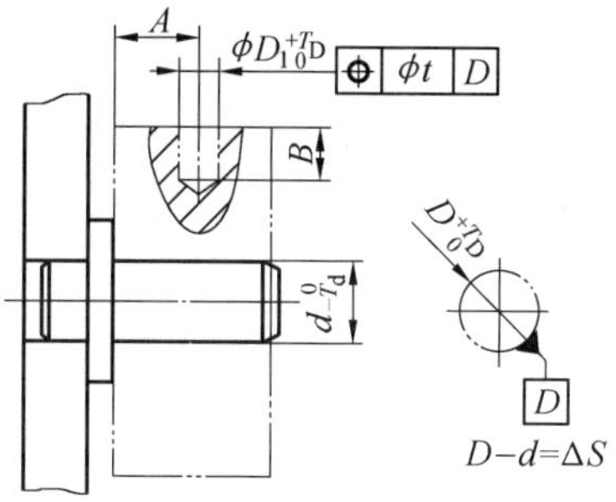	$\Delta_{dw}(位置度) = 0$ $\Delta_{dw}(A) = 0$ $\Delta_{dw}(B) = \frac{1}{2}(T_D + T_d + \Delta S)$
	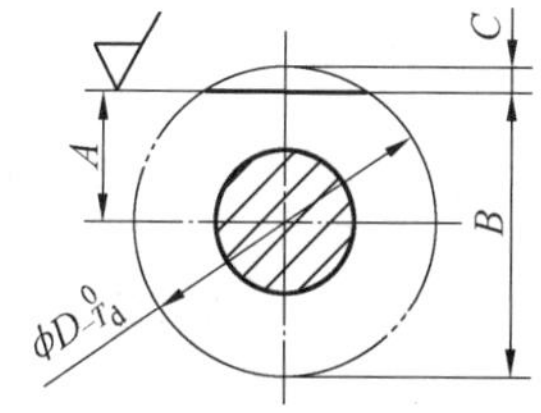	$\Delta_{dw}(A) = 0$ $\Delta_{dw}(B) = \frac{1}{2}T_D$ $\Delta_{dw}(C) = \frac{1}{2}T$
平面定位 V 形块定心	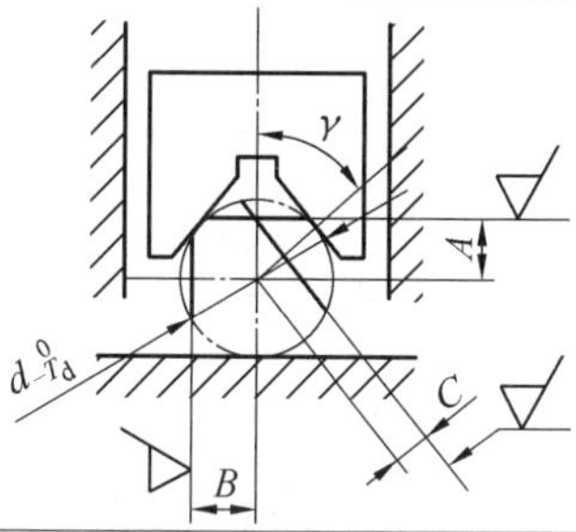	$\Delta_{dw}(A) = \frac{1}{2}T_D$ $\Delta_{dw}(B) = 0$ $\Delta_{dw}(C) = \frac{1}{2}T_d \cos\gamma$
双 V 形块定心	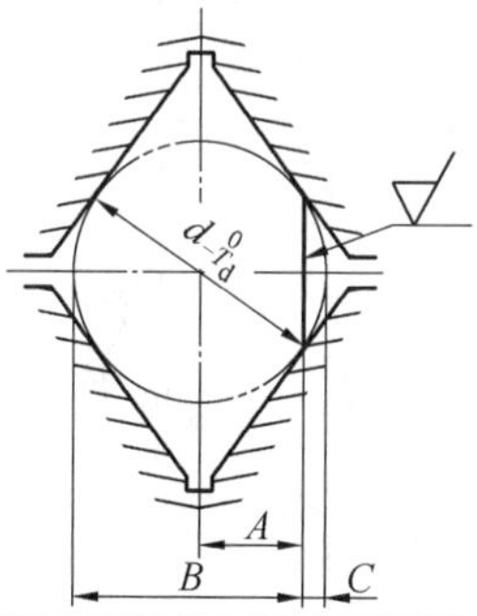	

续表3.1

定位形式	定位简图	定位误差计算/mm
平面定位、V形块定心		$\Delta_{dw}(A) = 0$ $\Delta_{dw}(B) = \frac{1}{2}T_D$ $\Delta_{dw}(C) = \frac{1}{2}T_d(1 - \cos\gamma)$ $\Delta_{dw}(A) = 0$ $\Delta_{dw}(B) = \frac{1}{2}T_D$ $\Delta_{dw}(C) = \frac{1}{2}T_d(1 + \cos\gamma)$
V形块定位	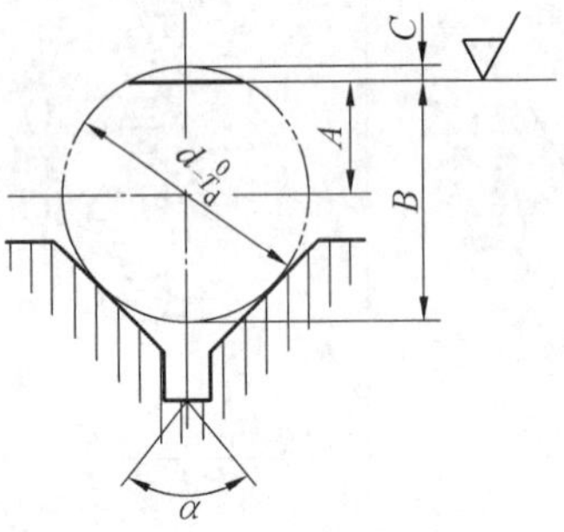	$\Delta_{dw}(A) = \dfrac{T_d}{2\sin\dfrac{\alpha}{2}}$ $\Delta_{dw}(B) = \dfrac{1}{2}T_D\left(\dfrac{1}{\sin\dfrac{\alpha}{2}} - 1\right)$ $\Delta_{dw}(C) = \dfrac{1}{2}T_D\left(\dfrac{1}{\sin\dfrac{\alpha}{2}} + 1\right)$
一面两销定位	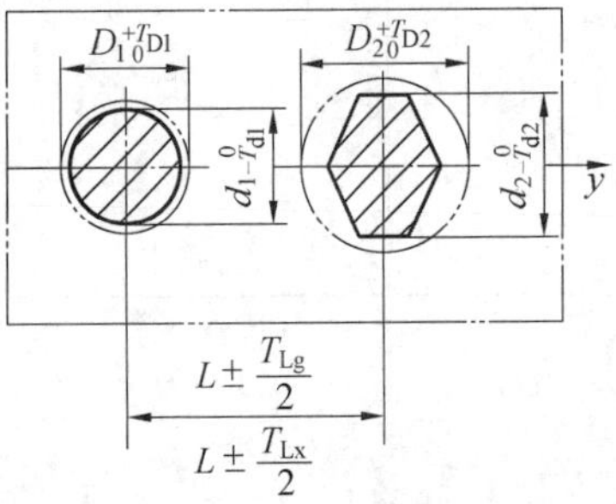	$\Delta_{dw}(Y) = T_{D1} + T_{d1} + \Delta S_1$ $\Delta\theta = \arctan\dfrac{T_{D1} + T_{d1} + \Delta S_1 + T_{D2} + T_{d2} + \Delta S_2}{2L}$ 式中 ΔS_1——第一定位基准孔与圆柱定位销间的最小间隙 ΔS_2——第二定位基准孔与削边销间的最小间隙 $\Delta\theta$——工件中心线的偏转角度误差

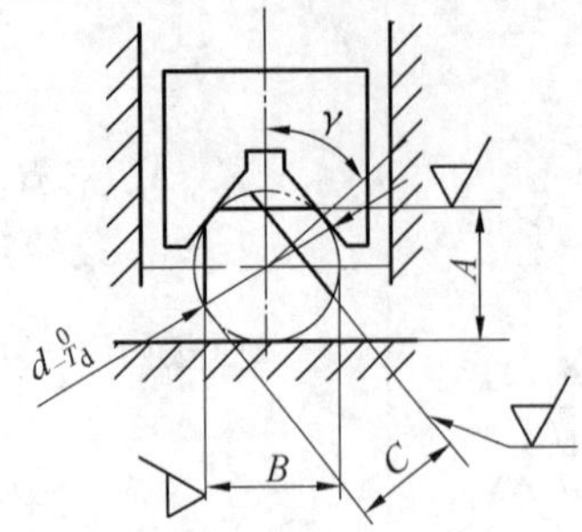

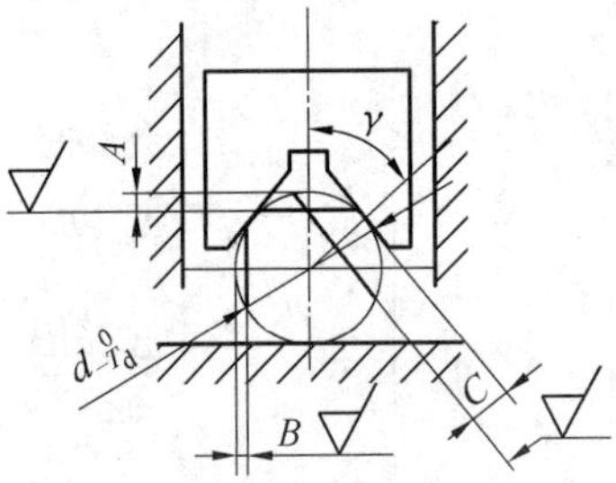

续表 3.1

定位形式	定位简图	定位误差计算 /mm
双 V 形块组合定位	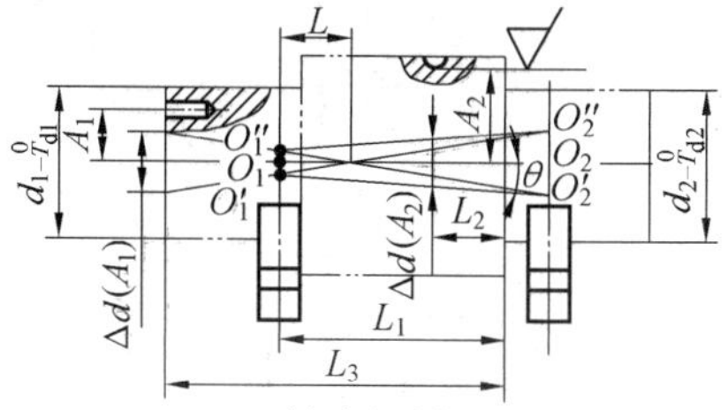 (a) 主视图 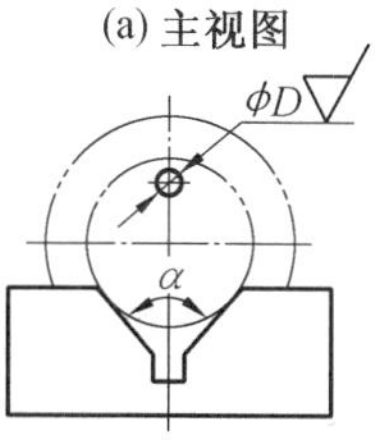 (b) 左视图	$\Delta_{\mathrm{dw}}(A_1) = \dfrac{T_{\mathrm{d1}}}{2\sin\dfrac{\alpha}{2}} \times \dfrac{L_3 - L_1 + L}{L}$ $\Delta_{\mathrm{dw}}(A_2) = \dfrac{T_{\mathrm{d1}}}{2\sin\dfrac{\alpha}{2}} + \dfrac{L_1 - L_2}{2} \times$ $\left(\dfrac{T_{\mathrm{d2}}}{2\sin\dfrac{\alpha}{2}} - \dfrac{T_{\mathrm{d1}}}{2\sin\dfrac{\alpha}{2}} \right)$ $\Delta\theta = \pm\arctan \dfrac{\dfrac{T_{\mathrm{d1}}}{2\sin\dfrac{\alpha}{2}} + \dfrac{T_{\mathrm{d2}}}{2\sin\dfrac{\alpha}{2}}}{2L_1}$ $\Delta\theta$——工件中心线的偏转角度误差

3.4 对刀及导向装置设计

3.4.1 对刀的方法

夹具在机床上安装完毕,在进行加工之前,尚需进行夹具的对刀,使刀具相对夹具定位元件处于正确位置。

对刀的方法通常有三种:

(1)通过单件的试切来调整刀具相对工件定位面的位置;

(2)每加工一批工件,即安装调整一次夹具,通过试切数个工件来对刀;

(3)用样件或对刀装置对刀,在制造样件或调整对刀装置时,需试切一些工件,而每次安装使用夹具时,不需再试切工件。

3.4.2 对刀装置设计

在铣床或刨床夹具中,刀具相对工件的位置需要事先进行调整,因此,常设置对刀装置用来确定夹具与刀具相对位置的元件。几种常见的对刀装置如图 3.19 所示。

1. 对刀块

对刀块共有四种:图 3.19(a)、图 3.19(b)所示为圆形与方形对刀块,用于加工单一平面时的对刀(图 3.20(a))和调整组合铣刀位置时的对刀(图 3.20(e));图 3.19(c)、图 3.19(d)所示是直角对刀块或侧装对刀块,调整铣刀两相互垂直凸面位置时使用,如盘形铣刀及圆柱铣刀铣槽时的对刀(图 3.20(b));用两片对刀平塞尺来调整成形铣刀的位置、加工成形槽(图 3.20(c));用两根对刀圆柱塞尺来调整成形铣刀位置、加工成形曲面(图 3.20(d))。

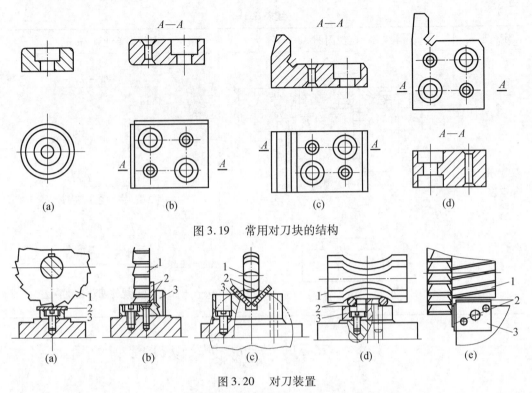

图 3.19 常用对刀块的结构

图 3.20 对刀装置
1— 铣刀；2— 塞尺；3— 对刀块

对刀装置应安排在夹具开始进给的一侧。对刀块应制成单独的元件，用螺钉和定位销安装在夹具体便于操作的位置上，不能用夹具上的其他元件兼作对刀块。对刀块通常选用 20 钢渗碳淬硬至 58 ~ 62HRC。

2. 塞尺

对刀时，塞尺处于刀具与对刀块之间，凭抽动塞尺的松紧程度来判断二者的正确位置，以适度为宜。常用标准塞尺有两种结构，图 3.21(a) 所示为对刀平塞尺；图 3.21(b) 所示为对刀圆柱塞尺。平塞尺的基本尺寸 H 为 1 ~ 5 mm，圆柱塞尺的基本尺寸 d 为 $\phi 3$ mm 或 $\phi 5$ mm，均按公差带 h8 制造。塞尺通常选用 T10 工具钢淬硬至 55 ~ 60HRC。

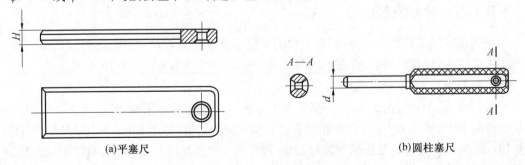

图 3.21 标准对刀塞尺

3. 对刀块位置尺寸和公差的确定

在夹具总装图上,对刀块工作面的位置应以定位元件的定位表面或定位元件轴心线(V形块对称线)为基准进行标注。其位置尺寸由相应的工序尺寸(平均值)和塞尺尺寸组成,位置尺寸的公差取相应工序尺寸公差的 $\frac{1}{5} \sim \frac{1}{2}$,且对称标注。对刀块工作表面与定位元件定位面的相互位置精度要求,应根据工件被加工面与定位基准的位置要求来确定。

例 加工如图3.22所示工件,要求保证工序 $A = 15.6_{-0.1}^{0}$ mm, $B = 12_{-0.1}^{0}$ mm,采用直角对刀块对刀,试确定其对刀面位置尺寸 H, L。

首先将 A, B 尺寸改写成对称偏差形式 $A = 15.55_{-0.05}^{+0.05}$ mm, $B = 11.95_{-0.05}^{+0.05}$ mm;取塞尺厚度为 3 mm。

对刀面位置尺寸为工序尺寸的平均尺寸与塞尺厚度之差,即 $H = 15.55$ mm $- 3$ mm $= 12.55$ mm,$L = 11.95$ mm $- 3$ mm $= 8.95$ mm。

尺寸 H, L 的公差取工件相应尺寸公差的 $\frac{1}{5} \sim \frac{1}{2}$,即为 $0.1 \times \left(\frac{1}{5} \sim \frac{1}{2}\right) = (0.02 \sim 0.05)$ mm,若取 0.04 mm,则对刀面位置尺寸为:$H = (12.55 \pm 0.02)$ mm;$L = (8.95 \pm 0.02)$ mm。

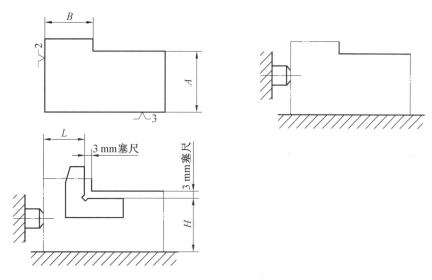

图 3.22 对刀块位置尺寸和公差

3.4.3 导向装置设计

导向装置用于引导刀具对工件的加工,可提高被加工孔的形状精度、尺寸精度以及孔系的位置精度。常用导向装置有两种:一种是钻床夹具用的导向元件,主要有钻套及铰套,对钻头、铰刀进行导向,以确定与夹具及工件的位置,钻套的基本类型(见表4.168);另一种是镗夹具的导套,引导镗杆并确定镗杆相对夹具定位元件的位置,现在应用得较少。

3.5 夹紧装置设计

3.5.1 夹紧力的确定

在设计夹紧装置时首先要解决的问题就是确定夹紧力的大小、方向,及选择夹紧力的作用点,具体要求详细见相关教材。理论上,夹紧力的大小应与作用在工件上的其他力(力矩)相平衡;而实际中夹紧力的大小还与工艺系统的刚度、夹紧机构的传递效率等因素有关,计算很复杂。因此,实际设计中常采用类比法、估算法和试验法确定所需的夹紧力。

一般工厂常用类比法由经验确定夹紧力的大小。例如,当采用气动、液压夹紧时,为了确定动力装置的尺寸(如活塞直径等),往往参照在相似的工作条件下经过考验的同类型的动力装置进行设计或选用。

当采用估算法确定夹紧力的大小时,为简化计算,通常将夹具和工件看成一个刚性系统。根据工件所受切削力、夹紧力、摩擦力(大型工件还应考虑重力、惯性力)等的作用情况,找出加工过程中对夹紧最不利的状态,按静力平衡原理计算出理论夹紧力 F_{J0},再乘以安全系数 K 作为实际所需夹紧力 F_J,即

$$F_J = KF_{J0} \tag{3.2}$$

粗加工或断续切削时取 $K = 2.5 \sim 3$;精加工和连续切削时取 $K = 1.5 \sim 2$。如果夹紧力的方向和切削力的方向相反,为了保证夹紧可靠,K 值可取 $2.5 \sim 3$。

在实际夹具设计中,夹紧力的大小并非在所有情况下都要计算确定。如手动夹紧时,常用经验类比法估算确定。常见夹紧形式所需的夹紧力见表3.2,各种不同接触表面之间的摩擦系数见表3.3。

表 3.2 常见夹紧形式所需的夹紧力

夹紧形式		夹紧简图	夹紧力计算公式及备注
工件以平面定位	夹紧力与切削力方向一致	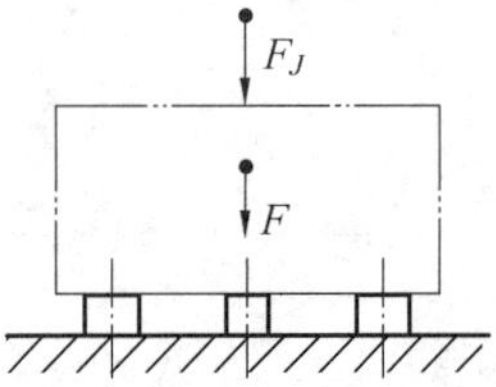	当其他切削力较小时,仅需要较小的夹紧力来防止工件在加工过程中产生振动和转动,可不作计算
	夹紧力与切削力方向相反	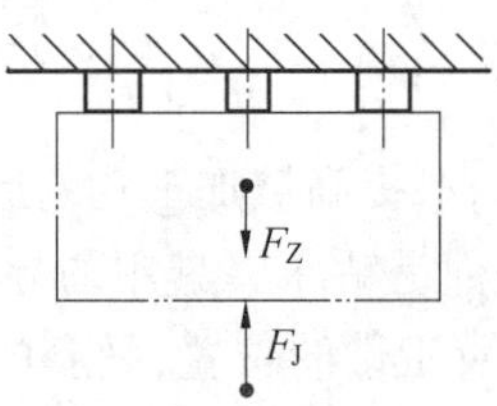	$F_J = KF$ 式中 F_J——实际所需夹紧力,N F——切削力,N K——安全系数

续表 3.2

夹紧形式		夹紧简图	夹紧力计算公式及备注
工件以平面定位	夹紧力与切削力方向垂直	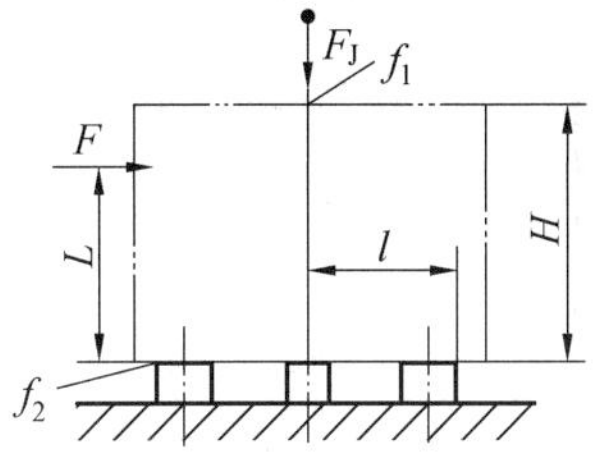	$F_J = \dfrac{KFL}{f_1 H + L}$ 或 $F_J = \dfrac{KF}{f_1 + f_2}$ 取其中最大值。 式中 f_1——摩擦系数,只在夹紧机构有足够的刚性时才考虑
	工件多面同时受力	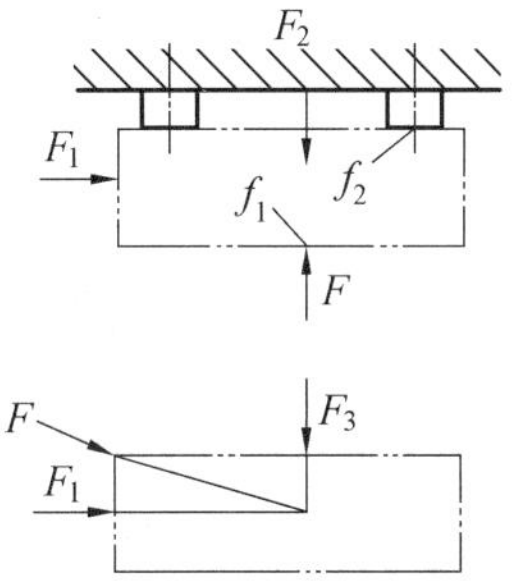	$F_J = \dfrac{K(F' + F_2 f_2)}{f_1 + f_2} =$ $\dfrac{K(\sqrt{F_1^2 + F_3^2} + F_2 f_2)}{f_1 + f_2}$ 式中 f_1——摩擦系数,只在夹紧机构有足够的刚性时才考虑
工件以两垂直面定位侧向夹紧		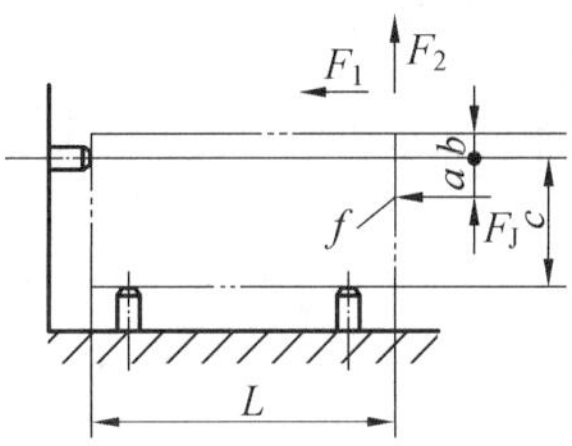	$F_J = \dfrac{K[F_2(L + cf) + F_1 b]}{cf + Lf + a}$ 式中 f_1——摩擦系数,只在夹紧机构有足够的刚性时才考虑
轴向夹紧套类零件		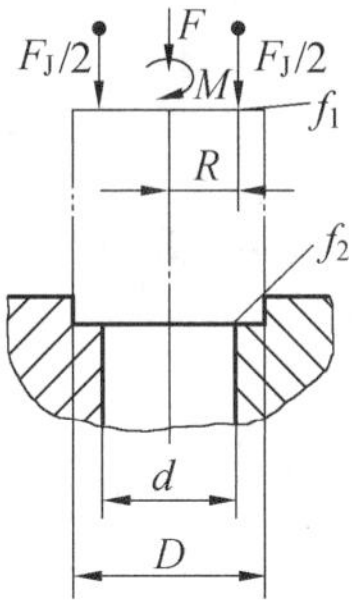	$F_J = \dfrac{K\left(M - \dfrac{1}{3} F f_2 \dfrac{D^3 - d^3}{D^2 - d^2}\right)}{f_1 R + \dfrac{1}{3} \dfrac{D^3 - d^3}{D^2 - d^2}}$

续表 3.2

夹紧形式		夹紧简图	夹紧力计算公式及备注
工件以平面定位	用压板夹紧在三个支撑点上	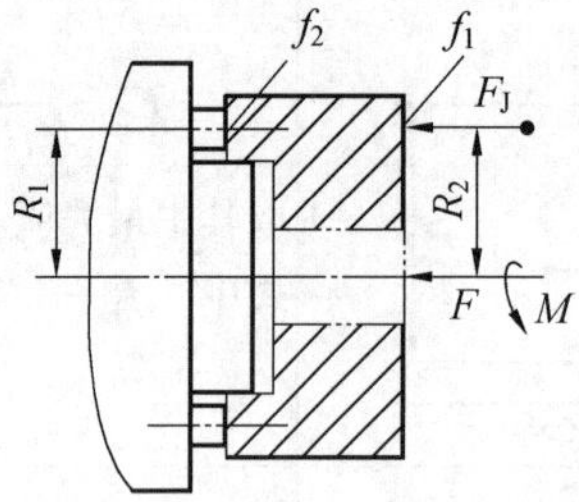	$F_J = \dfrac{K(M - f_2 F R_1)}{f_1 R_2 + f_2 R_1}$
	定心夹紧	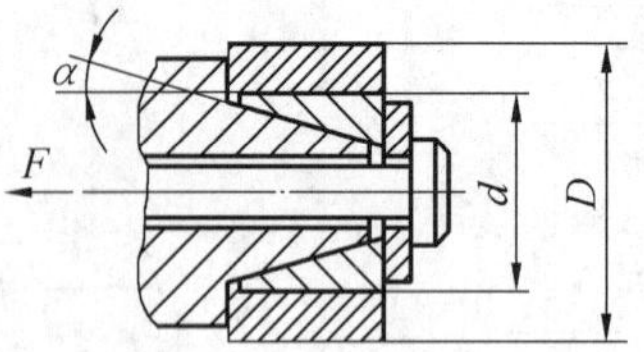	$F = \dfrac{K F_J D}{\tan \varphi_2 \, d}[\tan(\alpha + \varphi) + \tan \varphi_1]$ 式中　φ——斜面上的摩擦角 　　　$\tan \varphi_1$——工件与心轴在轴向方向的摩擦系数 　　　$\tan \varphi_2$——工件与心轴在圆周方向的摩擦系数
	端面夹紧	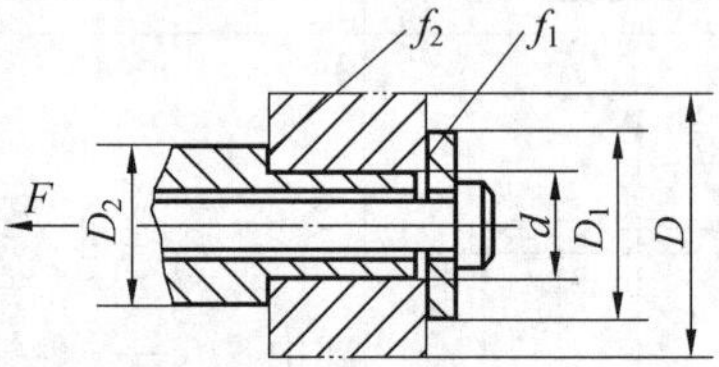	$F = \dfrac{3 K F_J D}{2\left(f_1 \dfrac{D_1^3 - d^3}{D_1^2 - d^2} + f_2 \dfrac{D_1^3 - d^3}{D_1^2 - d^2}\right)}$
工件以外圆定位	卡盘夹紧	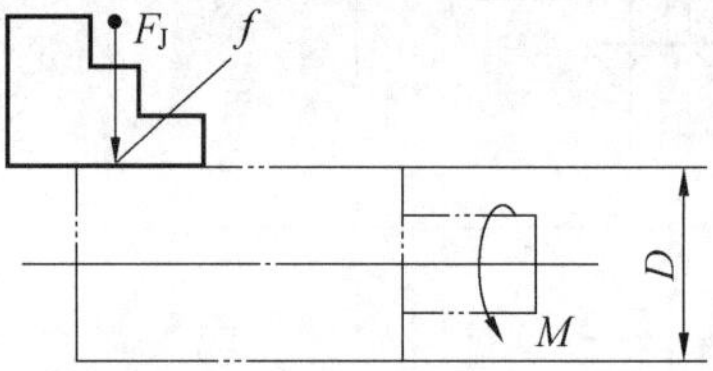	$F_J = \dfrac{2KM}{nDf}$ 式中　n——卡爪数
	工件承受切削转矩及轴向力	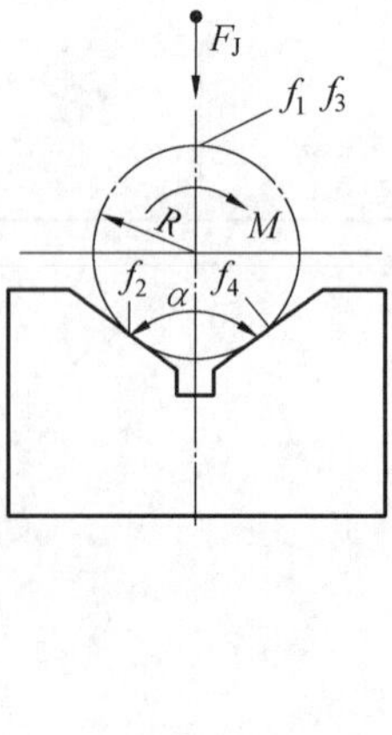	防止工件转动 $F_J = \dfrac{KM \sin \dfrac{\alpha}{2}}{f_1 R \sin \dfrac{\alpha}{2} + f_2 R}$ 防止工件移动 $F_J = \dfrac{KM \sin \dfrac{\alpha}{2}}{f_3 \sin \dfrac{\alpha}{2} + f_4}$ 式中　f_1——工件与压板间的圆周方向摩擦系数 　　　f_2——工件与V形块间的圆周方向的摩擦系数 　　　f_3——工件与压板间的轴向摩擦系数 　　　f_4——工件与V形块间的轴向摩擦系数

续表 3.2

夹紧形式		夹紧简图	夹紧力计算公式及备注
工件以外圆定位	夹紧力与切削力方向一致	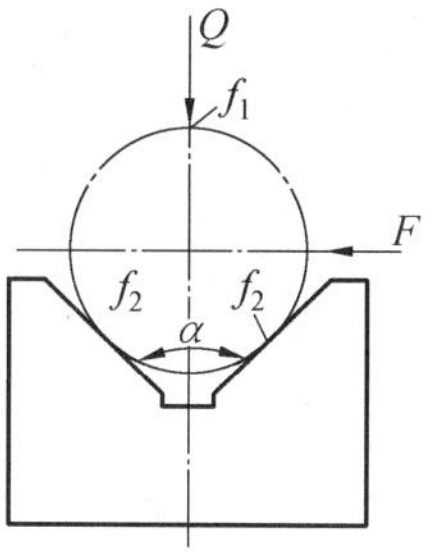	在侧向切削力 $F(\text{N})$ 的作用下,为防止工件从 V 形块斜面滑出所需的夹紧力 $$Q = \frac{2KF}{2f_1 + f_2 + \cot\frac{\alpha}{2}}(\text{N})$$
	夹紧力与切削力方向一致	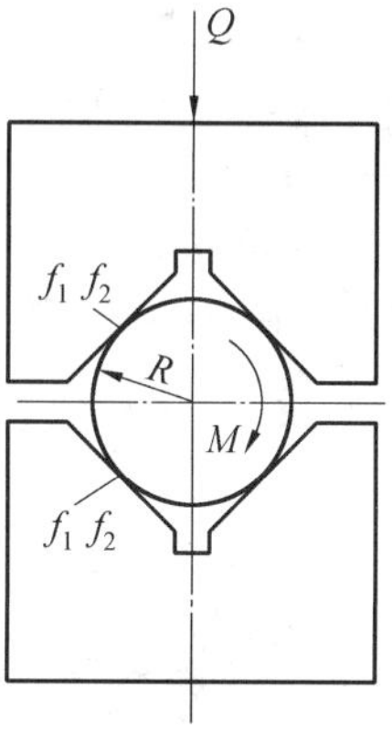	为防止工件在切削转矩 $M(\text{N}\cdot\text{mm})$ 的作用下打滑而转动所需的夹紧力 $$Q_1 = \frac{KM\sin\frac{\alpha}{2}}{2Rf_1}(\text{N})$$ 为防止工件在轴向力 P 作用下打滑而轴向位移所需夹紧力 $$Q_2 = \frac{KP\sin\frac{\alpha}{2}}{2f_2}(\text{N})$$ 式中 f_1——工件与 V 形块间在圆周方向的摩擦系数 f_2——工件与 V 形块在轴向方向的摩擦系数

表 3.3 各种不同接触表面之间的摩擦系数

接触表面形式	摩擦系数 f
接触表面均为加工过的光滑表面	0.15 ~ 0.25
工件表面为毛坯,夹具的支撑面为球面	0.2 ~ 0.3
夹具夹紧元件的淬硬表面在沿主切削力方向有齿纹	0.3
夹具夹紧元件的淬硬表面在沿垂直于主切削力方向有齿纹	0.4
夹具夹紧元件的淬硬表面有相互垂直的齿纹	0.4 ~ 0.5
夹具夹紧元件的淬硬表面有网状齿纹	0.7 ~ 0.8

3.5.2 常用典型夹紧机构

1. 斜楔夹紧机构

(1) 楔式铰链夹紧机构如图3.23和图3.24所示。

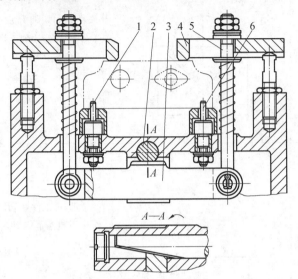

图 3.23 楔式铰链夹紧机构1
1—圆柱销;2—楔块;3—连板;4—压板;5—螺栓;6—菱形销

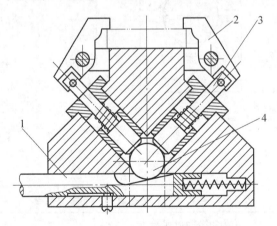

图 3.24 楔式铰链夹紧机构2
1—拉杆;2—压板;3—推杆;4—钢球

(2) 楔式联动夹紧机构如图3.25所示。

2. 螺旋夹紧机构

(1) 单螺旋夹紧机构。如图3.26(a)所示,螺钉头部直接压紧在工件表面上,容易压伤工件表面,且拧紧螺钉时容易带动工件旋转,破坏定位,所以应用较少。如图3.26(b)所示,在螺钉头部装上摆动压块,可防止刮伤工件表面、防止带动工件转动。

(2) 螺旋压板夹紧机构。应用最普遍、结构形式变化最多。常用的5种典型结构如

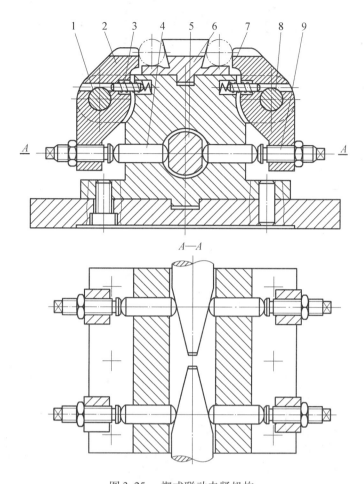

图 3.25 楔式联动夹紧机构
1、8—销;2、7—铰链压板;3—弹簧;4—圆柱销;5—楔块螺栓;6—支承块;9—螺栓

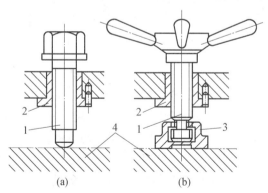

图 3.26 单螺旋夹紧机构
1—螺杆;2—衬套;3—摆动压块;4—工件

图 3.27 所示。图 3.27(a) 所示,为减力增加夹紧行程;图 3.27(b) 所示为不增力但可改变夹紧力的方向;图 3.27(c) 所示为采用了铰链压板增力但减小了夹紧行程,使用上受工件尺寸形状的限制;图 3.27(d) 所示为钩形压板,其结构紧凑,很适应夹具上安装夹紧机

构位置受到限制的场合;图3.27(e)所示为自调式压板,它能适应工件高度在0~200 mm范围内变化,其结构简单,使用方便。

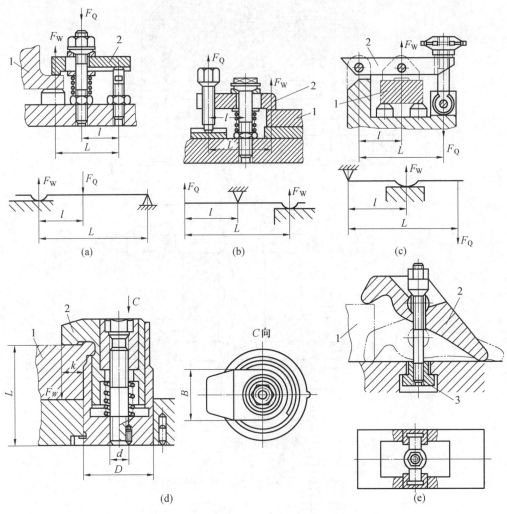

图 3.27 典型螺旋压板夹紧机构
1—工件;2—压板;3—T形槽用螺母

(3) 快速装卸机构。为了减少辅助时间,可以使用各种快速接近或快速撤离工件的螺旋夹紧机构。图3.28(a)所示为带有快换垫圈的螺母夹紧机构,图3.28(b)所示为快卸螺母,图3.28(c)所示为回转压板夹紧机构,图3.28(d)所示为快卸螺杆夹紧机构,图3.28(e)所示为螺杆夹紧机构。前四种结构的夹紧行程小,后一种结构的夹紧行程较大。

3. 定心夹紧机构

(1) 机械定心夹紧机构。三爪自定心卡盘、双顶尖、等距相向移动双V形块等均属机械定心夹紧机构。图3.29(a)所示为利用斜楔实现机械定心夹紧机构的形式。

(2) 弹性定心夹紧机构。常用于装夹轴、套类工件。图3.29(b)所示为用于工件以

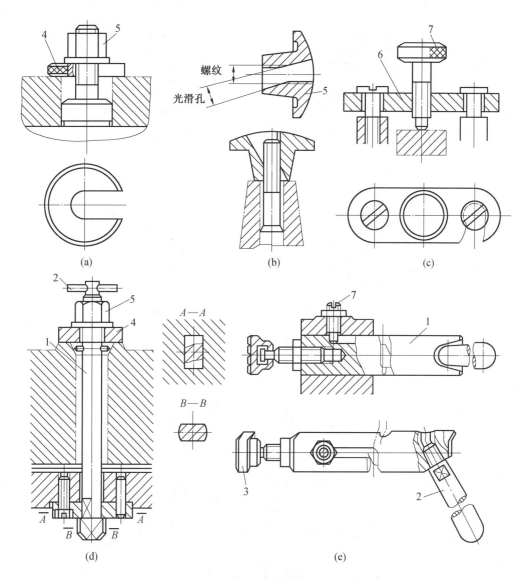

图 3.28 快速装卸螺旋夹紧机构
1—螺杆；2—手柄；3—搬动压块；4—垫圈、快换垫圈；5—螺母；6—回转压板；7—锁止螺钉

内孔为定位基面的弹簧心轴。

4. 铰链夹紧机构

铰链夹紧机构是一种增力机构，它具有增力倍数较大、摩擦损失较小的优点，但自锁性较差，广泛应用于气动夹具中。

图 3.30 所示为铣床夹具的铰链夹紧机构，该夹具共采用两套夹紧机构。

5. 常用典型夹紧机构

除了斜楔夹紧机构、螺旋夹紧机构、定心夹紧机构、铰链夹紧机构以外，还有偏心夹紧机构和联动夹紧机构，这 6 种夹紧机构中，每种的具体结构形式又是多种多样的，在设计时可以参看表 3.4。常用标准夹紧元件参见夹具设计手册。

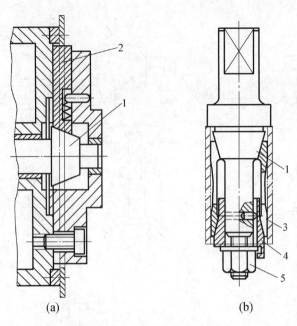

图 3.29 定心夹紧机构
1— 锥体;2— 卡爪;3— 弹性筒夹;4— 锥套;5— 螺母

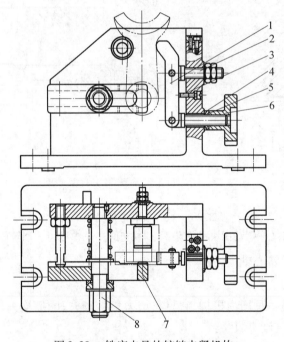

图 3.30 铣床夹具的铰链夹紧机构
1— 压板;2— 铰链支座;3— 圆柱销;4— 锥面垫圈;5— 球面垫圈;6— 星形把手;
7— 移动压板;8— 带肩六角螺母

表3.4 常用典型夹紧机构

类型	典型夹紧机构示例
单螺旋夹紧机构	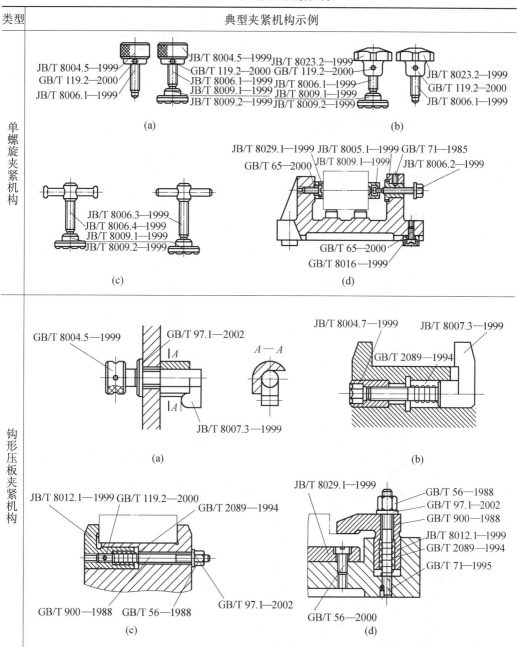
钩形压板夹紧机构	

续表 3.4

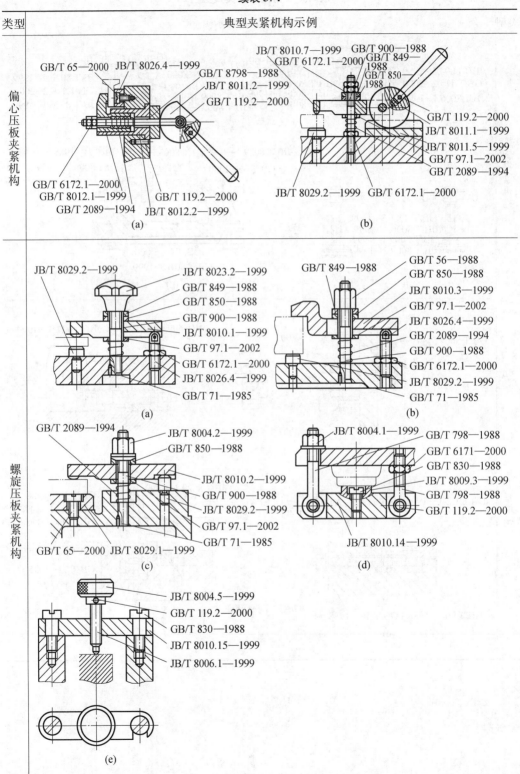

续表 3.4

类型	典型夹紧机构示例
定心夹紧机构	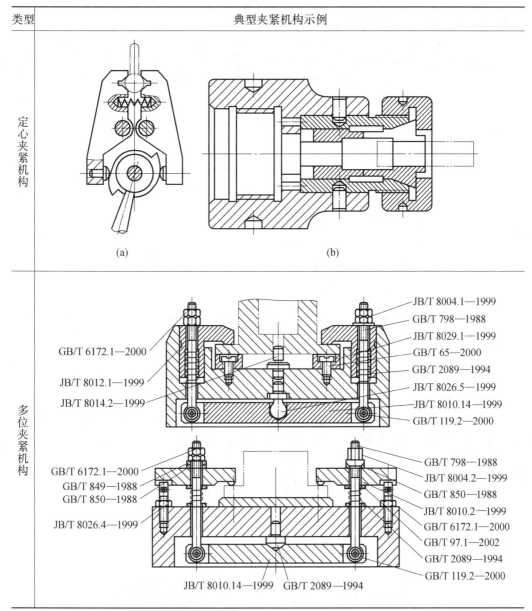
多位夹紧机构	

3.6 夹具体设计

3.6.1 概述

夹具体是夹具的基础件,夹具体的形状及尺寸取决于其他装置的布置形式及夹具与机床的连接方式。各种夹具体毛坯的特点、使用材料和应用场合见表 3.5。

表 3.5 夹具体毛坯的的选用

结构类型	特点	材料	应用场合
铸造结构	可铸出各种复杂形状，易于加工，抗压强度和抗振性好，但生产周期长，需进行时效处理，以消除内应力	灰铸铁 HT150、HT200，要求强度高时用铸钢 ZG35Ⅱ，切削力较小时可用铸铝 ZL110	适用于成批生产、切削负荷大、断续切削等场合，应用广泛
锻造结构	应用于尺寸较小、结构形状简单的夹具体	碳钢	应用很少
焊接结构	由钢板、型材焊接而成，易于制造，生产周期短，成本低，质量轻，热变形大，焊后需退火处理	低碳钢 Q195、Q215、Q235、20 钢和 16Mn 等	新产品试制和单件小批生产
装配结构	由标准的毛坯件、零件及个别非标准件通过螺钉、销钉连接组装而成，制造成本低、周期短、精度稳定		较少，值得推广

3.6.2 夹具体的结构

1. 夹具体设计的要点

（1）夹具体的结构形式。要从便于工件的装夹、便于制造装配和检验的角度考虑。

（2）夹具体的安装基面。要从减少加工面积和提高夹具安装精度角度考虑。夹具体的安装基面形式有三种，如图 3.31 所示。接触面或支脚的宽度应大于机床工作台梯形槽的宽度，而且加工时要保证一定的平面精度。

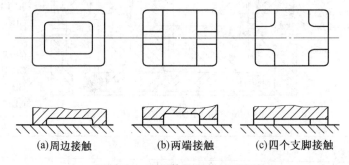

图 3.31 夹具体的安装基面形式

（3）以夹具体在机床上的定位表面作为加工其他表面的定位基准。各加工表面最好位于同一平面或同一旋转表面上。夹具体上安装各元件的表面，一般应铸出 3～5 mm 凸台，以减少加工面积。夹具体上不加工的毛面与工件表面之间应保证有一定的空隙，以免工件与夹具体间发生干涉。夹具体的结构尺寸可以借鉴一些经验数据，见表 3.6。

表 3.6　夹具体结构尺寸

夹具体结构部位	经验数据	
	铸造结构	焊接结构
壁厚 h/mm	8 ~ 25	6 ~ 15
加强筋厚度 /mm	(0.7 ~ 0.9)h	
加强筋高度 /mm	不大于 5h	
不加工毛面与工件表面间隙 /mm	4 ~ 15	
装配表面突出高度 /mm	3 ~ 5	

（4）方便搬运。对于大型夹具，为了便于搬运还应在夹具体上设计吊孔等结构。

（5）夹具的对定。夹具体与机床连接的结构必须正确设计，以保证定位精度，它属于夹具的定位问题，详见第 3.6.3 小节。

2. 夹具体的排屑结构

一般在设计夹具体时，应采取必要的排屑结构，使切屑在加工中顺利地排出夹具外，否则会影响工件的定位。对于加工过程中切屑很少的夹具，可增加定位元件工作表面与夹具体之间的距离（图 3.32(a)）或设计容屑沟槽（图 3.32(b)），以加大容屑空间。对于加工时产生大量切屑的夹具，可设置排屑孔或斜面，如图 3.33 所示。

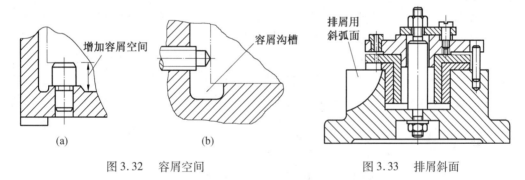

图 3.32　容屑空间　　　　　　　　图 3.33　排屑斜面

3. 夹具体的找正基准

有时为了夹具找正方便，需要在夹具体设置找正用基准，用以代替对元件定位面的直接测量，但找正基准与定位元件之间的相对位置要求较为严格。

4. 铸造夹具体的技术要求

（1）铸件不许有裂纹、气孔、砂眼、缩松、夹渣等铸造缺陷，浇口、冒口、结疤、粘砂应清除干净。

（2）铸件在机械加工前应经时效处理。

（3）未注明的铸造圆角为 R3 ~ 5 mm。

（4）铸造拔模斜度（铸件在垂直分型面的表面需有铸造斜度）不大于 7°。

铸造夹具体零件尺寸公差的参考值见表 3.7。

表 3.7　铸造夹具体尺寸公差的参考值

夹具体零件的尺寸(角度)	公差数据
相应于工件未注尺寸公差的直线尺寸	±0.1 mm
相应于工件未注角度公差的角度	±10°
相应于工件标注公差的直线尺寸或位置公差	$\frac{1}{5} \sim \frac{1}{2}$ 工件相应公差
夹具体上找正基面与安装工序的平面间的垂直度	0.01 mm
找正基面的直线度与平面度	0.005 mm
紧固件用的孔中心距公差	±0.1 mm, $L < 150$ mm ±0.15 mm, $L > 150$ mm

3.6.3　夹具对机床的定位

夹具在机床上定位,即夹具要与形成加工面的机床运动方向保持正确的位置关系,有两种最基本的形式:一种是安装在机床工作台上的夹具(如铣床、刨床、钻床、镗床、平面磨床等夹具);一种是安装在机床主轴上的夹具(如车床、磨床等夹具)。

1. 铣床类夹具的定位

铣床加工时,刀具和工作台面是按固定轨迹运动的,因此对于铣床类夹具,不仅需要利用夹具安装面定位,还要利用两个定位键或定位销与机床工作台的 T 形槽连接,以限制夹具在定位时所应限制的不定度。定位键根据机床上工作台的 T 形槽尺寸来选定。两个定位键分别用螺钉紧固在夹具体底面的键槽中,为提高定位精度,应尽量增大两个定位键间的距离。图 3.34 为夹具定位键的连接方式,夹具对定后,用 T 形螺栓将其压紧在工作台上。

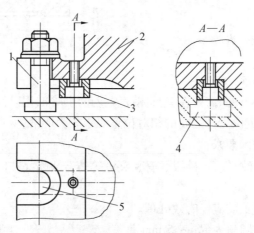

图 3.34　铣床夹具的定位和座耳的连接
1—T 形螺钉;2— 夹具体;3— 定位键;4—T 形槽;5— 夹具体上的螺钉槽

根据定位键下半部分结构尺寸的不同,定位键分为 A 型和 B 型两种(图 3.35)。A 型定位键在对夹具的导向精度要求不高时采用,定位键与夹具体键槽和工作台T形槽的配合尺寸均为B,其极限偏差可选h6或h8。夹具体键槽宽为B,极限偏差可选H7或js6。侧面有沟槽的B型定位键用于定向精度较高时的定位,定位键上半部与夹具底面的键槽相配合,下半部分尺寸B_1留有磨量0.5 mm,可按机床T形槽实际尺寸配作,极限偏差取h6或h8。安装夹具时,定位键靠向T形槽的同一侧面以减少定位间隙造成的误差。夹具上的定位键与定位面之间的相互位置精度(如平行度或垂直度等)必须按表3.8规定的公差执行。

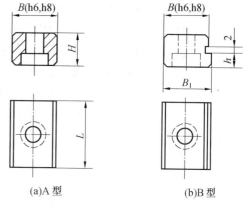

图 3.35　定位键

表 3.8　对刀块工作面、定位键工作侧面与定位面的技术要求

工件加工面对定位基准的要求	对刀块工作面、定位键工作侧面与定位面的平行度或垂直度公差
0.05 ~ 0.1	0.01 ~ 0.02
0.1 ~ 0.2	0.02 ~ 0.05
0.2 以上	0.05 ~ 0.1

铣床夹具在机床工作台上定位后,需要用T形螺栓和螺母及垫片进行固定。因此在夹具上需要设计出相应的座耳(图3.34),座耳结构尺寸见表3.9。

表 3.9　夹具体座耳结构尺寸　　　　　　　　　　　　　　　　　　　　　　mm

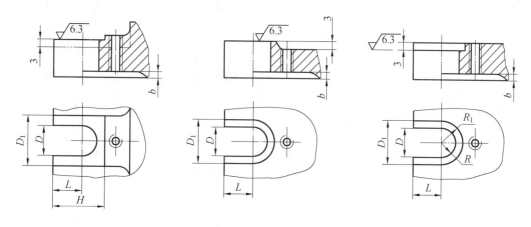

螺栓直径 d	D	D_1	R	R_1	L	H	b
8	10	20	5	10	16	28	4
10	12	24	6	12	18	32	4
12	14	30	7	15	20	36	4
16	18	38	9	19	25	46	6

2. 钻床类夹具的定位

钻床夹具的定位除了用夹具的底平面在钻床工作台面上定位外，具体加工位置是靠钻夹具上的钻套轴心线与钻床主轴轴心线重合来确定的。操作方法有两种：当加工精度要求不高时，可以直接用钻头或量棒插入钻套内孔，调整后使钻头或量棒在钻套内移动自如，确定出夹具与机床间正确的加工位置；当加工精度要求较高时，可以将杠杆式千分表安装在钻床主轴上，经调整用千分表找正钻套内孔与钻床主轴同心，确定出夹具与机床间正确的加工位置。

3. 车床类夹具的定位

车床类夹具一般安装在机床主轴上，连接方法取决于所用机床主轴端部结构，常见的三种安装形式如图3.36所示。

（1）如图3.36(a)所示，夹具以长锥柄装夹在主轴莫氏锥孔中，根据需要可用拉杆从主轴尾部拉紧。这种连接定位迅速方便，由于没有配合间隙，定位精度较高，即可以保证夹具的回转轴线与机床主轴轴线有很高的同轴度。其缺点是刚度低，故适用于切削力较小的小型夹具。

（2）如图3.36(b)所示，夹具以柱面D和端面A定位。圆柱孔与主轴轴颈的配合一般采用$\dfrac{H7}{h6}$或$\dfrac{H7}{js6}$。这种结构制造容易，但定位精度较低。夹具的紧固靠螺纹M，压板1起防松作用。

（3）如图3.36(c)所示，夹具靠短锥面K和端面T定位，这种连接定位方式因没有间隙而具有较高的定心精度，并且连接刚度也较高。夹具制造时，除要保证锥孔锥度外，还需要严格控制其尺寸以及锥孔与端面T的垂直度误差，以保证夹具安装后，其锥孔与端面能同时和主轴端的锥面与台肩面紧密接触，否则会降低定位精度，因此制造比较困难。

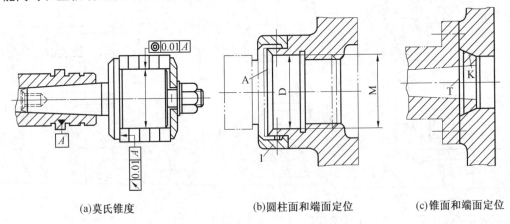

(a) 莫氏锥度　　　(b) 圆柱面和端面定位　　　(c) 锥面和端面定位

图 3.36　车床夹具在主轴上的安装

1—压板

3.7　夹具装配图的设计

3.7.1　绘制夹具装配图的注意事项

(1) 绘制夹具装配图要遵循国家标准,绘图比例尽可能采用1∶1,使图形具有良好的直观性。如果被加工工件尺寸过小,也可采用2∶1的比例绘图。

(2) 绘图时,工件用双点画线表示。此时工件被视为假想件,即视为透明体,不影响夹具元件的投影。

(3) 尽可能以操作者正面相对位置的视图为主视图,视图的布置应符合国家制图标准,视图的多少应以完整表达出夹具整个元件和机构为准。一般情况下,画出三视图,必要时可画出局部视图或剖面图。

(4) 装配图按工件处于夹紧状态下绘制。对某些在使用中位置可能变化且范围较大的装置要用双点画线表示出其极限位置。以便检查是否与其他元件、部件、机床或刀具相干涉。

(5) 工件在夹具上的支承定位,不能以铸件夹具体上的表面与工件直接接触定位,必须使用定位元件的定位表面,因为铸件夹具体耐磨性差,磨损后不易修复而影响定位精度,如图3.37所示。

(6) 夹具体上与其他夹具元件相接触的结合面要设计成等高的凸台,凸台高度一般高出铸造表面3~5 mm(见图3.37(b)所示的尺寸h)。若结合面用其他方法加工时,其结构尺寸也可设计成沉孔或凹槽(见图3.38的ϕD沉孔)。

(7) 夹具体上各元件应与夹具体可靠连接。为保证工人操作安全,一般采用内六角圆柱头螺钉(GB/T 70.1—2008)连接紧固。如果夹具元件的相对位置精度要求不高,只用内六角圆柱头螺钉连接紧固即可。如果夹具元件相对位置精度要求较高,还需用两个圆柱销(GB/T 119.2—2000)定位,如V形块与夹具体的连接,如图3.39所示。

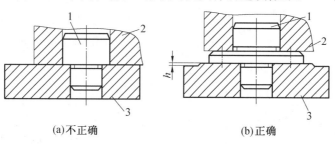

图3.37　定位表面必须与定位元件接触
1—定位销;2—工件;3—夹具体

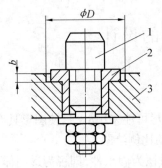
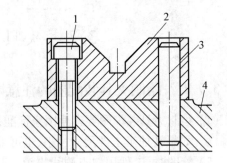

图3.38 夹具体与夹具零件结合面结构
1—定位销;2—定位套;3—夹具体

图3.39 V形块与夹具体的连接
1—内六角圆柱头螺钉;2—V形块;3—定位销;
4—夹具体

(8)对于标准部件或标准机构,如标准液压油缸、气缸等,可不必将结构剖示出来。

(9)装配图绘制完后,按一定顺序引出各元件和零件的件号。如果夹具元件在工作中需要更换(如钻、扩、铰的快换钻套),应在一条引出线端引出三个件号,在视图中是以某个零件画出的,为表达更换的零件,可用局部剖面表示更换零件的装配关系,并在技术要求或局部剖面图下面加以说明。

(10)合理标注尺寸、公差和技术要求。

(11)夹具装配图上应画出标题栏和零件明细表。注明零件名称、数量、材料牌号、热处理硬度等内容。

(12)合理选择专用零件的材料及热处理,见表3.10。

表3.10 常用夹具元件的材料及热处理

	名称	推荐材料	热处理要求
定位元件	支承钉	$D \leq 12$ mm, T7A	淬火 60~64HRC
		$D > 12$ mm, 20钢	渗碳深0.8~1.2 mm, 淬火 60~64HRC
	支承板	20钢	渗碳深0.8~1.2 mm, 淬火 60~64HRC
	可调支承螺钉	45钢	头部淬火 38~42HRC
			$L < 50$ mm, 整体淬火 33~38HRC
	定位销	$D \leq 16$ mm, T7A	淬火 53~58HRC
		$D > 16$ mm, 20钢	渗碳深0.8~1.2 mm, 淬火 53~58HRC
	定位心轴	$D \leq 35$ mm, T8A	淬火 55~60HRC
		$D > 35$ mm, 20钢	淬火 43~48HRC
	V形块	20钢	渗碳深0.8~1.2 mm, 淬火 60~64HRC
	斜楔	20钢	渗碳深0.8~1.2mm, 淬火 58~62HRC
		45钢	淬火 43~48HRC

续表 3.10

	名称	推荐材料	热处理要求
夹紧元件	压紧螺钉	45 钢	淬火 38～42HRC
	螺母	45 钢	淬火 33～38HRC
	摆动压块	45 钢	淬火 43～48HRC
	普通螺钉压板	45 钢	淬火 38～42HRC
	钩形压板	45 钢	淬火 38～42HRC
	圆偏心轮	20 钢	渗碳深 0.8～1.2 mm,淬火 60～64HRC
		优质工具钢	淬火 50～55HRC
其他专用元件	对刀块	20 钢	渗碳深 0.8～1.2 mm,淬火 60～64HRC
	塞尺	T7A	淬火 60～64HRC
	定向键	45 钢	淬火 43～48HRC
	钻套	内径≤26 mm,T10A	淬火 60～64HRC
		内径>25 mm,20 钢	渗碳深 0.8～1.2 mm,淬火 60～64HRC
	衬套	内径≤25 mm,T10A	淬火 60～64HRC
		内径>25 mm,20 钢	渗碳深 0.8～1.2 mm,淬火 60～64HRC
	固定式镗套	20 钢	渗碳深 0.8～1.2 mm,淬火 55～60HRC
夹具体		HT150 或 HT200	时效处理
		Q195,Q215,Q235	退火处理

3.7.2 装配图的标注要求

在夹具总装图上应标注基本尺寸、公差和技术要求。

1. 装配图上应该标注的尺寸

(1) 夹具的轮廓尺寸。
① 标出夹具的长、宽、高(最大外轮廓尺寸)。
② 标出操纵手柄等运动零件的极限位置处的最大轮廓尺寸。
(2) 工件与定位元件的联系尺寸。
① 标出工件基准孔与夹具定位销的配合尺寸。
② 标出工件基准外圆与夹具定位套的配合尺寸。
(3) 夹具与刀具的联系尺寸。
① 标出导向元件(钻套)之间的位置尺寸,钻套的内径尺寸,钻套与定位元件之间的位置尺寸。
② 标出对刀块的塞尺尺寸。
③ 标出对刀块工作面到定位元件的定位表面的尺寸。
(4) 夹具与机床的联系尺寸。

① 标出连接螺钉中心位置尺寸和中心距。
② 标出定位键与机床工作台的 T 形槽的配合尺寸。
③ 标出定位键之间的位置尺寸。
(5) 装配尺寸及配合尺寸。
① 标出定位元件与定位元件之间的装配尺寸。
② 标出钻套或可换钻套与衬套之间的配合尺寸。
③ 标出定位销与夹具体、固定衬套与夹具体、铰链轴与支座和活动件间的配合尺寸。

设计时,应根据工件上加工尺寸的公差来确定夹具上相应装配尺寸和位置尺寸公差,一般可取工件加工尺寸公差的 $\frac{1}{5} \sim \frac{1}{3}$。夹具上常用配合标注参见表 3.11、表 3.12 和表 3.13。

表 3.11 夹具常用的配合种类和公差等级

配合件的工作形式	精度要求		示例
	一般精度	较高精度	
定位元件与工件定位基面间的配合	$\frac{H7}{h6}$,$\frac{H7}{g6}$,$\frac{H7}{f7}$	$\frac{H6}{h5}$,$\frac{H6}{g5}$,$\frac{H6}{f5}$	定位销与工件定位基准孔的配合
有导向作用,并有相对运动的元件间的配合	$\frac{H7}{h6}$,$\frac{H7}{g6}$,$\frac{H7}{f7}$ $\frac{H7}{h6}$,$\frac{G7}{h6}$,$\frac{F8}{h6}$	$\frac{H6}{h5}$,$\frac{H6}{g5}$,$\frac{H6}{f5}$ $\frac{H6}{h5}$,$\frac{G6}{h5}$,$\frac{F7}{h5}$	移动定位元件、刀具与导套的配合
无导向作用,但有相对运动的元件间的配合	$\frac{H8}{f9}$,$\frac{H8}{d9}$	$\frac{H8}{f8}$	移动夹具底座与滑座的配合
没有相对运动的元件间的配合	无紧固件	$\frac{H7}{n6}$,$\frac{H7}{r6}$,$\frac{H7}{s6}$	固定支承钉、定位销
	有紧固件	$\frac{H7}{m6}$,$\frac{H7}{k6}$,$\frac{H7}{js6}$	

表 3.12　夹具常用元件的配合

配合件的工作形式		图例	配合件的工作形式		图例
定位销和支承钉的典型配合	定位销	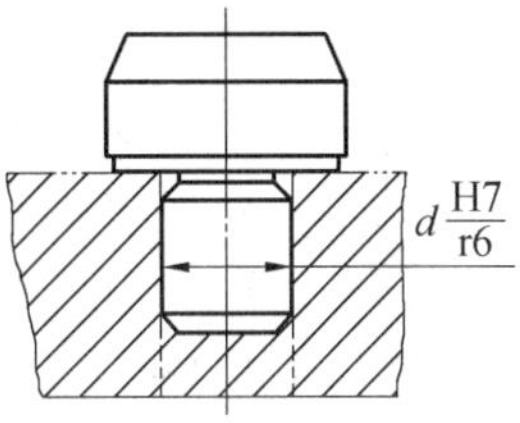 $d\dfrac{H7}{r6}$	定位销和支承钉的典型配合	可换定位销	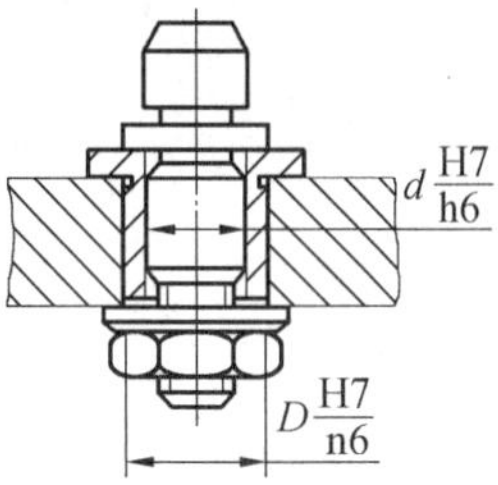 $d\dfrac{H7}{h6}$　$D\dfrac{H7}{n6}$
	菱形销	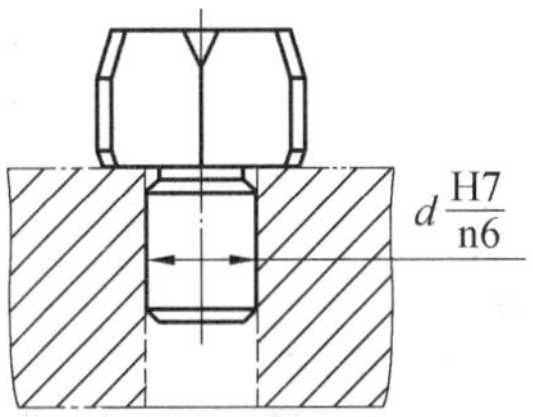 $d\dfrac{H7}{n6}$		大尺寸定位销	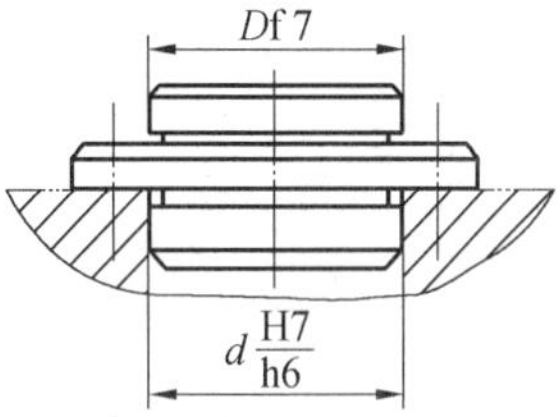 $Df7$　$d\dfrac{H7}{h6}$
	盖板式钻模定位销	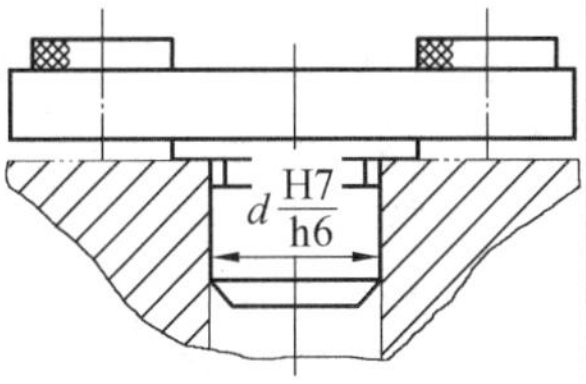 $d\dfrac{H7}{h6}$	夹紧件的典型配合	偏心夹紧机构	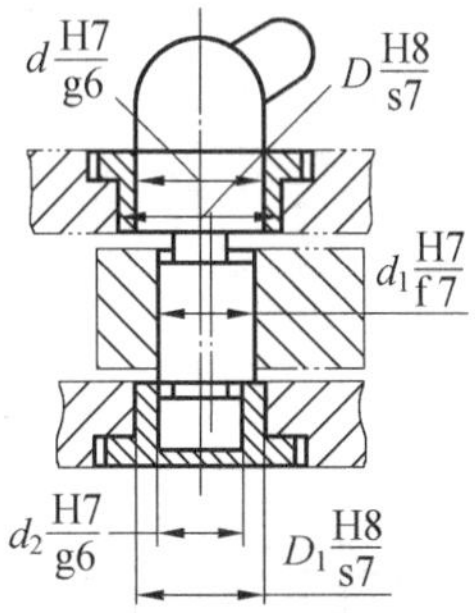 $d\dfrac{H7}{g6}$　$D\dfrac{H8}{s7}$　$d_1\dfrac{H7}{f7}$　$d_2\dfrac{H7}{g6}$　$D_1\dfrac{H8}{s7}$
	支承钉	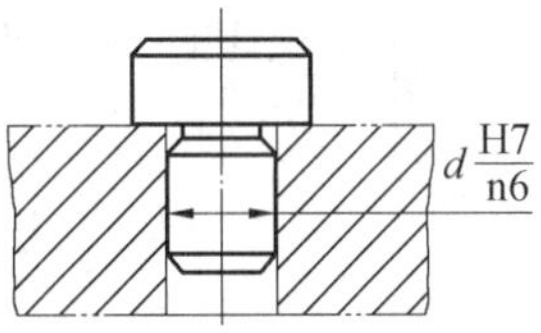 $d\dfrac{H7}{n6}$		钩形压板	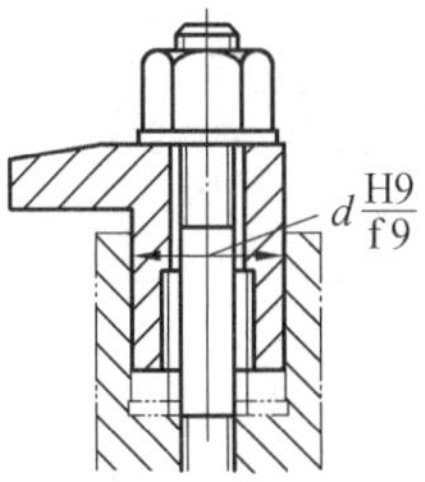 $d\dfrac{H9}{f9}$
夹紧件的典型配合	切向夹紧机构	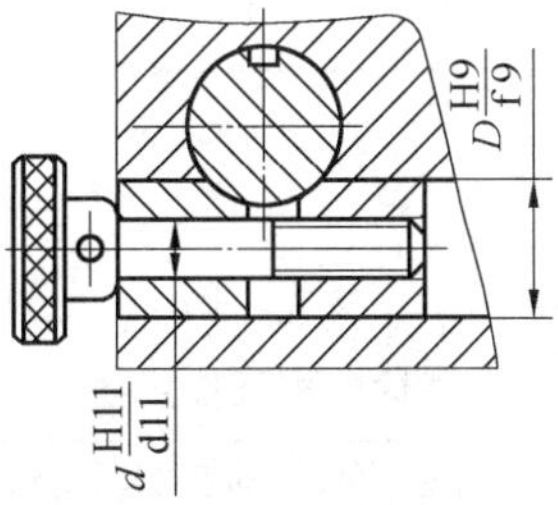 $D\dfrac{H9}{f9}$　$d\dfrac{H11}{d11}$	可动件的典型配合	滑动底板	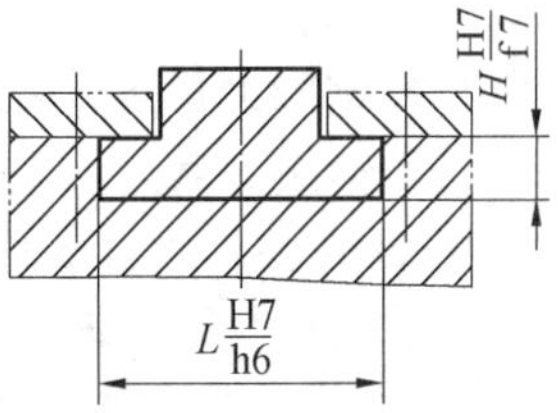 $H\dfrac{H7}{f7}$　$L\dfrac{H7}{h6}$

续表 3.12

配合件的工作形式		图例	配合件的工作形式		图例
可动件的典型配合	滑动钳口	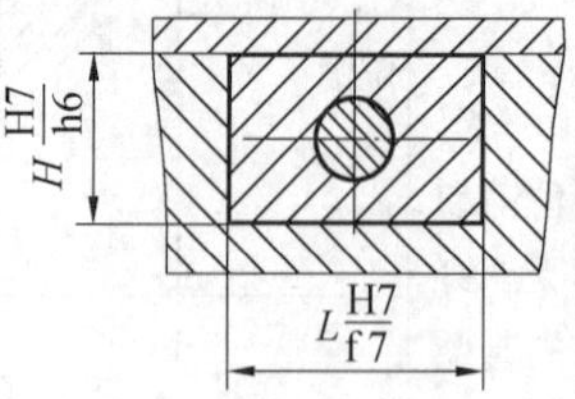 $L\dfrac{H7}{f7}$, $H\dfrac{H7}{h6}$	其他典型配合	铰链钻模板	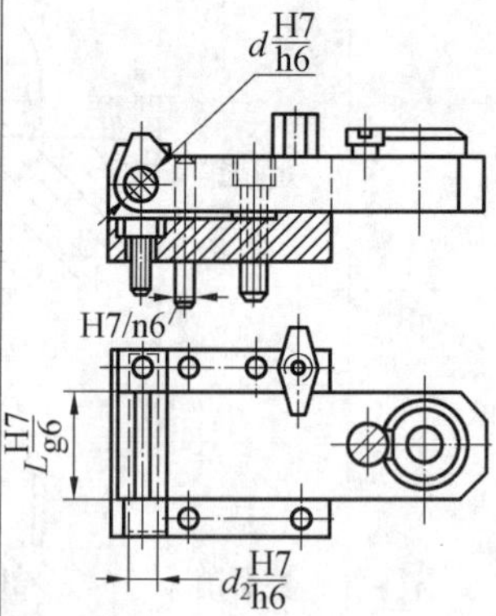 $d\dfrac{H7}{h6}$, $H7/n6$, $L\dfrac{H7}{g6}$, $d_2\dfrac{H7}{h6}$

表 3.13　固定式导套的配合

结构简图	工艺方法		配合尺寸		
			d	D	D_1
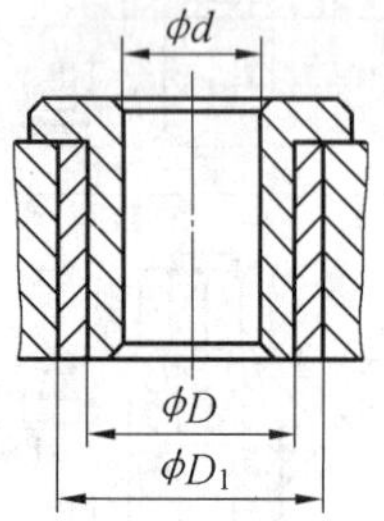 ϕd, ϕD, ϕD_1	钻孔	刀具切削部分引导	$\dfrac{F8}{h6}$, $\dfrac{G7}{h6}$	$\dfrac{H7}{g6}$, $\dfrac{H7}{f7}$	$\dfrac{H7}{r6}$, $\dfrac{H7}{s6}$, $\dfrac{H7}{n6}$
		刀具柄部或刀杆引导	$\dfrac{H7}{f7}$, $\dfrac{H7}{g6}$		
	铰孔	粗铰	$\dfrac{G7}{h6}$, $\dfrac{H7}{h6}$	$\dfrac{H7}{g6}$, $\dfrac{H7}{h6}$	
		精铰	$\dfrac{G6}{h5}$, $\dfrac{H6}{h5}$	$\dfrac{H6}{g5}$, $\dfrac{H6}{h5}$	
	镗孔	粗镗	$\dfrac{H7}{h6}$	$\dfrac{H7}{g6}$, $\dfrac{H7}{h6}$	$\dfrac{H7}{r6}$, $\dfrac{H7}{n6}$
		精镗	$\dfrac{H6}{h5}$	$\dfrac{H6}{g5}$, $\dfrac{H6}{h5}$	

2. 装配图上位置公差的标注

(1) 钻床夹具。

① 钻套轴心线对夹具安装基面的相互位置要求(表 3.14)。

表 3.14　钻套轴心线对夹具安装基面的相互位置要求　　　　　mm/100mm

工件加工孔对定位基面的垂直度要求	钻套轴心线对夹具安装基面的垂直度要求
0.05 ~ 0.10	0.01 ~ 0.02
0.10 ~ 0.25	0.02 ~ 0.05
0.25 以上	0.05

② 钻套轴心线对定位元件的同轴度、位置度、平行度、垂直度见表 3.15；

表 3.15　钻套轴心线对定位元件的同轴度、位置度、平行度、垂直度制造公差　　　mm

工件孔中心距或中心到基面的公差	钻套中心距或导套中心到定位基面的制造公差	
	平行或垂直时	不平行或不垂直时
±0.05 ~ ±0.10	±0.005 ~ ±0.02	±0.005 ~ ±0.015
±0.10 ~ ±0.25	±0.02 ~ ±0.05	±0.015 ~ ±0.35
0.25 以上	±0.05 ~ ±0.10	±0.035 ~ ±0.08

③ 多个处于同一圆周位置上的钻套所在圆的圆心相对定位元件的轴心线的同轴度。

④ 定位表面对夹具体底面的平行度或垂直度。

⑤ 活动定位件（如活动 V 形块）的对称中心线对定位元件、钻套轴心线的位置度。

⑥ 定位销的定位表面对支承面的垂直度（当定位表面较短时，可以不注）。

钻床夹具的技术条件示例见表 3.16。

表 3.16　钻床夹具技术条件示例

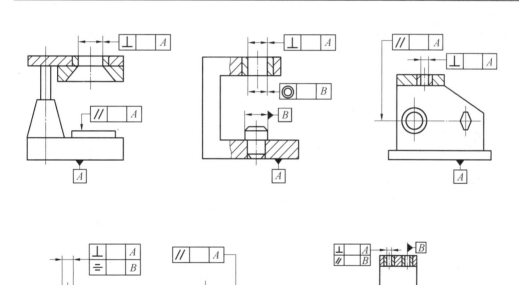

（2）铣床夹具。

① 定位表面（或轴心线）对夹具体底面的垂直度、平行度。

② 定位元件间的平行度、垂直度。
③ 对刀块工作面对定位表面的垂直度或平行度(表3.17)。

表3.17 按工件公差确定夹具对刀块到定位表面制造公差　　　　　　　　　　mm

工件的公差	对刀块对定位表面的相互位置	
	平行或垂直时	不平行或不垂直时
±0.10	±0.02	±0.015
±0.1 ~ ±0.25	±0.05	±0.035
±0.25 以上	±0.10	±0.08

④ 对刀块工作面、定位表面(或轴线)对定位键侧面的平行度、垂直度(表3.18)。

表3.18 对刀块工作面、定位表面和定位键侧面间的技术要求

工件加工面对定位基准的技术要求 /mm	对刀块工作面及定位键侧面对定位表面的垂直度或平行度/(mm·100 mm^{-1})
0.05 ~ 0.10	0.01 ~ 0.02
0.10 ~ 0.20	0.02 ~ 0.05
0.20 以上	0.05 ~ 0.10

铣床夹具技术条件示例见表3.19。

表3.19 铣床夹具技术条件示例

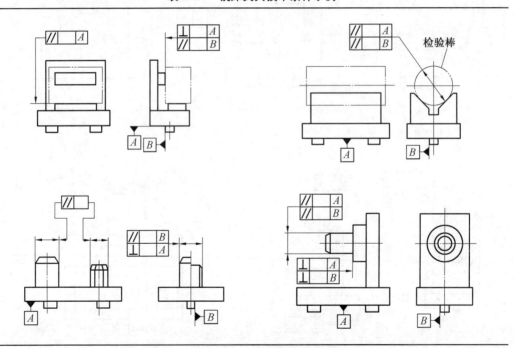

凡与工件加工要求有直接关系的位置公差数值,应取工件上相应的加工要求数值的 $\frac{1}{5} \sim \frac{1}{2}$;与工件无直接关系的可参考表3.20选取。

表 3.20　夹具技术条件参考数值　　　　　　　　　　　　mm

技术条件	参考数值
同一平面上的支承钉和支承板的等高公差	0.02
定位元件工作表面对夹具体底面的平行度或垂直度	0.02∶100
钻套轴心线对夹具体底面的垂直度	0.05∶100
定位元件工作表面对定位键槽侧面的平行度或垂直度	0.02∶100
对刀块工作表面对定位元件工作表面的平行度或垂直度	0.03∶100
对刀块工作表面对定位键槽侧面的平行度或垂直度	0.03∶100

夹具装配图样中的各项位置公差应尽量采用公差框图表示。

第4章 常用设计资料

4.1 毛坯尺寸公差与机械加工余量

4.1.1 铸件尺寸公差与机械加工余量(摘自 GB/T 6414—1999)

1. 基本概念

(1) 铸件基本尺寸。机械加工前毛坯铸件的尺寸,包括必要的机械加工余量(见图4.1)。

(2) 铸件尺寸公差。铸件尺寸允许的变动量,铸件尺寸公差为铸件最大极限尺寸与铸件最小极限尺寸之代数差的绝对值。

(3) 错型(错箱)。由于合型时错位,铸件的一部分与另一部分在分型面处相互错开(见图4.2)。

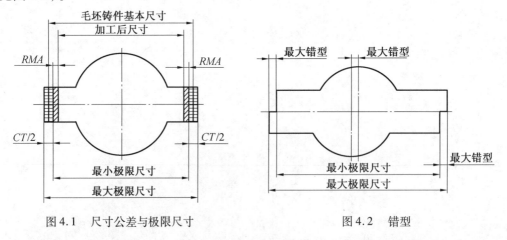

图4.1 尺寸公差与极限尺寸　　图4.2 错型

(4) 机械加工余量(RMA)。外圆面进行机械加工时,RMA 与铸件其他尺寸之间的关系可由式(4.1)表示,如图4.3所示;内腔进行机械加工相对应的表达式为式(4.2),如图4.4所示。

$$R = F + 2RMA + \frac{CT}{2} \tag{4.1}$$

$$R = F - 2RMA - \frac{CT}{2} \tag{4.2}$$

2. 公差等级

铸件公差有16级,代号为CT1～CT16,常用的为CT4～CT13。表4.1和表4.2列出了各种铸造方法通常能够达到的公差等级。

表4.1 大批量生产的毛坯铸件的公差等级

方法	公差等级			
	钢	灰铸铁	球墨铸铁	可锻铸铁
砂型铸造、手工造型	11～14	11～14	11～14	11～14
砂型铸造、机器造型和壳型	8～12	8～12	8～12	8～12
金属型铸造	—	8～10	8～10	8～10

表4.2 小批量生产或单件生产的毛坯铸件的公差等级

方法		公差等级			
		钢	灰铸铁	球墨铸铁	可锻铸铁
砂型铸造、手工造型	黏土砂	13～15	13～15	13～15	13～15
	化学黏结剂砂	12～14	11～13	11～13	11～13

3. 铸件的尺寸公差

铸件的尺寸公差可查表4.3。公差带的一般相对基本尺寸对称分布,如图4.1所示。

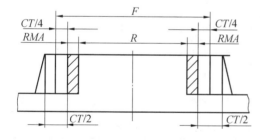

图4.3 外圆面进行机械加工 RMA 示意图
R— 铸件毛坯的基本尺寸;F— 最终机械加工后的尺寸;CT— 铸件公差

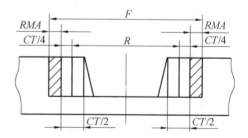

图4.4 内腔进行机械加工 RMA 示意图
R— 铸件毛坯的基本尺寸;F— 最终机械加工后的尺寸;CT— 铸件公差

表4.3 铸件的尺寸公差 mm

毛坯铸件的基本尺寸		铸件的尺寸公差等级(CT)								
大于	至	4	5	6	7	8	9	10	11	12	13
	10	0.26	0.36	0.52	0.74	1	1.5	2	2.8	4.2	—
10	16	0.28	0.38	0.54	0.78	1.1	1.6	2.2	3.0	4.4	—

续表4.3　　　　　　　　　　　　　　　　　　　　　　　　　　　　　　　　　　　mm

毛坯铸件的基本尺寸		铸件的尺寸公差等级(CT)								
大于	至	4	5	6	7	8	9	10	11	12	13
16	25	0.30	0.42	0.58	0.82	1.2	1.7	2.4	3.2	4.6	6
25	40	0.32	0.46	0.64	0.9	1.3	1.8	2.6	3.6	5	7
40	63	0.36	0.50	0.70	1	1.4	2	2.8	4	5.6	8
63	100	0.40	0.56	0.78	1.1	1.6	2.2	3.2	4.4	6	9
100	160	0.44	0.62	0.88	1.2	1.8	2.5	3.6	5	7	10
160	250	0.50	0.72	1	1.4	2	2.8	4	5.6	8	11
250	400	0.56	0.78	1.1	1.6	2.2	3.2	4.4	6.2	9	12

4. 机械加工余量等级

机械加工余量等级有10级，分别为A、B、C、D、E、F、G、H、J和K级，其中A、B级仅用于特殊场合。表4.4列了C～K级的机械加工余量数值。推荐用于各种铸造方法的机械加工余量等级见表4.5。

表4.4　铸件的C～K级机械加工余量(RMA)　　　　　　　　　　　　　　　　mm

最终机械加工后铸件的最大轮廓尺寸		要求的机械加工余量等级							
大于	至	C	D	E	F	G	H	J	K
	40	0.2	0.3	0.4	0.5	0.5	0.7	1	1.4
40	63	0.3	0.3	0.4	0.5	0.7	1	1.4	2
63	100	0.4	0.5	0.7	1	1.4	2	2.8	4
100	160	0.5	0.8	1.1	1.5	2.2	3	4	6
160	250	0.7	1	1.4	2	2.8	4	5.5	8
250	400	0.9	1.3	1.4	2.5	3.5	5	7	10

表4.5　毛坯铸件典型的机械加工余量等级(摘自 GB/T 6414—1999)

方法	要求的机械加工余量等级			
	铸件材料			
	钢	灰铸铁	球墨铸铁	可锻铸铁
砂型铸造、手工造型	G～K	F～H	F～H	F～H
砂型铸造、机器造型和壳型	F～H	E～G	E～G	E～G
金属型铸造		D～F	D～F	F～F

4.1.2 钢质模锻件公差及机械加工余量(摘自 GB/T 12362—2003)

1. 适用范围

此标准适用于模锻锤、热模锻压力机、螺旋压力机和平锻机等锻压设备生产的结构钢锻件,其他钢种的锻件也可参照使用。适用于此标准的锻件的质量应小于或等于 250 kg,长度(最大尺寸)应小于或等于 2 500 mm。

2. 公差及机械加工余量等级

国标中规定钢质模锻件的公差分为普通级和精密级两级。普通级公差指按一般模锻方法能达到的精度公差。精密级公差有较高的尺寸精度,适用于精密锻件。精密级公差可用于某个锻件的全部尺寸,也可用于某个锻件的局部尺寸。平锻件的公差只有普通级。机械加工余量只采用一级。

确定锻件公差和机械加工余量的主要因素:

① 锻件形状复杂系数 S。锻件形状复杂系数是锻件质量 m_t 与相应的锻件外廓包容体质量 m_n 之比,即

$$S = \frac{m_t}{m_n} \tag{4.3}$$

图 4.5 和图 4.6 分别为圆形锻件和非圆形锻件的外廓包容体示意图。锻件外廓包容体质量 m_n 以包容锻件最大轮廓的圆柱体或长方体作为实体计算质量。

圆形锻件:

$$m_n = \frac{\pi}{4} d^2 h \rho \tag{4.4}$$

非圆形锻件:
$$m_n = lbh\rho \tag{4.5}$$

根据 S 值的大小,锻件形状复杂系数分为 4 级:S_1 级(简单):$0.63 < S \leq 1$;S_2 级(一般):$0.32 < S \leq 0.63$;S_3 级(较复杂):$0.16 < S \leq 0.32$;S_4 级(复杂):$0 < S \leq 0.16$。

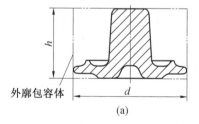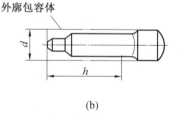

图 4.5 圆形锻件外廓包容体示意图

② 锻件材质系数 M。锻件材质系数分为 M_1 和 M_2 两级。

a. M_1 级:碳的质量分数小于 0.65% 的碳素钢或合金元素总质量分数小于 3.0% 的合金钢。

b. M_2 级:碳的质量分数大于或等于 0.65% 的碳素钢或合金元素总质量分数大于或等于 3.0% 的合金钢。

③ 锻件分模形状。锻件分模形状主要有平直分模线(对称弯曲分模线)和不对称弯曲分模线两种。

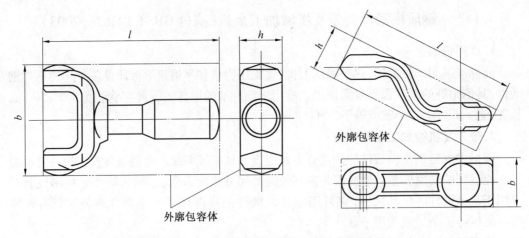

图4.6 非圆形锻件的外廓包容体示意图

④ 零件表面粗糙度按 $Ra \geq 1.6\ \mu m$ 和 $Ra \leq 1.6\ \mu m$ 两类执行,《钢质模锻件通用条件》(GB/T 12361—1990) 和钢质模锻件公差及机械加工余量(GB/T 12362—2003) 适合于机械加工表面粗糙度 $Ra \geq 1.6\ \mu m$ 的表面。当 $Ra \leq 1.6\ \mu m$ 时,其余量要适当加大。

(1) 确定锻件公差。长度、宽度和高度尺寸公差是指在分模线一侧同一块模具上沿长度、宽度、高度方向上的尺寸公差,l 为长度方向尺寸,b 为宽度方向尺寸,h 为高度方向尺寸;落差尺寸公差是高度尺寸公差的一种形式,用 f 表示;厚度尺寸公差指跨越分模线的厚度尺寸的公差,用 t 表示,如图4.7所示。长度、宽度和高度尺寸公差查表4.6;落差尺寸公差其数值比相应高度尺寸公差放宽一挡,上下偏差值按 $\pm 1/2$ 比例分配,孔径尺寸公差由表4.6确定公差值,其上下偏差按 $+1/4$、$-3/4$ 比例分配,厚度尺寸公差查表4.7,中心距公差查表4.8。

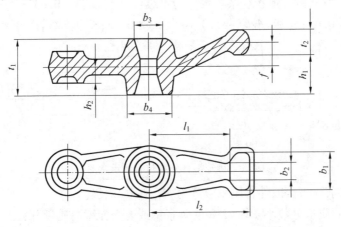

图4.7 长度、宽度和高度尺寸公差示意图

公差表使用方法:由表4.6或表4.7确定锻件长度、宽度或高度尺寸公差及厚度尺寸公差时,应根据锻件质量选定相应范围,然后沿水平线向右移动。若材质系数为 M_1,则沿同一水平线继续向右移动;若材质系数为 M_2,则沿倾斜线向右下移动到与公垂线的交点。对于形状复杂系数 S,用同样方法,沿水平或倾斜线移动到 S_1 或 S_2、S_3、S_4 格的位置,

并继续向右移动,直到所需尺寸的垂直栏中,即可查得所需的公差值。

【例1】 某锻件质量为6 kg,长度尺寸为160 mm,材质系数为M_1,形状复杂系数为S_2,平直分模线,由表4.6查得极限偏差为+2.1、-1.1,查表顺序按表4.6中箭头所示。

【例2】 某锻件质量为3 kg,最大厚度尺寸为45 mm,材质系数为M_1,形状复杂系数为S_3,由表4.7查得极限偏差为+1.7、-0.5,查表顺序按表4.7中箭头所示。

模锻件的中心距公差见表4.8。

(2) 确定锻件机械加工余量。

锻件内外表面机械加工余量见表4.9。锻件内孔直径的单面机械加工余量见表4.10。

【例3】 某锻件质量为3 kg,零件表面粗糙度参数$Ra = 3.2$ μm,长度尺寸为480 mm,形状复杂系数为S_3,由表4.9查得厚度为1.7 ~ 2.2 mm,水平方向为2.0 ~ 2.7 mm,查表顺序按表4.9中箭头所示。

表4.6 模锻件的长度、宽度和高度尺寸公差(普通级)　　　mm

锻件质量/kg		材质系数	形状复杂系数	锻件基本尺寸				
				大于	0	30	80	120	180
				至	30	80	120	180	315
大于	至	M_1　M_2	S_1 S_2 S_3 S_4	公差值及极限偏差				
0	0.4			$1.1^{+0.8}_{-0.3}$	$1.2^{+0.8}_{-0.4}$	$1.4^{+0.9}_{-0.5}$	$1.6^{+1.1}_{-0.5}$	$1.8^{+1.2}_{-0.6}$
0.4	1.0			$1.2^{+0.8}_{-0.4}$	$1.4^{+0.9}_{-0.5}$	$1.6^{+1.1}_{-0.5}$	$1.8^{+1.2}_{-0.6}$	$2.0^{+1.3}_{-0.7}$
1.0	1.8			$1.4^{+0.9}_{-0.5}$	$1.6^{+1.1}_{-0.5}$	$1.8^{+1.2}_{-0.6}$	$2.0^{+1.3}_{-0.7}$	$2.0^{+1.5}_{-0.7}$
1.8	3.2			$1.6^{+1.1}_{-0.5}$	$1.8^{+1.2}_{-0.6}$	$2.0^{+1.3}_{-0.7}$	$2.2^{+1.5}_{-0.7}$	$2.5^{+1.7}_{-0.8}$
3.2	5.6			$1.8^{+1.2}_{-0.6}$	$2.0^{+1.3}_{-0.7}$	$2.2^{+1.5}_{-0.7}$	$2.5^{+1.7}_{-0.8}$	$2.8^{+1.9}_{-0.9}$
5.6	10			$2.0^{+1.3}_{-0.7}$	$2.2^{+1.5}_{-0.7}$	$2.5^{+1.7}_{-0.8}$	$2.8^{+1.9}_{-0.9}$	$3.2^{+2.1}_{-1.1}$
10	20			$2.2^{+1.5}_{-0.7}$	$2.5^{+1.7}_{-0.8}$	$2.8^{+1.9}_{-0.9}$	$3.2^{+2.1}_{-1.1}$	$3.6^{+2.4}_{-1.2}$
				$2.5^{+1.7}_{-0.8}$	$2.8^{+1.9}_{-0.9}$	$3.2^{+2.1}_{-1.1}$	$3.6^{+2.4}_{-1.2}$	$4.0^{+2.7}_{-1.3}$
				$2.8^{+1.9}_{-0.9}$	$3.2^{+2.1}_{-1.1}$	$3.6^{+2.4}_{-1.2}$	$4.0^{+2.7}_{-1.3}$	$4.5^{+3.0}_{-1.5}$
				$3.2^{+2.1}_{-1.1}$	$3.6^{+2.4}_{-1.2}$	$4.0^{+2.7}_{-1.3}$	$4.5^{+3.0}_{-1.5}$	$5.0^{+3.3}_{-1.7}$
				$3.6^{+2.4}_{-1.2}$	$4.0^{+2.7}_{-1.3}$	$4.5^{+3.0}_{-1.5}$	$5.0^{+3.3}_{-1.7}$	$5.6^{+3.7}_{-1.9}$
				$4.0^{+2.7}_{-1.3}$	$4.5^{+3.0}_{-1.5}$	$5.0^{+3.3}_{-1.7}$	$5.6^{+3.7}_{-1.9}$	$6.3^{+4.2}_{-2.1}$

注:锻件的高度或台阶尺寸及中心到边缘尺寸公差,按$\pm\frac{1}{2}$的比例分配;内表面尺寸的允许偏差,其正负符号与表中相反;长度、宽度尺寸的上、下偏差按$\pm\frac{2}{3}$、$\pm\frac{1}{3}$比例分配。

表 4.7　模锻件的厚度尺寸公差（普通级）　　　　mm

锻件质量/kg		材质系数	形状复杂系数	锻件基本尺寸				
				大于	0	18	30	50	80
				至	18	30	50	80	120
大于	至	M_1　M_2	S_1　S_2　S_3　S_4	公差值及允许偏差				
0	0.4			$1.0^{+0.8}_{-0.2}$	$1.1^{+0.8}_{-0.3}$	$1.2^{+0.9}_{-0.3}$	$1.4^{+1.0}_{-0.4}$	$1.6^{+1.2}_{-0.4}$
0.4	1.0			$1.1^{+0.8}_{-0.3}$	$1.2^{+0.9}_{-0.3}$	$1.4^{+1.0}_{-0.4}$	$1.6^{+1.2}_{-0.4}$	$1.8^{+1.4}_{-0.4}$
1.0	1.8			$1.2^{+0.9}_{-0.3}$	$1.4^{+1.0}_{-0.4}$	$1.6^{+1.2}_{-0.4}$	$1.8^{+1.4}_{-0.4}$	$2.0^{+1.5}_{-0.5}$
1.8	3.2			$1.4^{+1.0}_{-0.4}$	$1.6^{+1.2}_{-0.4}$	$1.8^{+1.4}_{-0.4}$	$2.0^{+1.5}_{-0.5}$	$2.2^{+1.7}_{-0.5}$
3.2	5.6			$1.6^{+1.2}_{-0.4}$	$1.8^{+1.4}_{-0.4}$	$2.0^{+1.5}_{-0.5}$	$2.2^{+1.7}_{-0.5}$	$2.5^{+1.9}_{-0.6}$
5.6	10			$1.8^{+1.4}_{-0.4}$	$2.0^{+1.5}_{-0.5}$	$2.2^{+1.7}_{-0.5}$	$2.5^{+1.9}_{-0.6}$	$2.8^{+2.1}_{-0.7}$
10	20			$2.0^{+1.5}_{-0.5}$	$2.2^{+1.7}_{-0.5}$	$2.5^{+1.9}_{-0.6}$	$2.8^{+2.1}_{-0.7}$	$3.2^{+2.4}_{-0.8}$
				$2.2^{+1.7}_{-0.5}$	$2.5^{+1.9}_{-0.6}$	$2.8^{+2.1}_{-0.7}$	$3.2^{+2.4}_{-0.8}$	$3.6^{+2.7}_{-0.9}$
				$2.5^{+1.9}_{-0.6}$	$2.8^{+2.1}_{-0.7}$	$3.2^{+2.4}_{-0.8}$	$3.6^{+2.7}_{-0.9}$	$4.0^{+3.0}_{-1.0}$
				$2.8^{+2.1}_{-0.7}$	$3.2^{+2.4}_{-0.8}$	$3.6^{+2.7}_{-0.9}$	$4.0^{+3.0}_{-1.0}$	$4.5^{+3.4}_{-1.1}$
				$3.2^{+2.4}_{-0.8}$	$3.6^{+2.7}_{-0.9}$	$4.0^{+3.0}_{-1.0}$	$4.5^{+3.4}_{-1.1}$	$5.0^{+3.8}_{-1.2}$
				$3.6^{+2.7}_{-0.9}$	$4.0^{+3.0}_{-1.0}$	$4.5^{+3.4}_{-1.1}$	$5.0^{+3.8}_{-1.2}$	$5.6^{+4.2}_{-1.4}$

注：上、下偏差按 $+\frac{3}{4}$，$-\frac{1}{4}$ 比例分配，若有需要也可按 $+\frac{2}{3}$，$-\frac{1}{3}$ 比例分配。

表 4.8　模锻件的中心距公差（普通级）　　　　　　　　mm

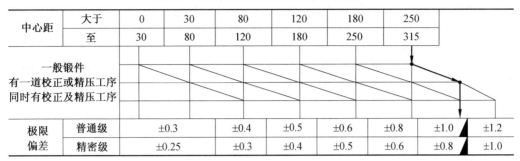

中心距	大于	0	30	80	120	180	250	
	至	30	80	120	180	250	315	
极限偏差	普通级	±0.3	±0.4	±0.5	±0.6	±0.8	±1.0	±1.2
	精密级	±0.25	±0.3	±0.4	±0.5	±0.6	±0.8	±1.0

表 4.9　锻件内外表面机械加工余量　　　　　　　　mm

锻件质量/kg		零件表面粗糙度 Ra/μm	形状复杂系数	单边余量/mm				
				厚度方向	水平方向			
大于	至	≥1.6, ≤1.6	S_1 S_2 S_3 S_4		大于 0 至 315	315 / 400	400 / 630	630 / 800
0	0.4			1.0~1.5	1.0~1.5	1.5~2.0	2.0~2.5	—
0.4	1.0			1.5~2.0	1.5~2.0	1.5~2.0	2.0~2.5	2.0~3.0
1.0	1.8			1.5~2.0	1.5~2.0	1.5~2.0	2.0~2.7	2.0~3.0
1.8	3.2			1.7~2.2	1.7~2.2	2.0~2.5	2.0~2.7	2.0~3.0
3.2	5.6			1.7~2.2	1.7~2.2	2.0~2.5	2.0~2.7	2.5~3.5
5.6	10			2.0~2.5	2.0~2.5	2.0~2.5	2.3~3.0	2.5~3.5
10	20			2.0~2.5	2.0~2.5	2.0~2.7	2.3~3.0	2.5~3.5
				2.3~3.0	2.5~3.0	2.5~3.0	2.5~3.5	2.7~4.0
				2.5~3.2	2.5~3.5	2.5~3.5	2.7~3.5	2.7~4.0

表 4.10　锻件内孔直径的单面机械加工余量　　　　　　　　mm

孔径		孔深				
大于	至	大于 0 至 63	63 / 100	100 / 140	140 / 200	200 / 280
—	25	2.0	—	—	—	—
25	40	2.0	2.6			

续表 4.10   mm

孔径		孔深				
大于	至	大于	0	63	100	140	200
		至	63	100	140	200	280
40	63		2.0	2.6	3.0	—	—
63	100		2.5	3.0	3.0	4.0	4.6
100	160		2.6	3.0	3.4	4.0	4.6
160	250		3.0	3.0	3.4	4.0	4.6

4.1.3　锻件模锻斜度及圆角半径(摘自 GB/T 12361—2003)

1. 模锻斜度

外模锻斜度锻件在冷缩时趋向离开模壁的部分用 α 表示(图4.8),内模锻斜度锻件在冷缩时趋向贴紧模壁的部分用 β 表示(图4.8)。

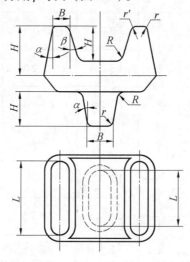

图4.8　内、外模锻斜度示意图

模锻斜度的确定模锻锤、热模锻压力机、螺旋压力机的外模锻斜度 α 按锻件各部分的高度 H 与宽度 B 以及长度 L 与宽度 B 的比值 H/B、L/B 确定,数值见表4.11。内模锻斜度 β 按外模锻斜度值加大 2°或 3°(15°除外)。

表 4.11　模锻锤、热模锻压力机、螺旋压力机锻件外模锻斜度数值

L/B	H/B				
	≤1	>1 ~ 3	>3 ~ 4.5	>4.5 ~ 6.5	>6.6
≤1.5	5°00′	7°00′	10°00′	12°00′	15°00′
>1.5	5°00′	5°00′	7°00′	10°00′	12°00′

2. 圆角半径

外圆角半径 r 与内圆角半径 R 按表 4.12 确定。

表 4.12 圆角半径数值　　　　mm

外圆角半径 r	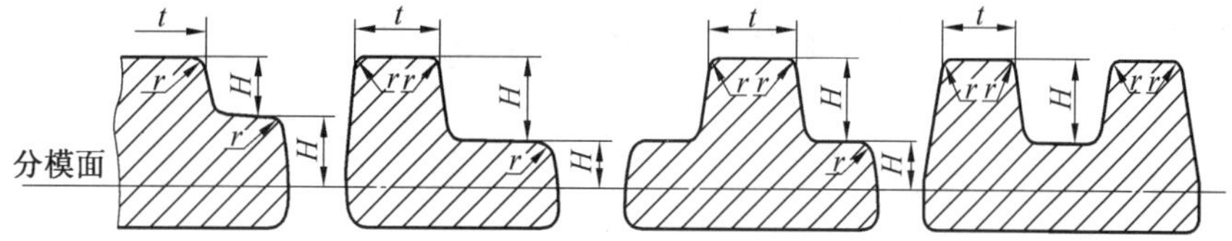						
t/H	台阶高度						
	≤10	>10~16	>16~25	>25~40	>40~63	>63~100	>100~160
>0.5~1	2.5	2.5	3	4	5	8	12
>1	2	2	2.5	3	4	6	10
内圆角半径 R	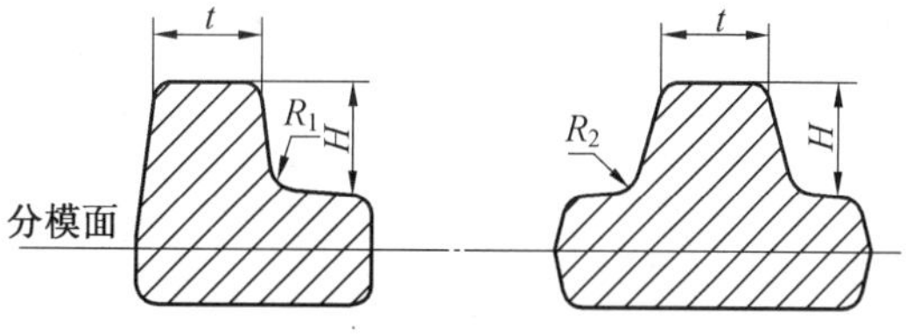						
t/H	台阶高度						
	≤10	>10~16	>16~25	>25~40	>40~63	>63~100	>100~160
>0.5~1	4	5	6	8	10	16	25
>1	3	4	5	6	8	12	20

4.2　工序间加工余量

4.2.1　轴的加工余量

1. 轴的外圆加工余量及偏差

轴的外圆加工余量及偏差见表 4.13 ~ 表 4.14。

表 4.13　粗车及半精车外圆加工余量及偏差　　　　mm

基本尺寸	直径余量						直径偏差
	粗车(经或未经热处理)		半精车				粗车 (h12~h13)
			经热处理		未经热处理		
	轴的折算长度 L						
	≤200	>200~400	≤200	>200~400	≤200	>200~400	
>6~10	1.5	1.7	0.8	1.0	1.0	1.3	-0.15~-0.22

续表 4.13   mm

基本尺寸	直径余量						直径偏差
	粗车(经或未经热处理)		半精车				粗车 (h12~h13)
			经热处理		未经热处理		
	轴的折算长度 L						
	≤200	>200~400	≤200	>200~400	≤200	>200~400	
>10~18	1.5	1.7	1.0	1.3	1.3	1.5	-0.18~-0.27
>18~30	2.0	2.2	1.3	1.3	1.3	1.5	-0.21~-0.33
>3~50	2.0	2.2	1.4	1.5	1.5	1.9	-0.25~-0.39
>50~80	2.3	2.5	1.5	1.8	1.8	2.0	-0.30~-0.45
>80~120	2.5	2.8	1.5	1.8	1.8	2.0	-0.35~-0.54
>120~180	2.5	2.8	1.8	2.0	2.0	2.3	-0.40~-0.63
>180~250	2.8	3.0	2.0	2.3	2.3	2.5	-0.46~-0.72
>250~315	3.0	3.3	2.0	2.3	2.3	2.5	-0.52~-0.81

表 4.14 半精车后磨外圆加工余量及偏差   mm

基本尺寸	直径余量								直径偏差	
	第一种	第二种			第三种				第一种磨前半精车或第三种粗磨(h10~h11)	第二种粗磨(h8~h9)
	终磨(经或未经热处理)	热处理后			热处理前粗磨		热处理后粗磨			
		粗磨		半精磨						
	轴的折算长度 L									
	≤200	>200~400	≤200	>200~400	≤200	>200~400	≤200	>200~400		
>6~10	0.20	0.30	0.12	0.20	0.08	0.10	0.12	0.20	0.20	0.30	-0.058~-0.090	-0.022~-0.036

续表 4.14   mm

基本尺寸	直径余量									直径偏差	
	第一种	第二种				第三种				第一种磨前半精车或第三种粗磨(h10~h11)	第二种粗磨(h8~h9)
	终磨(经或未经热处理)	热处理后				热处理前粗磨		热处理后粗磨			
		粗磨		半精磨							
	轴的折算长度 L										
	≤200	>200~400	≤200	>200~400	≤200	>200~400	≤200	>200~400	≤200	>200~400		
>10~18	0.20	0.30	0.12	0.20	0.08	0.10	0.12	0.20	0.20	0.30	-0.070~-0.110	-0.027~-0.043
>18~30	0.20	0.30	0.12	0.20	0.08	0.10	0.12	0.20	0.20	0.30	-0.084~-0.130	-0.033~-0.052
>30~50	0.30	0.40	0.20	0.25	0.08	0.15	0.20	0.25	0.30	0.40	-0.100~-0.160	-0.039~-0.062
>50~80	0.40	0.50	0.25	0.30	0.15	0.20	0.25	0.30	0.40	0.50	-0.120~-0.190	-0.064~-0.074
>80~120	0.40	0.50	0.25	0.30	0.15	0.20	0.25	0.30	0.40	0.50	-0.140~-0.220	-0.054~-0.087
>120~180	0.50	0.80	0.30	0.50	0.20	0.30	0.30	0.50	0.50	0.80	-0.160~-0.250	-0.063~-0.100
>180~250	0.50	0.80	0.30	0.50	0.20	0.30	0.30	0.50	0.50	0.80	-0.185~-0.290	-0.072~-0.115
>250~315	0.50	0.80	0.30	0.50	0.20	0.30	0.30	0.50	0.50	0.80	-0.210~-0.320	-0.081~-0.130

轴的折算长度有五种情形,见表 4.15。

表 4.15 轴的折算长度

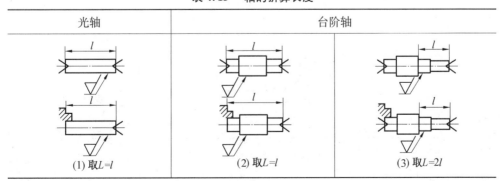

续表 4.15

光轴	台阶轴
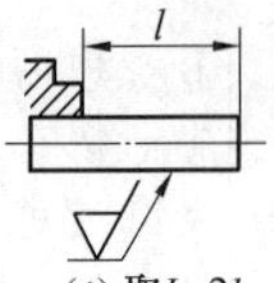 (4) 取 L=2l	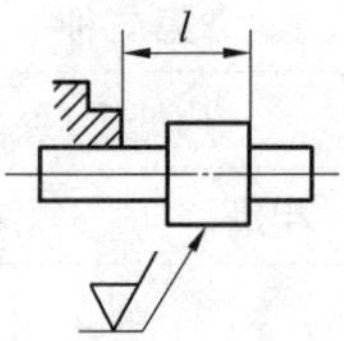 (5) 取 L=2l

2. 轴的端面加工余量

轴的端面加工余量见表 4.16 ~ 表 4.19。

表 4.16 粗车端面后,正火调质的端面精加工余量　　mm

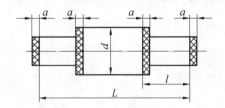

零件直径 d	零件全长 L					
	≤ 18	> 18 ~ 50	> 50 ~ 120	> 120 ~ 260	> 260 ~ 500	> 500
	精车端面余量 α					
≤ 30	0.8	1.0	1.4	1.6	2.0	2.4
> 30 ~ 50	1.0	1.2	1.4	1.6	2.0	2.4
> 50 ~ 120	1.2	1.4	1.6	2.0	2.4	2.4
> 120 ~ 260	1.4	1.6	2.0	2.0	2.4	2.8
> 260	1.6	1.8	2.0	2.0	2.8	3.0
长度偏差	0.18	0.21 ~ 0.25	0.30 ~ 0.35	0.40 ~ 0.46	0.52 ~ 0.63	0.70 ~ 1.50

注:粗车不需要正火调质的零件,其端面余量按表中值的 $\frac{1}{3}$ ~ $\frac{1}{2}$ 选用。

表 4.17 精车端面的加工余量　　mm

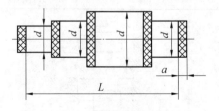

续表 4.17   mm

零件直径 d	零件全长 L					
	≤ 18	> 18 ~ 50	> 50 ~ 120	> 120 ~ 260	> 260 ~ 500	> 500
	精车端面的加工余量 α					
≤ 30	0.4	0.5	0.7	0.8	1.0	1.2
> 30 ~ 50	0.5	0.6	0.7	0.8	1.0	1.2
> 50 ~ 120	0.6	0.7	0.8	1.0	1.2	1.2
> 120 ~ 260	0.7	0.8	1.0	1.0	1.2	1.4
> 260 ~ 500	0.9	1.0	1.2	1.2	1.4	1.5
> 500	1.2	1.2	1.4	1.4	1.5	1.7
长度公差	− 0.2	− 0.3	− 0.4	− 0.5	− 0.6	− 0.8

注:加工有台阶的轴时,每个台阶的加工余量应根据该台阶的直径及零件的全长分别选取。

表 4.18　精车端面后,经淬火的端面磨削加工余量   mm

零件直径 d	零件全长 L					
	≤ 18	> 18 ~ 50	> 50 ~ 120	> 120 ~ 260	> 260 ~ 500	> 500
	磨削端面的加工余量 α					
≤ 30	0.1	0.1	0.1	0.15	0.15	0.20
> 30 ~ 50	0.15	0.15	0.15	0.15	0.20	0.25
> 50 ~ 120	0.20	0.20	0.20	0.25	0.25	0.30
> 120 ~ 260	0.25	0.25	0.25	0.30	0.30	0.35
> 260 ~ 500	0.25	0.25	0.25	0.30	0.30	0.40
长度公差	0.06 ~ 0.13	0.13 ~ 0.16	0.19 ~ 0.22	0.25 ~ 0.29	0.32 ~ 0.40	0.44 ~ 1.10

注:加工有台阶的轴时,每个台阶的加工余量应根据该台阶的直径及零件的全长分别选取。

表 4.19　磨端面的加工余量   mm

零件直径 d	零件全长 L					
	≤ 18	> 18 ~ 50	> 50 ~ 120	> 120 ~ 260	> 260 ~ 500	> 500
	磨削端面的加工余量 α					
≤ 30	0.2	0.3	0.3	0.4	0.5	0.6
> 30 ~ 50	0.3	0.3	0.4	0.4	0.5	0.6
> 50 ~ 120	0.3	0.3	0.4	0.5	0.6	0.6
> 120 ~ 260	0.4	0.4	0.5	0.5	0.6	0.7
> 260 ~ 500	0.5	0.5	0.5	0.6	0.7	0.7
> 500	0.6	0.6	0.6	0.7	0.8	0.8
长度公差	− 0.12	− 0.17	− 0.23	− 0.3	− 0.4	− 0.5

注:加工有台阶的轴时,每个台阶的加工余量应根据该台阶的直径及零件的全长分别选取。

3. 槽的加工余量

槽的加工余量(槽长小于 80 mm,槽深小于 60 mm 的槽)见表 4.20、表 4.21。

表 4.20　精车(铣、刨)槽余量　　　　　　　　　　　　　　　　　　mm

槽宽 B	< 10	< 18	< 30	< 50
加工余量 a	1	1.5	2	3
公差	0.20	0.20	0.30	0.30

表 4.21　精车(铣、刨)后磨槽余量　　　　　　　　　　　　　　　　mm

槽宽 B	< 10	< 18	< 30	< 50
加工余量 a	0.30	0.35	0.40	0.45
公差	0.10	0.10	0.15	0.15

4.2.2　孔的加工余量

钻、扩、铰孔的加工余量见表 4.22 ~ 表 4.25。磨内孔的加工余量见表 4.26。珩孔的加工余量见表 4.27。

表 4.22　基孔制 7 级(H7)孔的加工余量　　　　　　　　　　　　　　mm

加工孔的直径	直径					加工孔的直径	直径				
	钻孔		用车刀镗以后	扩孔钻	粗铰	精铰 H7		钻孔		用车刀镗以后	扩孔钻	粗铰	精铰 H7
	第一次	第二次						第一次	第二次			

加工孔的直径	第一次	第二次	用车刀镗以后	扩孔钻	粗铰	精铰 H7	加工孔的直径	第一次	第二次	用车刀镗以后	扩孔钻	粗铰	精铰 H7
3	2.9	—	—	—	—	3	16	15.0	—	—	15.85	15.95	16
4	3.9	—	—	—	—	4	18	17.0	—	—	17.85	17.94	18
5	4.8	—	—	—	—	5	20	18.0	—	19.8	19.8	19.94	20
6	5.8	—	—	—	—	6	22	20.0	—	21.8	21.8	21.94	22
8	7.8	—	—	—	7.96	8	24	22.0	—	23.8	23.8	23.94	24
10	9.8	—	—	—	9.96	10	25	23.0	—	24.8	24.8	24.94	25
12	11.0	—	11.85	11.95		12	26	24.0	—	25.8	25.8	25.94	26
13	12.0	—	12.85	12.95		13	28	26.0	—	27.8	27.8	27.94	28
14	13.0	—	13.85	13.95		14	30	15.0	28	29.8	29.8	29.93	30
15	14.0	—	14.85	14.95		15	32	15.0	30	31.7	31.75	31.93	32

续表 4.22　　　　　　　　　　　　　　　　　　　　　　　　　　　　　　　　　　　　　mm

加工孔的直径	直径					加工孔的直径	直径				
	钻孔		用车刀镗以后	扩孔钻	粗铰	精铰 H7		钻孔		用车刀镗以后	扩孔钻	粗铰	精铰 H7
	第一次	第二次						第一次	第二次				
35	20.0	33	34.7	34.75	34.93	35	70	30	65	69.5	79.5	69.9	70
38	20.0	36	37.7	37.75	37.93	38	80	30	75	79.5	—	79.9	80
40	25.0	38	39.7	39.75	39.93	40	90	30	80	89.3	—	89.9	90
42	25.0	40	41.7	41.75	41.93	42	100	30	80	99.3	—	99.8	100
45	25.0	43	44.7	44.75	44.93	45	120	30	80	119.3	—	119.8	120
48	25.0	46	47.7	47.75	47.93	48	140	30	80	139.3	—	139.8	140
50	25.0	48	49.7	59.5	49.93	50	160	30	80	159.3	—	159.8	160
60	30	55	59.5	69.5	59.9	60	180	30	80	179.3	—	179.8	180

注：在铸铁上加工直径小于 15 mm 的孔时，不用扩孔钻和镗孔。

表 4.23　基孔制 8 级（H8）孔的加工余量　　　　　　　　　　　　　　　　　　　mm

加工孔的直径	直径					加工孔的直径	直径				
	钻孔		用车刀镗以后	扩孔钻	铰 H8		钻孔		用车刀镗以后	扩孔钻	铰 H8
	第一次	第二次					第一次	第二次			
3	2.9	—	—	—	3	25	23.0	—	24.8	24.8	25
4	3.9	—	—	—	4	26	24.0	—	25.8	25.8	26
5	4.8	—	—	—	5	28	26.0	—	27.8	27.8	28
6	5.8	—	—	—	6	30	15.0	28	29.8	29.8	30
8	7.8	—	—	—	8	32	15.0	30	31.7	31.75	32
10	9.8	—	—	—	10	35	20.0	33	34.7	34.75	35
12	11.0	—	—	11.85	12	38	20.0	36	37.7	37.75	38
13	12.0	—	—	12.85	13	40	25.0	38	39.7	39.75	40
14	13.0	—	—	13.85	14	42	25.0	40	41.7	41.75	42
15	14.0	—	—	14.85	15	45	25.0	43	44.7	44.75	45
16	15.0	—	—	15.85	16	48	25.0	46	47.7	47.75	48
18	17.0	—	—	17.85	18	50	25.0	48	49.7	49.75	50
20	18.0	—	19.8	19.8	20	60	30	55	59.5	—	60
22	20.0	—	21.8	21.8	22	70	30	65	69.5	—	70
24	22.0	—	23.8	23.8	24	80	30	75	79.5	—	80

表 4.24　按照 7 级或 8 级、9 级精度加工预先铸出或冲出的孔　　　mm

加工孔的直径	直径					
	粗镗		精镗		粗铰	精铰
	第一次	第二次	镗以后的直径	按照 H11 公差	第一次	第二次
30	—	28	29.8	+0.13	29.93	30
35	—	33	34.7	+0.16	34.93	35
40	—	38	39.7	+0.16	39.93	40
45	—	43	44.7	+0.16	44.93	45
50	45	48	49.7	+0.16	49.93	50
55	51	53	54.5	+0.19	54.92	55
60	56	58	59.5	+0.19	59.92	60
65	61	63	64.5	+0.19	64.92	65
70	66	68	69.5	+0.19	69.9	70
75	71	73	74.5	+0.19	74.9	75
80	75	78	79.5	+0.19	79.9	80
85	80	83	84.3	+0.22	84.85	85
90	85	88	89.3	+0.22	89.75	90
95	90	93	94.3	+0.22	94.85	95
100	95	98	99.3	+0.22	99.85	100

表 4.25　拉孔的加工余量（用于 H7 ~ H11 级精度孔）　　　mm

基本尺寸	拉孔长度			上工序偏差（H11）
	16 ~ 25	25 ~ 45	45 ~ 120	
	直径余量			
10 ~ 18	0.5	0.5	—	+0.11
>18 ~ 30	0.5	0.5	0.5	+0.13
>30 ~ 38	0.5	0.5	0.7	+0.16
>38 ~ 50	0.7	0.7	1.0	+0.16
>50 ~ 60	—	1.0	1.0	+0.19

表 4.26 磨内孔的加工余量

孔的直径 d	零件性质	磨孔的长度 L				磨孔前孔直径公差
		≤ 50	> 50 ~ 100	> 100 ~ 200	> 200 ~ 300	
		直径余量 a				
≤ 10	未淬硬	0.2	—	—	—	+ 0.09
	淬硬	0.25	—	—	—	
> 10 ~ 18	未淬硬	0.2	0.3	—	—	+ 0.11
	淬硬	0.3	0.35	—	—	
> 18 ~ 30	未淬硬	0.3	0.3	0.4	—	+ 0.13
	淬硬	0.3	0.35	0.45	—	
> 30 ~ 50	未淬硬	0.3	0.3	0.4	0.4	+ 0.16
	淬硬	0.35	0.4	0.45	0.5	
> 50 ~ 80	未淬硬	0.4	0.4	0.4	0.4	+ 0.19
	淬硬	0.45	0.5	0.5	0.55	

表 4.27 珩孔的加工余量

加工孔的直径 d	直径余量 a						珩磨前孔直径公差
	半精镗以后		精镗以后		磨以后		
	加工零件材料						
	铸铁	钢	铸铁	钢	铸铁	钢	
> 20 ~ 50	0.09	0.06	0.09	0.07	0.08	0.05	+ 0.025
> 50 ~ 80	0.10	0.07	0.10	0.08	0.09	0.05	+ 0.030
> 80 ~ 120	0.12	0.08	0.12	0.09	0.10	0.06	+ 0.035
> 120 ~ 260	0.14	0.10	0.14	0.11	0.12	0.07	+ 0.040

4.2.3 平面的加工余量

平面的加工余量见表 4.28 ~ 表 4.32。

表 4.28 平面第一次粗加工余量　　mm

平面最大尺寸	毛坯制造方法			
	铸件			锻造
	灰铸铁	青铜	可锻铸铁	
≤ 50	1.0 ~ 1.5	1.0 ~ 1.3	0.8 ~ 1.0	1.0 ~ 1.4
> 50 ~ 100	1.5 ~ 2.0	1.3 ~ 1.7	1.0 ~ 1.4	1.4 ~ 1.8
> 100 ~ 260	2.0 ~ 2.7	1.7 ~ 2.2	1.4 ~ 1.8	1.5 ~ 2.5
> 260 ~ 500	2.7 ~ 3.5	2.2 ~ 3.0	2.0 ~ 2.5	2.2 ~ 3.0
> 500	4.0 ~ 6.0	3.5 ~ 4.5	3.0 ~ 4.0	3.5 ~ 4.5

表 4.29 铣平面加工余量　　mm

零件厚度	荒铣后粗铣						粗铣后半精铣					
	宽度 ≤ 200			200 < 宽度 < 400			宽度 ≤ 200			200 < 宽度 < 400		
	平面长度											
	≤ 100	100 ~ 250	250 ~ 400	≤ 100	100 ~ 250	250 ~ 400	≤ 100	100 ~ 250	250 ~ 400	≤ 100	100 ~ 250	250 ~ 400
< 6 ~ 30	1.0	1.2	1.5	1.2	1.5	1.7	0.7	1.0	1.0	1.0	1.0	1.0
< 30 ~ 50	1.0	1.5	1.7	1.5	1.5	2.0	1.0	1.0	1.2	1.0	1.2	1.2
< 50	1.5	1.7	2.0	1.7	2.0	2.5	1.0	1.3	1.3	1.3	1.5	1.5

表 4.30 磨平面加工余量　　mm

零件厚度	第一种						第二种											
	经热处理或未经热处理的终磨						经热处理后											
							粗磨						半精磨					
	宽度 ≤ 200			200 < 宽度 < 400			宽度 ≤ 200			200 < 宽度 < 400			宽度 ≤ 200			200 < 宽度 < 400		
	平面长度																	
	≤ 100	> 100 ~ 250	> 250 ~ 400	≤ 100	> 100 ~ 250	> 250 ~ 400	≤ 100	> 100 ~ 250	> 250 ~ 400	≤ 100	> 100 ~ 250	> 250 ~ 400	≤ 100	> 100 ~ 250	> 250 ~ 400	≤ 100	> 100 ~ 250	> 250 ~ 400
< 6 ~ 30	0.3	0.3	0.5	0.3	0.5	0.5	0.2	0.2	0.3	0.2	0.3	0.3	0.1	0.1	0.2	0.1	0.2	0.2
< 30 ~ 50	0.5	0.5	0.5	0.5	0.5	0.5	0.3	0.3	0.3	0.3	0.3	0.3	0.2	0.2	0.2	0.2	0.2	0.2
< 50	0.5	0.5	0.5	0.5	0.5	0.5	0.3	0.3	0.3	0.3	0.3	0.3	0.2	0.2	0.2	0.2	0.2	0.2

表 4.31　铣及磨平面时的厚度偏差　　　　　　　　　　　　　　　　　　　　　　　　mm

零件厚度	粗铣（IT14）	粗铣（IT12～IT13）	半精铣（IT11）	精磨（IT8～IT9）
>3～6	-0.30	-0.12～-0.18	-0.075	-0.018～-0.030
>6～10	-0.36	-0.15～-0.22	-0.090	-0.022～-0.036
>10～18	-0.43	-0.18～-0.27	-0.110	-0.027～-0.043
>18～30	-0.52	-0.21～-0.33	-0.130	-0.033～-0.052
>30～50	-0.62	-0.25～-0.39	-0.160	-0.039～-0.062
>50～80	-0.74	-0.30～-0.46	-0.190	-0.046～-0.074
>80～120	-0.87	-0.35～-0.54	-0.220	-0.054～-0.087
>120～180	-1.00	-0.40～-0.63	-0.25	-0.063～-0.100

表 4.32　凹槽加工余量及偏差　　　　　　　　　　　　　　　　　　　　　　　　mm

凹槽尺寸			宽度余量		宽度偏差	
长	深	宽	粗铣后半精铣	半精铣后磨	粗铣（IT12～IT13）	半精铣（IT11）
≤80	≤60	>3～6	1.5	0.5	+0.12～+0.18	+0.075
		>6～10	2.0	0.7	+0.15～+0.22	+0.090
		>10～18	3.0	1.0	+0.18～+0.27	+0.110
		>18～30	3.0	1.0	+0.21～+0.33	+0.130
		>30～50	3.0	1.0	+0.25～+0.39	+0.160
		>50～80	4.0	1.0	+0.30～+0.46	+0.190
		>80～120	4.0	1.0	+0.35～+0.54	+0.220

4.2.4　螺纹底孔尺寸确定

钻螺纹底孔的直径可按 GB/T 20330—2006 选取或按下面的经验公式计算。

脆性材料（铸铁、青铜等）钻孔直径

$$d_0 = d_{螺纹大径} - 1.1P \tag{4.6}$$

韧性材料（钢、紫铜）钻孔直径

$$d_0 = d_{螺纹大径} - P \tag{4.7}$$

式中　P——螺丝的螺距，mm。

$$钻孔深度 = 螺纹长度 + 0.7 d_{螺纹大径} \tag{4.8}$$

4.3　工序尺寸及其公差的确定

工序尺寸及其公差的确定有两种情况：一种是对于定位基准、工序基准与设计基准重合时的同一表面的多次加工，其工序尺寸的计算比较简单，只要根据零件图上的设计尺寸、各工序的加工余量、各工序所能达到的精度，由最后一道工序开始依次向前推算，直至毛坯为止,就可将各个工序的工序尺寸及其公差确定出来。另一种是定位基准、工序基准与设计基准不重合或零件在加工过程中需要多次转换工艺基准时,或工序尺寸尚需从继续加工的表面标注时,其工序尺寸的计算需在确定了工序余量之后,通过工艺尺寸链进行工序尺寸和公差的换算。标准公差数值查表 4.33。

表 4.33　标准公差数值(摘自 GB/T 1800.1—2009)

基本尺寸 /mm	标准公差等级 /μm							标准公差等级 /mm	
	IT5	IT6	IT7	IT8	IT9	IT10	IT11	IT12	IT13
0 ~ 3	4	6	10	14	25	40	60	0.1	0.14
> 3 ~ 6	5	8	12	18	30	48	75	0.12	0.18
> 6 ~ 10	6	9	15	22	36	58	90	0.15	0.22
> 10 ~ 18	8	11	18	27	43	70	110	0.18	0.27
> 18 ~ 30	9	13	21	33	52	84	130	0.21	0.33
> 30 ~ 50	11	16	25	39	62	100	160	0.25	0.39
> 50 ~ 80	13	19	30	46	74	120	190	0.3	0.46
> 80 ~ 120	15	22	35	54	87	140	220	0.35	0.54
> 120 ~ 180	18	25	40	63	100	160	250	0.4	0.63
> 180 ~ 250	20	29	46	72	115	185	290	0.46	0.72
> 250 ~ 315	23	32	52	81	130	210	320	0.52	0.81
> 315 ~ 400	25	36	57	89	140	230	360	0.57	0.89

1. 定位基准、工序基准与设计基准重合时,工序尺寸与公差的确定

(1) 确定各加工工序的加工余量。用查表法确定各工序的加工余量(参考表 4.1 ~ 4.32)。

(2) 计算各加工工序基本尺寸从终加工工序开始,即从设计尺寸开始,到第一道加工工序,逐次加上(对被包容面)或减去(对包容面)每道加工工序的基本余量,便可得到各工序基本尺寸(包括毛坯尺寸)。

(3) 确定各工序尺寸公差除终加工工序以外,根据各工序所采用的加工方法及其加工经济精度,确定各工序的工序尺寸公差(终加工工序的公差按设计要求确定)。

(4) 填写工序尺寸并按"入体原则"标注工序尺寸公差,必要时可作适当调整。

2. 工序基准与设计基准不重合时,工序尺寸及公差的确定

当工序基准与设计基准不重合或零件在加工过程中多次转换工序基准、工序数目多、工序之间的关系较为复杂时,可采用工艺尺寸链的综合图解跟踪法来确定工序尺寸及公差。

4.4 常用金属切削机床的技术参数

4.4.1 车床类型与主要技术参数

1. 卧式车床

卧式车床的主要技术参数见表4.34～表4.35。

表4.34 卧式车床的主要技术参数

技术参数		型 号				
		C6132	C620-1	CA6140	C630	C616A
加工最大直径/mm	在床身上	320	400	400	615	320
	在刀架上	160	210	210	345	175
主轴孔径/mm		30	38	48	70	30
加工最大长度/mm		750	1900	2000	2610	750
中心距/mm		750	750	750	1400	500
加工螺纹/mm		0.25～6	1～192	1～192	1～224	0.5～9
主轴转速/(r·min^{-1})(正转)		22.4～1 000	12～1 200	10～1 400	14～750	19～1 400
主轴转速/(r·min^{-1})(反转)		—	18～1 520	14～1 580	22～945	19～1 400
刀杆最大尺寸(B×H)/(mm×mm)		—	25×25	—	—	—
刀架行程/mm	最大纵向行程	750	650、900、1 300、1 900	750、1 000、1 500、2 000	1 310、2 810	500、820
	最大横向行程	280	260	260	390	195
主电动机功率/kW		3	7	7.5	10	2.8

表4.35 卧式车床的主轴转速和刀架进给量

型号	主轴转速/(r·min^{-1})	刀架进给量/(mm·r^{-1})
C6132	正 转:22.4、31.5、45、65、90、125、180、250、350、500、750、1000	纵向:0.06、0.07、0.08、0.09、0.10、0.11、0.12、0.13、0.15、0.16、0.17、0.18、0.20、0.23、0.25、0.27、0.29、0.32、0.36、0.40、0.46、0.49、0.53、0.58、0.64、0.67、0.71、0.80、0.91、0.98、1.07、1.06、1.28、1.35、1.42、1.60、1.71 横向:0.03、0.04、0.05、0.06、0.07、0.08、0.09、0.10、0.11、0.12、0.13、0.15、0.16、0.17、0.18、0.20、0.23、0.25、0.27、0.29、0.32、0.34、0.36、0.40、0.46、0.49、0.53、0.58、0.64、0.67、0.71、0.80、0.85

续表 4.35

型号	主轴转速/(r·min^{-1})	刀架进给量/(mm·r^{-1})
C620-1	正转:12、15、19、24、30、38、46、58、76、90、120、150、185、230、305、370、380、460、480、600、610、760、955、1200	纵向:0.08、0.09、0.10、0.12、0.13、0.14、0.15、0.16、0.18、0.20、0.22、0.24、0.26、0.28、0.30、0.33、0.35、0.40、0.45、0.48、0.50、0.60、0.65、0.71、0.81、0.91、0.96、1.01、1.11、1.21、1.28、1.46、1.59
		横向:0.027、0.029、0.033、0.038、0.04、0.042、0.046、0.05、0.054、0.058、0.067、0.075、0.078、0.084、0.092、0.10、0.11、0.12、0.13、0.15、0.16、0.17、0.18、0.20、0.22、0.23、0.27、0.30、0.32、0.33、0.37、0.40、0.41、0.48、0.52
CA6140	正转:10、12.5、16、20、25、32、40、50、63、80、100、125、160、200、250、320、400、450、500、560、710、900、1120、1400	纵向:0.028、0.032、0.036、0.039、0.043、0.046、0.050、0.08、0.09、0.10、0.11、0.12、0.13、0.14、0.15、0.16、0.18、0.20、0.23、0.24、0.26、0.28、0.30、0.33、0.36、0.41、0.46、0.48、0.51、0.56、0.61、0.66、0.71、0.81、0.91、0.94、0.96、1.02、1.03、1.09、1.12、1.15、1.22、1.29、1.47、1.59、1.71、1.87、2.05、2.16、2.28、2.56、2.92、3.16
		横向:0.014、0.016、0.018、0.019、0.021、0.023、0.025、0.027、0.040、0.045、0.050、0.055、0.060、0.065、0.070、0.08、0.09、0.10、0.11、0.12、0.13、0.14、0.15、0.16、0.17、0.20、0.22、0.24、0.25、0.28、0.30、0.33、0.35、0.40、0.43、0.45、0.47、0.48、0.50、0.51、0.54、0.56、0.57、0.61、0.64、0.73、0.79、0.86、0.94、1.02、1.08、1.14、1.28、1.46、1.58、1.72、1.88、2.04、2.16、2.28、2.56、2.92、3.16
C630	正转:14、18、24、30、37、47、57、72、95、119、149、188、229、288、380、478、595、750	纵向:0.15、0.17、0.19、0.21、0.24、0.27、0.30、0.33、0.38、0.42、0.48、0.54、0.60、0.65、0.75、0.84、0.96、1.07、1.2、1.33、1.5、1.7、1.9、2.15、2.4、2.65
		横向:0.05、0.06、0.065、0.07、0.08、0.09、0.10、0.11、0.12、0.14、0.16、0.18、0.20、0.22、0.25、0.28、0.32、0.36、0.40、0.45、0.50、0.56、0.64、0.72、0.81、0.9
C616A	正反转:19、28、32、40、47、51、66、74、84、104、120、155、175、225、260、315、375、410、520、590、675、830、980、1400	纵向:0.03、0.04、0.05、0.06、0.07、0.08、0.09、0.10、0.11、0.12、0.13、0.15、0.16、0.17、0.18、0.20、0.23、0.25、0.27、0.29、0.32、0.34、0.36、0.40、0.46、0.49、0.53、0.58、0.64、0.67、0.71、0.80、0.85
		横向:0.02、0.03、0.035、0.04、0.045、0.05、0.06、0.07、0.08、0.09、0.10、0.12、0.14、0.15、0.16、0.18、0.20、0.24、0.28、0.30、0.32、0.36、0.40、0.48、0.56、0.60、0.64、0.72、0.80、0.96、1.2

2. 数控卧式车床

数控卧式车床主要技术参数见表 4.36。

表 4.36 数控卧式车床的主要技术参数

技术参数		型 号			
		CK6132	CJK3125	CJK6132A	CJK6246
加工最大直径 /mm	在床身上	320	550	350	630
	在刀架上	180	90	115	275
主轴孔径 /mm		42	54	40	40 或 52
加工最大长度 /mm		260	160	500	500
主轴转速 /(r·min^{-1})	级数	无级	16	12	12
	范围	60 ~ 2 500	100 ~ 1 268	40 ~ 2 000	28 ~ 2 000
工作精度	圆度 /mm	0.007	0.005	0.01	0.01
	圆柱度 /mm	0.03/100	0.001	0.02/200	0.02/200
	平面度 /mm	—	0.014	0.013/ϕ200	0.013/ϕ200
	表面粗糙度 Ra/μm	1.6	1.6	1.6	1.6
主电动机功率 /kW		7/11	8/6.5	3/4	3/4

3. 车床过渡盘结构和尺寸

车床过渡盘结构和尺寸见表 4.37 ~ 表 4.40。

表 4.37 车床过渡盘结构和尺寸之一   mm

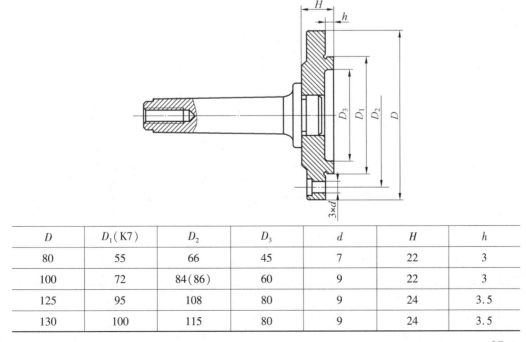

D	D_1(K7)	D_2	D_3	d	H	h
80	55	66	45	7	22	3
100	72	84(86)	60	9	22	3
125	95	108	80	9	24	3.5
130	100	115	80	9	24	3.5

表 4.38　车床过渡盘结构和尺寸之二　　　　mm

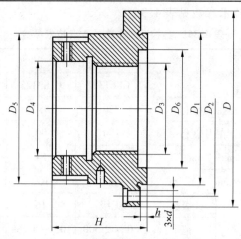

D	D_1(K7)	D_2	D_3	D_4(H6)	D_5	D_6	d	H	h
80	55	66	M33	35	50	45	7	36	3
100	72	84(86)	M39	40	60	60	9	40	3
125	95	108	M45	48	70	80	9	45	3
130	100	112	M45	48	70	80	9	45	3.5
160	130	142	M52	55	80	100	9	50	5
200	165	180	M68	70	100	140	11	63	5
250	210	226	M68	70	110	180	13	64	5
315(320)	270	290	M90	92	130	240	17	81	5
400	340	368	M120	125	170	310	17	104	5

表 4.39　车床过渡盘结构和尺寸之三　　　　mm

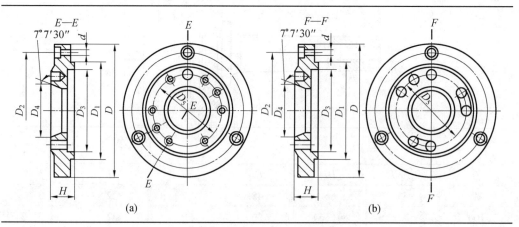

续表 4.39

D	D_1(K7)	D_2	D_3	D_4(H6)		D_5	d	H 不小于
160	130	142	110	53.975	$^{+0.003}_{-0.005}$	75	9	22
200	165	180	140	63.513		85	11	25
250	210	226	180	82.563		108	13	28
315(320)	270	290	240	106.375	$^{+0.004}_{-0.006}$	160	17	32
400	340	368	310	139.719		172		36

表 4.40 车床主轴端部结构和尺寸

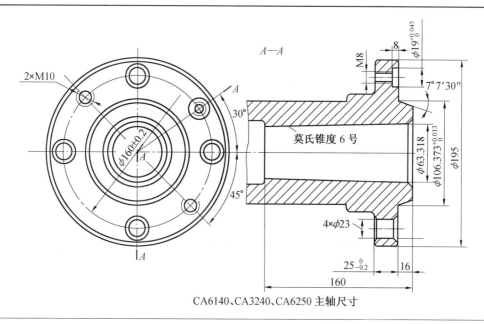

CA6140、CA3240、CA6250 主轴尺寸

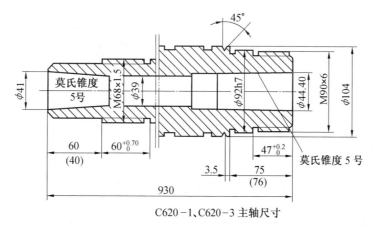

C620-1、C620-3 主轴尺寸

4.4.2 钻床类型与主要技术参数

1. 摇臂钻床

摇臂钻床型号与主要技术参数见表 4.41 ~ 表 4.42。

表 4.41 摇臂钻床型号与主要技术参数

技术参数	型号				
	Z3025	Z3040	Z35	Z37	Z35K
最大钻孔直径/mm	25	40	50	75	50
主轴最大行程 h/mm	250	315	350	450	350
主轴转速范围/(r·min^{-1})	50 ~ 2 500	25 ~ 2 000	34 ~ 1 700	11.2 ~ 1 400	20 ~ 900
最大进给力/N	7 848	16 000	19 620	33 354	12 262.5
主轴最大转矩/N·m	196.2	400	735.75	1 177.2	—
主电机功率/kW	2.2	3	4.5	7	4.5

表 4.42 摇臂钻床的主轴转速和进给量

型号	主轴转速/(r·min^{-1})	刀架进给量/(mm·r^{-1})
Z3025	50、80、125、200、250、315、400、500、630、1000、1600、2500	0.05、0.08、0.12、0.16、0.2、0.25、0.3、0.4、0.5、0.63、1.00、1.60
Z3040	25、40、63、80、100、125、160、200、250、320、400、500、630、800、1250、2000	0.03、0.06、0.10、0.13、0.16、0.20、0.25、0.32、0.40、0.50、0.63、0.80、1.00、1.25、2.00、3.20
Z35	34、42、53、67、85、105、132、170、265、335、420、530、670、850、1051、1320、1700	0.03、0.04、0.05、0.07、0.09、0.12、0.14、0.15、0.19、0.20、0.25、0.26、0.32、0.40、0.56、0.67、0.90、1.2
Z37	11.2、14、18、22.4、28、35.5、45、56、71、90、112、140、180、224、280、355、450、560、710、900、1120、1400	0.037、0.045、0.060、0.071、0.090、0.118、0.150、0.180、0.236、0.315、0.375、0.50、0.60、0.75、1.00、1.25、1.50、2.00
Z35K	20、28、40、56、80、112、160、224、315、450、630、900	0.1、0.2、0.3、0.4、0.6、0.8

2. 立式钻床

立式钻床型号与主要技术参数见表 4.43 ~ 表 4.44。

表 4.43 立式钻床型号与主要技术参数

技术参数	型号		
	Z525	Z535	Z550
最大钻孔直径/mm	25	35	50

续表 4.43

技术参数	型号		
	Z525	Z535	Z550
主轴最大行程 h/mm	175	225	300
主轴莫氏圆锥	3	4	5
主轴转速/(r·min^{-1})	97、140、195、272、392、545、680、960、1360	68、100、140、195、275、400、530、750、1100	32、47、63、89、125、185、250、351、500、735、996、1400
主轴进给量/(mm·r^{-1})	0.10、0.13、0.17、0.22、0.28、0.36、0.48、0.62、0.81	0.11、0.15、0.20、0.25、0.32、0.43、0.57、0.72、0.96、1.22、1.60	0.12、0.19、0.28、0.40、0.62、0.90、1.17、1.80、2.64
最大进给力/N	8 829	15 696	24 525
主轴最大转矩/N·m	245.25	392.4	784.8
工作台行程/mm	325	325	325
工作台尺寸/(mm×mm)	500×375	450×500	500×600
主电机功率/kW	2.2	3	4.5

表 4.44 立式钻床的工作台尺寸

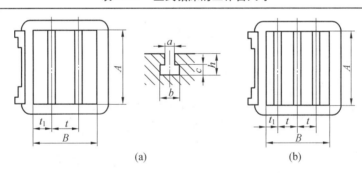

mm

型号	A	B	t	t_1	a	b	c	h	T形槽数
Z525	500	375	200	87.5	14H11	24	11	26	2
Z535	500	450	240	105	18H11	30	14	32	2
Z550	600	500	150	100	22H11	36	16	35	3

4.4.3 台式钻床的主要技术参数

台式钻床的型号与主要技术参数见表 4.45。

表4.45 台式钻床的型号与主要技术参数

技术参数	型号				
	Z4002	Z4006A	Z512	Z515	Z512-1(Z512-2)
最大钻孔直径/mm	2	6	12	15	13
主轴最大行程 h/mm	20	75	100	100	100
主轴转速/(r·min^{-1})	3 000、4 950、8 700	450、2 900、5 800	460、620、850、1 220、1 610、2 280、3 150、4 250	320、430、600、835、1 100、1 540、2 150、2 900	480、800、1 400、2 440、4 100
主轴进给方式	手动				
工作台/(mm×mm)	110×110	250×250	350×350	350×350	265×265
主电机功率/kW	0.1	0.25	0.6	0.6	0.6

4.4.4 铣床类型与主要技术参数

1. 立式铣床

立式铣床的型号与主要技术参数见表4.46 ~ 表4.47。

表4.46 立式铣床的型号与主要技术参数

技术参数		型号				
		X5012	X51	X52K	X53K	X53T
主轴端面至工作台的距离 H/mm		0~250	30~380	30~400	30~500	0~500
主轴孔径/mm		14	25	29	29	69.85
立铣头最大回转角度/(°)		—	—	±45	±45	±45
工作台尺寸/(mm×mm)		500×125	1 000×250	1 250×320	1 600×400	2 000×425
工作台T形槽	槽数	3	3	3	3	3
	宽度	12	14	18	18	18
	槽距	35	50	70	90	90
主电机功率/kW		1.5	4.5	7.5	10	10

表4.47 立式铣床的主轴转速和进给量

型号	主轴转速/(r·min^{-1})	刀架进给量/(mm·r^{-1})
X5012	130、188、263、355、510、575、855、1 180、1 585、2 720	手动

续表 4.47

型号	主轴转速 /(r·min^{-1})	刀架进给量 /(mm·r^{-1})
X51	65、80、100、125、160、210、255、300、380、490、590、725、1 225、1 500、1 800	纵 向:35、40、50、65、85、105、125、165、205、250、300、390、510、620、755、980
		横 向:25、30、40、50、65、80、100、130、150、190、230、320、400、480、585、765
		升 降:12、15、20、25、33、40、50、65、80、95、1 15、160、200、290、380
X52K X53K	30、37.5、47.5、60、75、95、118、150、190、235、375、475、600、750、950、1 180、1 500	纵 向:23.5、30、37.5、47.5、60、75、95、118、150、190、235、300、375、475、600、750、950、1 180
		横 向:15、20、25、31、40、50、63、78、100、126、156、200、250、316、400、500、634、786
		升 降:8、10、12.5、15.5、20、25、31.5、39、50、63、78、100、125、158、200、250、317、394
X53T	18、22、28、35、45、56、71、90、112、140、180、224、280、355、450、560、710、900、112、1 400	纵向及横向:10、14、20、28、40、56、80、1 10、160、220、315、450、630、900、1250
		升 降:2.5、3.5、5.5、7、10、14、20、28.5、40、55、78.5、112.5、157.5、225、315

2. 卧式铣床

卧式铣床的型号与主要技术参数见表 4.48～表 4.50。

表 4.48 卧式铣床的型号与主要技术参数

技术参数	型 号		
	X60(X60W)	X61(X61W)	X62(X62W)
主轴端面至工作台的距离 H/mm	0～300	30～360(30～330)	30～390(30～350)
床身垂直导轨面至工作台后面距离 L/mm	80～240	40～230	55～310
刀杆直径 ϕ/mm	16、22、27、32	22、27、32、40	22、27、32、40
工作台尺寸 /(mm×mm)	800×200	1 000×250	1 250×320
T 形槽数	3	3	3
主电机功率/kW	2.8	4	7.5

表4.49 卧式铣床的主轴转速和进给量

型号	主轴转速/(r·min⁻¹)	刀架进给量/(mm·r⁻¹)
X60(X60W)	50、71、100、140、200、400、560、800、1 120、1 600、2 240	纵向:22.4、31.5、45、63、90、125、180、250、355、500、710、1 000
		横向:16、22.4、31.5、45、63、90、125、180、250、355、500、710
		升降:8、11.2、16、22.4、31.5、45、63、90、125、180、250、355
X61(X61W)	65、80、100、125、160、210、255、300、380、490、590、725、945、1 225、1 500、1 800	纵向:35、40、50、65、85、105、125、165、205、250、300、390、510、620、755、980
		横向:25、30、40、50、65、80、100、130、150、190、230、320、400、480、585、765
		升降:12、15、20、25、33、40、50、65、80、98、115、160、200、240、290、380
X62(X62W)	30、37.5、47.5、60、75、95、118、150、190、235、300、375、475、600、750、950、1 180、1 500	纵向及横向:23.5、30、37.5、47.5、60、75、95、118、150、190、235、300、375、475、600、750、950、1 180

表4.50 卧式铣床的工作台尺寸

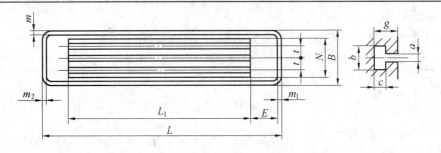

mm

型号	L	L1	E	B	N	t	m	m₁	m₂	a	b	c	g
X60(X60W)	870	710	85	200	144	45	10	30	40	14	25(23)	11	25(23)
X61(X61W)	1120	940(1000)	90	260	185	50	10	48(50)	50(53)	14	24	11	25
X62(X62W)	1325	1125(1120)	70	320	22(220)	70	16(15)	50	25	18	30	14	32

3. 数控铣床

数控铣床的型号与主要技术参数见表4.51。

表4.51 数控铣床的型号与主要技术参数

技术参数		型号			
		数控立式升降台铣床	数控卧式升降台铣床	数控万能升降台铣床	数控床身铣床
		XK5032	XK6032	XK6232C	XK714G
工作台行程/mm	纵向	800	670	670	630
	横向	350	250	250	400
	垂向	30~430	320	320	500
机床精度/mm	定位精度	0.025	0.03	0.03	0.014
	重复定位精度	0.01	±0.01	±0.01	0.008
主轴孔径/mm		ISO50	TX50	TX50	No.40
主轴转速/(r·min^{-1})		25~2 500	30~1 500	30~1 500	8 000
工作台尺寸/(mm×mm)		1 320×250	1 320×320	1 320×320	900×400
主电机功率/kW		3.7	5.5	5.5	7.5

4.4.5 磨床类型与主要技术参数

1. 万能外圆磨床

万能外圆磨床的型号与主要技术参数见表4.52。

表4.52 万能外圆磨床的型号与主要技术参数

技术参数		型号		
		M1412	MD1420	M1432A
最大磨削直径×长度/(mm×mm)		125×500	200×750	320×1 500
最小磨削直径/mm		5	8	8
磨削孔径范围/mm		10~40	13~80	13~100
最大磨削孔深/mm		50	125	125
砂轮最大外径×厚度/(mm×mm)		300×400	400×50	400×50
工作精度	圆度/mm	0.003	0.003	0.005
	圆柱度/mm	0.005	0.005	0.008
	表面粗糙度 Ra/μm	0.32	0.2	0.32
主电机功率/kW		2.2	4	4

2. 卧轴矩台平面磨床

卧轴矩台平面磨床的型号与主要技术参数见表4.53。

表4.53 卧轴矩台平面磨床的型号与主要技术参数

技术参数		型号		
		M7120A	M7130	M7140
工作台面积(宽×长)/(mm×mm)		200×300	300×1 000	400×630
加工范围(长×宽×高)/(mm×mm×mm)		630×200×320	1 000×300×400	630×400×430
砂轮转速/(r·min⁻¹)		1 500	1 440	1 440
工作台行程/mm	纵向	780	200~1 000	750
	横向	780	350	450
工作台速度/(m·min⁻¹)		1~18	3~27	3~25
最大磨削孔深/mm		50	125	125
砂轮最大外径×厚度/(mm×mm)		300×400	400×50	400×50
工作精度	平行度/mm	0.005/300	0.005/300	0.005/300
	表面粗糙度 Ra/μm	0.32	0.63	0.63
主电机功率/kW		2.8	4.5	5.5

3. 内圆磨床

内圆磨床的型号与主要技术参数见表4.54。

表4.54 内圆磨床的型号与主要技术参数

技术参数		型号		
		MB215A	MD2115B	MGD2120A
磨床名称		半自动内圆磨床	内圆端面磨床	高精度内圆磨床
最大磨削直径×长度/(mm×mm)		50×80	150×180	200×220
最大工件旋径/mm		150	—	530
砂轮最大外径×厚度/(mm×mm)		300×400	400×50	400×50
工件转速/(r·min⁻¹)		4级:285、400、565、790	120~160	30~300
砂轮转速/(r·min⁻¹)		6级:14 000~48 000	3级:7 000、10 000、15 000	4级:3 300、6 000、9 000、12 000
工作台最大行程/mm		350	600	550
工作精度	圆度/mm	0.003	0.003	0.0015
	圆柱度/mm	0.003	0.005	0.003
表面粗糙度 Ra/μm		0.32	0.32	0.16
主电机功率/kW		8.14	5.82	8.3

4.4.6 加工中心类型与主要技术参数

1. 立式加工中心

立式加工中心的型号与主要技术参数见表4.55。

表4.55 立式加工中心的型号与主要技术参数

技术参数		型号			
		JCS018	TH5240	TH5663	TH5680
工作台行程/mm	纵向(X)	750	400	670	2 032
	横向(Y)	400	1 500	250	800
	垂向(Z)	450	400	320	700
机床精度/mm	定位精度	±0.012/300	0.025	0.03	0.02/300
	重复定位精度	0.006	0.01	±0.01	0.016
主轴孔径/mm		BT45	No.40	ISO40	JT50
主轴转速/(r·min^{-1})		45~4 500	6 000	50~6 000	20~4 500
工作台尺寸/(mm×mm)		1 200×450	600×400	1 250×630	1 950×800
主电机功率/kW		5.5	5.5	9	15
数控系统		FNAUC-3M	MELDAS-3M	SIEMENS-3M	SIEMENS-S810

2. 卧式加工中心

卧式加工中心的型号与主要技术参数见表4.56。

表4.56 卧式加工中心的型号与主要技术参数

技术参数		型号			
		THM6340	XH754	TH6380	TH65125
工作台行程/mm	纵向(X)	450	500	1 000	1 600
	横向(Y)	450	400	900	1 200
	垂向(Z)	450	400	900	100
机床精度/mm	定位精度	±0.005	±0.012/300	0.04	0.02/300
	重复定位精度	0.004	±0.01	0.02	0.016
主轴孔径/mm		ISO40	BT40	ISO50	No.50
主轴转速/(r·min^{-1})		50~5 000	37.5~5 000	28~4 000	8~2 500
工作台尺寸/(mm×mm)		400×400	400×400	800×800	1 950×800
主电机功率/kW		17	5.5	18.5	15
数控系统		FNAUC-11	FNAUC-0M	SIEMENS-7CM	FNAUC-6M

4.4.7 镗床类型与主要技术参数

1. 卧式镗床

卧式镗床的型号与主要技术参数见表4.57。

表4.57 卧式镗床的型号与主要技术参数

技术参数		型号		
		T68	T612	TX611A
主轴中心线至工作表面距离/mm		42.5~800	0~1 400	5~775
最大镗孔直径/mm		240	550	240
主轴转速/(r·min^{-1})	级数	18	23	18
	范围	20~1 000	7.5~1 200	12~950
工作台行程/mm	纵向	1 140	1 600	1 160
	横向	850	1 400	850
工作精度	圆柱度/mm	0.01/300	0.03/300	0.02
	端面平面度/mm	0.01/500	0.03/500	0.02
	表面粗糙度 Ra/μm	3.2	3.2	1.6
主电机功率/kW		7.5	10	8

2. 数控卧式镗床

数控卧式镗床的型号与主要技术参数见表4.58。

表4.58 数控卧式镗床的型号与主要技术参数

技术参数		型号		
		TK6511/2	TKP654/1	TK6411
主轴转速/(r·min^{-1})	级数	无级	无级	18
	范围	10~1 000	15~1 500	14~1 100
工作台行程/mm	纵向	1 400	1 400	1 500
	横向	1 000	1 000	1 000
机床精度/mm	定位精度	±0.012/300	±0.012/300	0.02
	重复定位精度	±0.005	±0.005	0.0152
工作台面积(宽×长)/(mm×mm)		1 000×1 250	1 000×1 250	950×1 100
快速进给/(m·min^{-1})		6	6	6
主电机功率/kW		7.5	15	6.5
数控系统		FNAUC-3M	GM0501T-I	8025MS

3. 坐标镗床

坐标镗床的型号与主要技术参数见表4.59。

表4.59 坐标镗床的型号与主要技术参数

技术参数		型号			
		TG4545B	TK4145	TH6345	TK46100
镗床名称		高精度单柱数显坐标镗床	数控单柱坐标镗床	精密卧式数控坐标镗床	精密卧式数控坐标镗床
最大镗孔直径/mm		200	200	250	300
主轴端面至工作台中心距离		—	100~680	150~600	300
工作台行程/mm	纵向(X)	600	450	450	1 035
	横向(Y)	400	450	450	1 500
	垂向(Z)	50~630	100~680	50~500	1 400
机床精度	定位精度	0.003	0.003	±0.005	0.008
	表面粗糙度Ra/μm	0.003	0.003	±0.005	0.008
主轴转速/(r·min^{-1})		50~2 000无级	50~2 000无级	45~4 500无级	10~2 500无级
工作台尺寸/(mm×mm)		450×800	450×800	450×450	1 000×1 000
主电机功率/kW		2.2	202	14	15
系统		手动	GEMI	FAGOR8020	FAGOR8020

4.4.8 齿轮加工机床类型与主要技术参数

1. 滚齿机

滚齿机的型号与主要技术参数见表4.60。

表4.60 滚齿机的型号与主要技术参数

技术参数		型号		
		Y32B	Y38	Y3150
最大加工直径(mm)×最大模数		180×4	450×6	350×6
加工范围	齿宽/mm	180	200	240
	螺旋角/(°)	60	±45	±45
	最少加工齿数	5	4	6
工作精度	等级	—	6	6
	表面粗糙度Ra/μm	3.2	3.2	3.2

续表 4.60

技术参数	型号				
	Y32B		Y38		Y3150
主轴转速/$(r \cdot min^{-1})$	63、78、100、121、165、200、258、318		47.5、64、79、87、155、192		50、65、84、103、135、165、204、275
滚刀进给量	垂直:0.26、0.5、0.75、1.25、1.5、1.75、2、2.54	切向:0.1、0.19、0.28、0.37、0.47、0.56、0.66、0.75、0.94、1.13	垂直:0.5、1.15、1.5、2、2.5、3	径向:0.24、0.55、0.72、0.92、1.2、1.44	0.24、0.30、0.38、0.47、0.57、0.70、0.83、1.0、1.2、1.45、1.75、2.15、2.65、3.4、4.25
工作台直径/mm	150		475		320
主电机功率/kW	1.7		2.8		3

2. 插齿机

插齿机的型号与主要技术参数见表4.61。

表 4.61　插齿机的型号与主要技术参数

技术参数		型号			
		YM5132	YSM5132	YM5150B	YM51125
最大加工直径(mm)×最大模数		320×6	320×6	500×8	1 250×12
加工范围	内齿轮直径/mm	320	320	500	1 800
	最大加工齿宽/mm	80	80	100	200
	斜齿轮最大螺旋角/(°)	±45	±45	±45	±45
工作精度	等级	6	6	6	6
	表面粗糙度 Ra/μm	2.5	2.5	2.5	2.5
插齿刀往复冲程/$(次 \cdot min^{-1})$		115～700	255～1 050 无级	65～540	45～262
主电机功率/kW		4	3.7	6.5	12

3. 剃齿机

剃齿机的型号与主要技术参数见表4.62。

表 4.62　剃齿机的型号与主要技术参数

技术参数	型号			
	Y4212D	YP4232C	YW4232	YP4250
最大加工直径(mm)×最大模数	125×2.5	320×6	320×8	500×8

续表 4.62

技术参数		型　号			
		Y4212D	YP4232C	YW4232	YP4250
技术参数	最大加工齿宽/mm	90	90	90	90
	刀架最大回转角/(°)	±45	±30	±30	±30
	工作台最大行程/mm	100	100	100	100
	工作台顶尖距离/mm	500	400	500	500
主轴转速/(r·min^{-1})		80~250	80~250	50~250	80~250
工作精度	等级	6	6	6	6
	表面粗糙度 Ra/μm	1.6	1.6	1.6	1.6
主电机功率/kW		2.2	2.2	2.2	2.2

4. 珩齿机

珩齿机的型号与主要技术参数见表 4.63。

表 4.63　珩齿机的型号与主要技术参数

技术参数		型　号			
		YK4820	Y4920	YA4632	Y4750
珩齿机名称		数控内齿轮珩齿机	卧式蜗杆型珩齿机	珩齿机	蜗杆型珩齿机
最大加工直径(mm)×最大模数		200×4	200×6	320×8	500×8
技术参数	最大加工齿宽/mm	100	100	120	100
	刀架最大回转角/(°)	±30	±30	±30	±45
	工作台最大行程/mm	100	200	160	250
	工作台顶尖距离/mm	500	380	500	250~550
主轴转速/(r·min^{-1})		20~500无级	0~2 800无级	180~750	1 020~1 500
工作精度	等级	7	6	6	6
	表面粗糙度 Ra/μm	0.8	0.32	1.6	0.32
主电机功率/kW		3	0.55	1.1	1.1

4.4.9　其他常用机床类型与主要技术参数

1. 花键轴铣床

花键轴铣床的型号与主要技术参数见表 4.64。

表4.64　花键轴铣床的型号与主要技术参数

技术参数		型号			
		Y631K	YB6012B	YB6212	YB6016
花键轴铣床名称		花键轴铣床	半自动花键轴铣床	半自动万能花键轴铣床	半自动花键轴铣床
最大加工直径×最大工件长度/(mm×mm)		80×600	125×500	125×900	160×1 350
技术参数	加工齿数范围/mm	4~24	4~36	4~36	4~36
	工件与铣刀的中心距/mm	50~185	30~150	30~150	50~145
主轴转速/(r·min^{-1})		80~250	80~250	80~250	50~160
工作精度	齿距误差/mm	0.02	0.02	0.02	0.02
	平行度/mm	0.025/300	0.05/300	0.05/300	0.05/300
	表面粗糙度 Ra/μm	3.2	3.2	3.2	3.2
主电机功率/kW		4	4	1.1	4

2. 插床

插床的型号与主要技术参数见表4.65。

表4.65　插床的型号与主要技术参数

技术参数		型号			
		B5020D	B5032D	B5063	B50100A
最大插削长度/mm		200	320	630	1000
最大插削直径/mm		485	600	1120	1400
最大插削行程/mm	纵向(X)	500	630	1120	1400
	横向(Y)	500	560	800	1120
工作精度/mm	平面度	0.015/150	0.015/150	0.025/300	0.035/500
	垂直度	0.015/150	0.02/150	0.04/300	0.06/500
工作台直径/mm		500	630	2 000	1 400
主电机功率/kW		3	4	10	30

3. 刨床

刨床的型号与主要技术参数见表4.66。

表4.66　刨床的型号与主要技术参数

技术参数	型号			
	B1010A/1	B6032	B2010A/1	BK2012×40
刨床名称	单臂刨床	牛头刨床	龙门刨床	数控龙门刨床

表 4.66　刨床的型号与主要技术参数

技术参数		型号			
		B1010A/1	B6032	B2010A/1	BK2012×40
最大刨削长度/mm		1 000	320	3 000	4 000
最大刨削行程/mm	纵向(X)	1 000	360	3 000	4 000
	横向(Y)	3 000	240	1 000	1 250
工作精度/mm	平面度	0.14/15	0.024	±0.005	0.035
	平行度	—	0.016	0.015	—
工作台尺寸/(mm×mm)		3 000×900	320×270	3 000×900	1 000×1 000
工作台速度/(mm·min^{-1})		6~60 无级	32~125 四级	6~60 无级	3.5~70 无级
主电机功率/kW		60	1.5	60	30
系统		手动	手动	手动	FNAUC

4. 卧式内拉床

卧式内拉床的型号与主要技术参数见表 4.67。

表 4.67　卧式内拉床的型号与主要技术参数

技术参数	型号		
	L6110	L6120	L6140A
最大行程/mm	1 250	1 600	2 000
额定拉力/kN	98	196	392
拉削速度(无级调速)/(m·min^{-1})	2~11	1.5~11	1.5~7
拉刀返回速度(无级调速)/(m·min^{-1})	14~25	7~20	12~20
工作台孔径 ϕ/mm	150	200	250
花盘孔径 ϕ/mm	100	130	150
机床底面至支承板孔轴心线距离/mm	900	900	850
主电机功率/kW	17	22	40

5. 攻螺纹机

攻螺纹机的型号与主要技术参数见表 4.68。

表 4.68　攻螺纹机的型号与主要技术参数

技术参数	型号		
	SB408	S4010	S4012A
最大攻螺纹钻孔直径/mm	M8	M10	M12
主轴端至底座面距离/mm	50~335	300	360
主轴轴线至立柱表面距离/mm	185	184	240

续表 4.68

技术参数		型号		
		SB408	S4010	S4012A
主轴转速/(r·min^{-1})	级数	3	4	3
	范围	420~1 340	360~930	270~560
主轴行程/mm		45	45	90
主电机功率/kW		0.4	0.37	0.73

4.5 常用金属切削刀具

4.5.1 钻 头

1. 麻花钻

(1)直柄短麻花钻的标准见表 4.69。

表 4.69 直柄短麻花钻(摘自 GB/T 6135.2—2008)　　mm

钻头直径 d(h8)	总长 l	刃长 l_1	钻头直径 d(h8)	总长 l	刃长 l_1	钻头直径 d(h8)	总长 l	刃长 l_1
1.00	26	6	5.50	66	28	12.00	102	51
2.00	38	12	6.00	66	28	13.50	107	54
3.00	46	16	7.00	74	34	16.00	115	58
3.50	52	20	8.00	79	37	17.00	119	60
4.00	55	22	9.00	84	40	18.00	123	62
4.50	58	24	10.00	89	43	19.00	127	64
5.00	62	26	11.00	95	47	20.00	131	66

(2)直柄麻花钻的标准见表 4.70。

表 4.70 直柄麻花钻(摘自 GB/T 6135.3—2008)　　mm

钻头直径 d(h8)	总长 l	刃长 l_1	钻头直径 d(h8)	总长 l	刃长 l_1	钻头直径 d(h8)	总长 l	刃长 l_1
0.20	19	2.5	0.90	32	11	4.00	75	43
0.50	22	6	1.00	34	12	5.00	86	52
0.60	24	7	1.50	40	18	6.00	93	57
0.70	28	9	2.00	49	24	7.00	109	69
0.80	30	10	3.00	61	33	8.00	117	75

续表4.70 mm

钻头直径 d(h8)	总长 l	刃长 l_1	钻头直径 d(h8)	总长 l	刃长 l_1	钻头直径 d(h8)	总长 l	刃长 l_1
9.00	125	81	13.00	151	101	17.00	184	125
10.00	133	87	14.00	160	108	18.00	191	130
11.00	142	94	15.00	169	114	18.50	198	135
12.00	151	101	16.00	178	120			

(3) 莫氏锥柄麻花钻的标准见表4.71。

表4.71 莫氏锥柄麻花钻(摘自 GB/T 1438.1—2008) mm

钻头直径 d	总长 l	刃长 l_1	锥柄号	钻头直径 d	总长 l	刃长 l_1	锥柄号	钻头直径 d	总长 l	刃长 l_1	锥柄号
4.00	124	43	1	10.00	168	87	1	16.00	218	120	2
5.00	133	52	1	11.00	175	94	1	17.00	223	125	2
6.00	138	57	1	12.00	182	101	1	18.00	228	130	2
7.00	150	69	1	13.00	182	101	1	19.00	233	135	2
8.00	156	75	1	14.00	189	108	1	20.00	238	140	2
9.00	162	81	1	15.00	212	114	2	21.00	243	145	2

(4) 硬质合金锥柄麻花钻的标准见表4.72。

表4.72 硬质合金锥柄麻花钻(摘自 GB/T 10946—1989) mm

d	总长 L_1	型式	d	总长 L_1	型式	d	总长 L_1	型式
10.00	140	A	13.00		A	16.00	218	A
10.50	168		13.50	170		16.50	185	
11.00	145		14.00	206		17.00	223	
11.50	175		14.50	175		17.50	195	
12	170		15.00	212		18.00	228	A 或 B
12.50	199		15.50	180		18.50	256	

2. 扩孔钻

(1) 锥柄扩孔钻的标准见表4.73。

表4.73 锥柄扩孔钻(摘自 GB/T 4256—2004) mm

钻头直径 d	总长 l	刃长 l_1	钻头直径 d	总长 l	刃长 l_1	钻头直径 d	总长 l	刃长 l_1
8.00	156	75	10.00	168	87	12.00	182	101
9.00	162	81	10.75	175	94	13.00	182	101
9.80	168	87	11.00	175	94	14.00	189	108

续表 4.73 mm

钻头直径 d	总长 l	刃长 l_1	钻头直径 d	总长 l	刃长 l_1	钻头直径 d	总长 l	刃长 l_1
15.00	212	114	21.00	243	145	25.00	281	160
16.00	218	120	22.00	248	150	26.00	286	165
17.00	223	125	23.00	253	155	27.70	291	170
18.00	228	130	23.70	276	155	28.00	291	170
19.00	233	135	24.00	281	160	29.70	296	175
20.00	238	140	24.70	281	160	30.00	296	175

(2) 直柄扩孔钻的标准见表 4.74。

表 4.74 直柄扩孔钻(摘自 GB/T 4256—2004) mm

钻头直径 d	总长 l	刃长 l_1	钻头直径 d	总长 l	刃长 l_1	钻头直径 d	总长 l	刃长 l_1	钻头直径 d	总长 l	刃长 l_1
3.00	61	33	5.80	93	57	10.75	142	94	15.75	178	120
3.30	65	36	6.00			11.00			16.00		
3.50	70	39	6.80	109	69	11.75			16.75	184	125
3.80	75	43	7.00			12.00			17.00		
4.00			7.80	117	75	12.75	151	101	17.75	191	130
4.30	80	47	8.00			13.00			18.00		
4.50			8.80	125	81	13.75	160	108	18.70	198	135
4.80	86	52	9.00			14.00			19.00		
5.00			9.80	133	87	14.75	169	114	19.70	205	140
—	—	—	10.00			15.00					

3. 锪钻

(1) 60°、90°、120° 锥柄锥面锪钻的标准见表 4.75。

表 4.75 60°、90°、120° 锥柄锥面锪钻(摘自 GB/T 1143—2004)

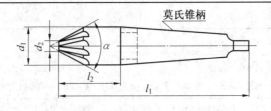

mm

公称尺寸 d_1	小端直径 d_2	总长 l_1		钻体长 l_2		锥柄号
		$\alpha = 60°$	$\alpha = 60°$ 或 90°	$\alpha = 60°$	$\alpha = 60°$ 或 90°	
16	3.2	97	93	24	20	1

续表 4.75

公称尺寸 d_1	小端直径 d_2	总长 l_1		钻体长 l_2		锥柄号
		$\alpha = 60°$	$\alpha = 60°$ 或 $90°$	$\alpha = 60°$	$\alpha = 60°$ 或 $90°$	
20	4	120	116	28	24	2
25	7	125	121	33	29	2
31.5	9	132	124	40	32	2
40	12.5	160	150	45	35	3
50	16	165	153	50	38	3
63	20	200	185	58	43	4
80	25	215	196	73	54	4

(2) 60°、90°、120° 直柄锥面锪钻的标准见表 4.76。

表 4.76 60°、90°、120° 直柄锥面锪钻(摘自 GB/T 4258—2004)

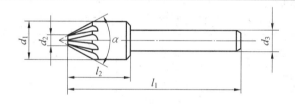

mm

公称尺寸 d_1	d_3	总长 l_1		钻体长 l_2	
		$\alpha = 60°$	$\alpha = 60°$ 或 $90°$	$\alpha = 60°$	$\alpha = 60°$ 或 $90°$
8	8	48	44	16	12
10	8	50	46	18	14
12.5	8	52	48	20	16
16	10	60	56	24	20
20	10	64	60	28	24
25	10	69	65	33	29

4. 中心钻

不带护锥的 A 型中心钻的基本尺寸见表 4.77。

表 4.77　不带护锥的 A 型中心钻的基本尺寸（摘自 GB/T 6078.1—1998）

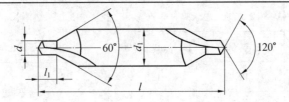

mm

d	d_1	l	l_1	d	d_1	l	l_1
1.00	3.15	31.5	1.3	3.15	8.0	50.0	3.9
1.60	4.0	35.5	2.0	4.00	10.0	56.0	5.0
2.00	5.0	40.0	2.5	6.30	16.0	71.0	8.0
2.50	6.3	45.0	3.1	10.00	25.0	100.0	12.8

4.5.2　机用铰刀

1. 直柄机用铰刀

直柄机用铰刀的标准见表 4.78。

表 4.78　直柄机用铰刀（摘自 GB/T 1132—2004）　　mm

铰刀直径 d	铰刀直径公差		安装直径 d_1	总长 L	刃长 l	安装长度 l_1	铰刀直径 d	铰刀直径公差		安装直径 d_1	总长 L	刃长 l	安装长度 l_1
	H7	H8						H7	H8				
1.8			1.8	46	10		6.0	+0.010 +0.005	+0.015 +0.008	5.6	93	26	36
2.0			2.0	49	11		7.0			7.1	109	31	40
2.2	+0.008 +0.004	+0.011 +0.006	2.2	53	12		8.0	+0.012 +0.006	+0.018 +0.010	8.0	117	33	42
2.5			2.5	57	14	—	9.0			9.0	125	36	44
3.0			3.0	61	15		10.0			10.0	133	38	46
3.2			3.2	65	16		11.0			10.0	142	41	46
3.5			3.5	70	18		12.0			12.5	160	47	50
4.0	+0.010 +0.005	+0.015 +0.008	4.0	75	19	32	14.0	+0.015 +0.008	+0.022 +0.012	12.5	170	52	50
4.5			4.5	80	21	33	16.0			14.0	182	56	52
5.0			5.0	86	23	34	18.0			16.0	195	60	58
5.5			5.6	93	26	36	20.0	+0.017 +0.009	+0.028 +0.016				

2. 锥柄机用铰刀

锥柄机用铰刀的标准见表 4.79。

表4.79 锥柄机用铰刀(摘自 GB/T 1135—2004)   mm

铰刀直径 d	铰刀直径公差 H7	铰刀直径公差 H8	总长 L	刃长 l	锥柄号	铰刀直径 d	铰刀直径公差 H7	铰刀直径公差 H8	总长 L	刃长 l	锥柄号
5.5	+0.010 +0.005	+0.015 +0.008	138	26	1	11			175	41	1
6			138	26		12			182	44	
7	+0.012 +0.006	+0.018 +0.010	150	31		14	+0.015 +0.008	+0.022 +0.012	189	47	
8			156	33		16			210	52	2
9			162	36		18			219	56	
10			168	38		20	+0.017 +0.009	+0.028 +0.016	228	60	

3. 硬质合金直柄机用铰刀

硬质合金直柄机用铰刀的标准见表4.80。

表4.80 硬质合金直柄机用铰刀(摘自 GB/T 4251—2008)   mm

铰刀直径 d	铰刀直径公差 H7	铰刀直径公差 H8	总长 L	刃长 l	安装长度 l_1	铰刀直径 d	铰刀直径公差 H7	铰刀直径公差 H8	总长 L	刃长 l	安装长度 l_1
6	+0.012 +0.007	+0.018 +0.011	93	17	36	12			151	20	46
7			109		40	14	+0.018 +0.011	+0.027 +0.017	160		50
8	+0.015 +0.009	+0.022 +0.014	117		42	16			170		50
9			125		44	18			182	25	52
10			133		46	20	+0.021 +0.013	+0.033 +0.021	195		58
11	+0.018 +0.011	+0.027 +0.017	142		46	—	—	—	—	—	—

4. 硬质合金锥柄机用铰刀

硬质合金锥柄机用铰刀的标准见表4.81。

表4.81 硬质合金锥柄机用铰刀(摘自 GB/T 4251—2008)   mm

铰刀直径 d	铰刀直径公差 H7	铰刀直径公差 H8	总长 L	刃长 l	锥柄号	铰刀直径 d	铰刀直径公差 H7	铰刀直径公差 H8	总长 L	刃长 l	锥柄号
8	+0.015 +0.009	+0.022 +0.014	156	17	1	16	+0.018 +0.011	+0.027 +0.017	210	25	2
9			162			18			219		
10			168			20			228		
11			175			21	+0.021 +0.013	+0.033 +0.021	232		
12	+0.018 +0.011	+0.027 +0.017	182	20		22			237	28	
14			189			23			241		

4.5.3 丝 锥

细柄机用和手用丝锥的标准见表4.82。

表 4.82 细柄机用和手用丝锥（摘自 GB/T 1132—2004） mm

代号	丝锥直径 d	安装直径 d_1	螺距 P	刃长 l	总长 L	代号	丝锥直径 d	安装直径 d_1	螺距 P	刃长 l	总长 L
M3	3	2.24	0.50	11.0	48	M10	10	8.00	1.50	24.0	80
M3.5	3.5	2.50	0.60	13.0	50	M12	12	9.00	1.75	29.0	89
M4	4	3.15	0.70	13.0	53	M16	16	12.5	2.00	32.0	102
M5	15	4.00	0.80	16.0	58	M20	20	14.00	2.50	37.0	112
M6	6	4.5	1.00	19.0	66	M24	24	18.00	3.00	45.0	130
M8	8	6.30	1.25	22.0	72	—	—	—	—	—	—

4.5.4 铣 刀

1. 立铣刀

（1）莫氏锥柄立铣刀的标准见表4.83。

表 4.83 莫氏锥柄立铣刀（摘自 GB/T 6117.2—2010） mm

推荐直径 d	刃长 l	总长 L	锥柄号	推荐直径 d	刃长 l	总长 L	锥柄号
6	13	83	1	16	18	32	117
7	16	86	1	20	22	38	140
8	19	89	1	25	28	45	147
9	19	89	1	32	36	53	178
10	11	22	92	40	45	63	221	3
12	14	26	111	2	50	75	233	4

（2）直柄粗加工立铣刀的标准见表4.84。

表 4.84 直柄粗加工立铣刀（摘自 GB/T 14328—2008） mm

刀直径 d_1	刀柄直径 d_2	总长 L	刃长 l	刀直径 d_1	刀柄直径 d_2	总长 L	刃长 l	刀直径 d_1	刀柄直径 d_2	总长 L	刃长 l
6	6	13	57	11	12	22	79	20	20	38	104
7	8	16	60	12	12	26	83	25	25	45	121
8	8	19	63	14	12	26	83	28	25	45	121
9	10	19	69	16	16	32	92	35	32	53	133
10	10	22	72	18	16	32	92	40	40	63	155

（3）整体硬质合金直柄立铣刀的标准见表4.85。

表 4.85　整体硬质合金直柄立铣刀（摘自 GB/T 16770.1—2008）　　　　　　　mm

刀直径 d_1	刀柄直径 d_2	总长 L	刃长 l	刀直径 d_1	刀柄直径 d_2	总长 L	刃长 l	刀直径 d_1	刀柄直径 d_2	总长 L	刃长 l
1.0	3	38	3	5.0	6	57	13	12.0	12	83	26
2.0	4	43	7	6.0	6	57	13	14.0	14	83	26
2.5	4	57	8	7.0	8	63	16	16.0	16	89	32
3.0	6	57	8	8.0	8	63	19	18.0	18	92	32
3.5	6	57	10	9.0	10	72	19	20.0	20	101	38
4.0	6	57	11	10.0	10	72	22	—	—	—	—

2. 圆柱形铣刀

圆柱形铣刀（用于卧式铣床）的参数见表 4.86。

表 4.86　圆柱形铣刀（摘自 GB/T 1115—2002）　　　　　　　mm

铣刀直径 D	安装内径 d	刃长 L	铣刀直径 D	安装内径 d	刃长 L
50	22	40、63、80	80	32	63、100
63	27	50、70	100	40	70、125

3. 面铣刀

（1）镶齿套式面铣刀的标准见表 4.87。

表 4.87　镶齿套式面铣刀（摘自 GB/T 7954—1999）

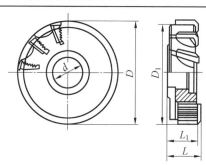

mm

D	D_1	d	l	L	D	D_1	d	l	L
80	70	27	36	30	160	150	50	45	37
100	90	32	40	34	200	186	50	45	37
125	115	40	40	34	250	236	50	45	37

（2）圆刃面面铣刀的标准见表 4.88。

表 4.88 圆刃面面铣刀

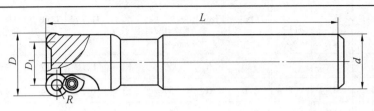

D	D_1	d	l	R	刃数	D	D_1	d	l	R	刃数
12	8	12	130	4	1	30	20	25	150、200	5	2
16	8	16	150	4	2	35	25	32	150、200、250、300、350	5	3
20	12	20	150、200	4	2	40	30	32	180、230	5	3
25	15	25	150、200	5	2	50	34	32	200	5	3

mm

4. 键槽铣刀

（1）直柄键槽铣刀的标准见表 4.89。

表 4.89 直柄键槽铣刀（摘自 GB/T 1112.1—1997） mm

铣刀直径 d	刀柄直径 d_1	刃长 l	总长 L	铣刀直径 d	刀柄直径 d_1	刃长 l	总长 L	铣刀直径 d	刀柄直径 d_1	刃长 l	总长 L
2	4	7	39	5	5	13	47	8	8	19	63
3	4	8	40	6	6	13	57	10	10	22	72
4	4	11	43	7	8	16	60				

（2）莫氏锥柄键槽铣刀的标准见表 4.90。

表 4.90 直柄键槽铣刀（摘自 GB/T 1112.2—1997） mm

刀直径 d	刃长 l	总长 L	锥柄号	刀直径 d	刃长 l	总长 L	锥柄号	刀直径 d	刃长 l	总长 L	锥柄号
10	22	92	1	20	38	107、124	2、3	32	53	155、178	3、4
12	26	96、111	1、2	22	38			36	53		
14	26			24	45	147	3	40	63	188、221	4、5
16	32	117	2	25	45	147		45	63		
18	32	117	2	28	45	147		50	75	200、233	4、5

（3）半圆键槽铣刀的标准见表 4.91。

表4.91　半圆键槽铣刀（摘自 GB/T 1127—2007）　　　　mm

d	刃宽 b	安装直径 d_1	总长 l	半圆键基本尺寸宽×直径	铣刀类型	d	刃宽 b	安装直径 d_1	总长 l	半圆键基本尺寸宽×直径	铣刀类型
4.5	1.0	6	50	1.0 × 4	A	13.5	3.0	10	55	3.0 × 13	B
7.5	1.5			1.5 × 7		16.5	3.0			3.0 × 16	
7.5	2.0			2.0 × 7		16.5	4.0			4.0 × 16	
10.5	2.0			2.0 × 10		16.5	5.0			5.0 × 16	
10.5	2.5			2.5 × 10		19.5	4.0			4.0 × 19	

5. 镶齿三面刃铣刀

镶齿三面刃铣刀的标准见表4.92。

表4.92　镶齿三面刃铣刀（摘自 GB/T 7953—2010）　　　　mm

铣刀直径 D	安装内孔直径 d	刃长 l	齿数	铣刀直径 D	安装内孔直径 d	刃长 l	齿数
80	22	12、14、16、18、20	10	160	40	25、28	16
100	27	12、14、16、18	12	200	50	14	22
		20、22、25	10			18、22	20
125	32	12、14、16、18	14			28、32	18
		20、22、25	12	250	50	16、20	24
160	40	14、16、20	18			25、28、32	22

6. 锯片铣刀

锯片铣刀的标准见表4.93。

表4.93　锯片铣刀（摘自 GB/T 6120—1996）　　　　mm

粗齿锯片铣刀的尺寸								
d	50	63	80	100	125	160	200	250
安装孔直径 D	13	16	22	22	22(27)	32	32	32
L	1.60、2.00、2.50、3.00、4.00、5.00、6.00							
中齿锯片铣刀的尺寸								
d	32	40	50	63	80	100	125	160	200	250
安装孔直径 D	8	10(13)	13	16	22	22	22(27)	32	32	32
L	1.60、2.00、2.50、3.00、4.00、5.00、6.00									

7. 齿轮滚刀

齿轮滚刀的标准见表4.94。

表4.94　齿轮滚刀（摘自 GB/T 6083—2001）

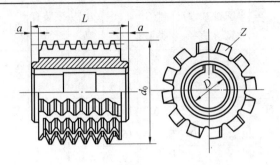

mm

模数系列	I 型				
	d_e	L	D	a_{min}	Z
1、1.25、1.5	63	63	27	5	16
2	71	71	32		14
2.5	80	80			
	90	90			
3	100	100	40		
4	112	112			

4.6　常用量具

4.6.1　常用通用量具

常用通用量具一览表见表4.95。

表4.95　常用通用量具一览表　　　　mm

量具名称	用途	公称规格	测量范围	读数值
百分表	测量几何形状,相互位置位移,长、宽、高	0~3	0~3	0.01
		0~5	0~5	0.01
		0~10	0~10	0.01
千分表		0~1	0~1	0.001
		0~2	0~2	0.005

续表 4.95　　　　　　　　　　　　　　　　　　　　　　　mm

量具名称	用途	公称规格	测量范围	读数值
内径百分表	测量内径,几何形状,位移量	10～18	10～18	0.01
		18～35	18～35	0.01
		35～50	35～50	0.01
		50～100	50～100	0.01
		100～160	100～160	0.01
		160～250	160～250	0.01
三用游标卡尺	测量内径,外径,长度,高度,深度	125×0.05	0～125	0.05
		125×0.02	0～125	0.02
		150×0.05	0～150	0.05
		150×0.02	0～150	0.02
两用/双面游标卡尺	测量内径,外径,长度	200×0.05	0～200	0.05
		200×0.02	0～200	0.02
		300×0.05	0～300	0.05
		300×0.02	0～300	0.02
深度游标卡尺	测量沟槽深度,孔深,台阶高度及其他	200×0.05	0～200	0.05
		200×0.02	0～200	0.02
		300×0.05	0～300	0.05
		300×0.02	0～300	0.02
		500×0.05	0～500	0.05
		500×0.02	0～500	0.02
外径千分尺	测量外径,厚度或长度	0～25	0～25	0.01
		25～50	25～50	0.01
		50～75	50～75	0.01
		75～100	75～100	0.01
		100～125	100～125	0.01
		125～175	125～175	0.01

续表 4.95　　　　　　　　　　　　　　　　　　　　　　　　　　　mm

量具名称	用途	公称规格	测量范围	读数值
内径千分尺	测量内径,沟槽的内侧面尺寸	5～30	5～30	0.01
		25～50	25～50	0.01
		50～175	50～175	0.01
		50～250	50～250	0.01
		50～575	50～575	0.01
		50～600	50～600	0.01

4.6.2　极限量规

1. 孔用极限量规

孔用极限量规形式和尺寸见表 4.96。

表 4.96　孔用极限量规形式和尺寸(摘自 GB/T 6322—1986)　　　　mm

类型	形式	基本尺寸 D	L	L_1	L_2
针式塞规	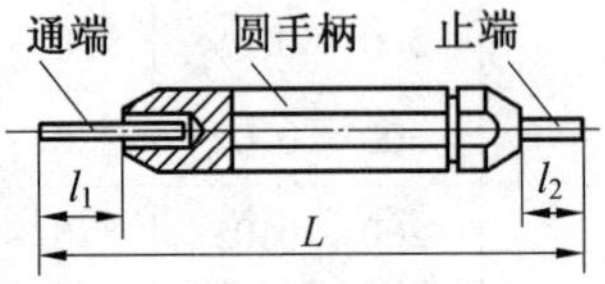 (通端 圆手柄 止端 / 通端 六角手柄 止端)	1～3	65	12	8
		3～6	80	15	10

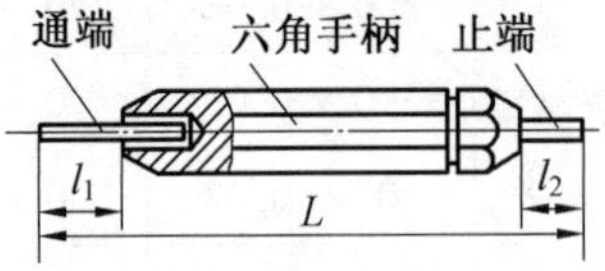

类型	形式	基本尺寸 D	L	基本尺寸 D	L
锥柄圆柱塞规	 (通端 锥柄 楔槽 止端 锥柄 止端 / 通端 止端)	1～3	62	>14～18	114
		>3～6	74	>18～24	132
		>6～10	87	>24～30	136
		>10～14	99	>30～40	155
				>40～50	169

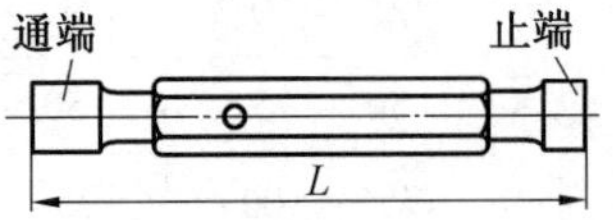

2. 轴用极限量规

轴用极限量规形式和尺寸见表 4.97。

表 4.97　轴用极限量规规形式和尺寸(摘自 GB/T 6322—1986)　　mm

类型	形式	基本尺寸 D	L_1	L_2	基本尺寸 D	L_1	L_2
圆柱环规	通端　止端	1~2.5	4	6	>32~40	18	24
		>2.5~5	5	10	>40~50	20	32
		>5~10	8	12	>50~60	20	32
		>10~15	10	14	>60~70	24	32
		>15~20	12	16	>70~80	24	32
		>20~25	14	18	>80~90	24	32
		>25~32	16	20	>90~100	24	32

类型	形式	基本尺寸 D	L	B	d	b	
双头卡规		>3~6	45	26	10	14	
		>6~10	52	30	12	20	

类型	形式	基本尺寸 D	D_1	H	B	基本尺寸 D	D_1	H	B
单头双极限卡规		1~3	32	31	3	>30~40	82	72	8
		>3~6	32	31	4	>40~50	94	82	8
		>6~10	40	38	4	>50~65	116	100	10
		>10~18	50	46	5	>65~80	136	114	10
		>18~30	65	58	6				

4.7　常用加工方法切削用量的选择

4.7.1　车削用量选择

1. 车刀刀杆及刀片尺寸的选择(表 4.98)

表 4.98　车刀刀杆及刀片尺寸的选择

(1) 根据车床中心高选择刀杆尺寸 $B \times H/(\text{mm} \times \text{mm})$

车床中心高	150	180~200	260~300	350~400
方形刀杆	12×20	16×25	20×30	25×40

续表 4.98

(2) 根据刀杆尺寸选择刀片尺寸

刀杆尺寸	12 × 20	16 × 25	20 × 20	20 × 30	25 × 25	25 × 40	30 × 45	40 × 60
刀片厚度 /mm	3.5 ~ 4	4.5 ~ 6	5.5	6 ~ 8	7	7 ~ 8.5	8.5 ~ 10	9.5 ~ 12

(3) 根据背吃量及进给量选择刀片尺寸

a_p/mm	3.2		4.8			6.4		7.9		9.5		
进给量 f /(mm·r^{-1})	0.2 ~ 0.3	0.38	0.2 ~ 0.25	0.3 ~ 0.51	0.51	0.25 ~ 0.38	0.38 ~ 0.63	0.25 ~ 0.3	0.38 ~ 0.63	0.76	0.25 ~ 0.3	0.38 ~ 0.63	0.76
刀片厚度 /mm	3.2	4.8	4.8	3.2	4.8	6.4	4.8	6.4	4.8	6.4	7.9	4.8	6.4	7.9

2. 车刀切削部分参数的选择(表 4.99)

表 4.99 车刀切削部分参数的选择

(1) 车刀的前角及后角 /(°)

高速钢车刀				硬质合金车刀			
加工材料		前角 γ_0	后角 α_0	加工材料		前角 γ_0	后角 α_0
钢和铸钢	σ_b = 400 ~ 500 MPa	25 ~ 30	8 ~ 12	结构钢、合金钢、铸钢	σ_b < 800 MPa	10 ~ 15	6 ~ 8
	σ_b = 700 ~ 1 000 MPa	5 ~ 10	5 ~ 8				
灰铸铁	160 ~ 180HBS	12	6 ~ 8		σ_b = 800 ~ 1 000 MPa	5 ~ 10	6 ~ 8
	220 ~ 260HBS	6	6 ~ 8				
可锻铸铁	140 ~ 160HBS	15	6 ~ 8	灰铸铁、青铜、黄铜		5 ~ 15	6 ~ 8
	170 ~ 190HBS	12	6 ~ 8	—		—	—

(2) 主偏角 κ_r/(°)

在系统刚性特别好的条件下以小切削深度进行精车。工件硬度很高,车削冷硬铸铁及淬硬钢	10 ~ 30
在系统刚性较好(l/d < 6)条件下加工盘套类工件	30 ~ 45
在系统刚性较差(l/d = 6 ~ 12)条件下车削、刨削及镗孔	60 ~ 75
在毛坯上不留小凸柱地切断车刀	80
在系统刚性差(l/d > 12)条件下加工、车阶梯表面、车端面、切槽及切断	90 ~ 93

(3) 副偏角 κ_r'/(°)		(4) 刃倾角 λ_s/(°)	
宽刃车刀及具有修光刃的车刀、刨刀	0	精车及精镗	0 ~ 5
切槽及切断	1 ~ 3	κ_r = 90° 车刀的车削及镗孔、切断及切槽	0

续表 4.99

精车,精刨	5 ~ 10	钢料的粗车及粗镗	0 ~ −5
粗车,粗刨	10 ~ 15	铸铁的粗车及粗镗	−10
粗镗	15 ~ 20	带冲击的不连续车削、刨削	−10 ~ −15
有中间切入的切削	30 ~ 45	带冲击加工淬硬钢	−30 ~ −45

(5) 刀尖圆弧半径 r_ε/mm

车刀种类及材料		加工性质	刀杆尺寸 $B \times H$/(mm × mm)				
			12 × 20 20 × 20	16 × 25 25 × 25	20 × 30 30 × 30	25 × 40 30 × 30	30 × 45 40 × 40
外圆车刀、端面车刀、镗刀	高速钢	粗加工	1 ~ 1.5	1 ~ 1.5	1.5 ~ 2.0	1.5 ~ 2.0	—
		精加工	1.5 ~ 2.0	1.5 ~ 2.0	2.0 ~ 3.0	2.0 ~ 3.0	—
	硬质合金	粗、精加工	0.3 ~ 0.5	0.4 ~ 0.8	0.5 ~ 1.0	0.5 ~ 1.5	1.0 ~ 2.0
切断及切槽刀			0.2 ~ 0.5				

3. 硬质合金及高速钢车刀粗车外圆和端面的进给量(表 4.100)

表 4.100 硬质合金及高速钢车刀粗车外圆和端面的进给量

加工材料	刀杆尺寸 $B \times H$/(mm × mm)	工件直径/mm	背吃刀量 a_p/mm			
			≤ 3	> 3 ~ 5	> 5 ~ 8	> 8 ~ 12
			进给量 f/(mm·r^{-1})			
碳素结构钢、合金结构钢、耐热钢	16 × 25	20	0.3 ~ 0.4	—	—	—
		40	0.4 ~ 0.5	0.3 ~ 0.4	—	—
		60	0.5 ~ 0.7	0.4 ~ 0.6	0.3 ~ 0.5	—
		100	0.6 ~ 0.9	0.5 ~ 0.7	0.5 ~ 0.6	0.4 ~ 0.5
		400	0.8 ~ 1.2	0.7 ~ 1.0	0.6 ~ 0.8	0.5 ~ 0.6
	20 × 30 25 × 25	20	0.3 ~ 0.4	—	—	—
		40	0.4 ~ 0.5	0.3 ~ 0.4	—	—
		60	0.6 ~ 0.7	0.5 ~ 0.7	0.4 ~ 0.6	—
		100	0.8 ~ 1.0	0.7 ~ 0.9	0.5 ~ 0.7	0.4 ~ 0.7
	25 × 40	60	0.6 ~ 0.9	0.5 ~ 0.8	0.4 ~ 0.7	—
		100	0.8 ~ 1.2	0.7 ~ 1.1	0.6 ~ 0.9	0.5 ~ 0.8

续表 4.100

加工材料	刀杆尺寸 $B \times H$/(mm × mm)	工件直径/mm	背吃刀量 a_p/mm			
			≤3	>3~5	>5~8	>8~12
			进给量 f/(mm·r^{-1})			
铸铁、铜合金	16 × 25	40	0.4 ~ 0.5	—	—	—
		60	0.6 ~ 0.8	0.5 ~ 0.8	0.4 ~ 0.6	—
		100	0.8 ~ 1.2	0.7 ~ 1.0	0.6 ~ 0.8	0.5 ~ 0.7
		400	1.0 ~ 1.4	1.0 ~ 1.2	0.8 ~ 1.0	0.6 ~ 0.8
	20 × 30 25 × 25	40	0.4 ~ 0.5	—	—	—
		60	0.6 ~ 0.9	0.5 ~ 0.8	0.4 ~ 0.7	—
		100	0.9 ~ 1.3	0.8 ~ 1.0	0.7 ~ 1.0	0.5 ~ 0.8
	25 × 40	60	0.6 ~ 0.8	0.5 ~ 0.8	0.4 ~ 0.7	—
		100	1.0 ~ 1.4	0.9 ~ 1.2	0.8 ~ 1.0	0.6 ~ 0.9

4. 硬质合金及高速钢镗刀粗镗孔的进给量(表 4.101)

表 4.101 硬质合金及高速钢镗刀粗镗孔的进给量

镗刀或镗杆	加工材料							
	碳素结构钢、合金结构钢、耐热钢				铸铁、铜合金			
	背吃刀量 a_p/mm							
	2	3	5	8	2	3	5	8
	进给量 f/(mm·r^{-1})							
10	0.08	—	—	—	0.12 ~ 0.16			
12	0.10	0.08	—	—	0.12 ~ 0.20	0.12 ~ 0.18	—	
16	0.10 ~ 0.20	0.15	0.10		0.20 ~ 0.30	0.15 ~ 0.25	0.10 ~ 0.18	
20	0.15 ~ 0.30	0.15 ~ 0.25	0.12		0.30 ~ 0.40	0.25 ~ 0.35	0.12 ~ 0.25	
25	0.25 ~ 0.50	0.15 ~ 0.40	0.12 ~ 0.20		0.40 ~ 0.60	0.30 ~ 0.50	0.25 ~ 0.35	
30	0.40 ~ 0.70	0.20 ~ 0.50	0.12 ~ 0.30		0.50 ~ 0.80	0.40 ~ 0.60	0.25 ~ 0.45	

续表 4.101

镗刀或镗杆	加工材料							
	碳素结构钢、合金结构钢、耐热钢				铸铁、铜合金			
	背吃刀量 a_p/mm							
	2	3	5	8	2	3	5	8
	进给量 $f/(\text{mm} \cdot \text{r}^{-1})$							
40	0.25~0.60	0.15~0.40			0.60~0.80	0.30~0.60		
40×40	0.60~1.0	0.50~0.70			0.70~1.2	0.50~0.90	0.40~0.50	
60×60	0.90~1.2	0.80~1.0	0.60~0.8		1.0~1.5	0.80~1.2	0.60~0.90	

5. 硬质合金外圆车刀半精车的进给量(表 4.102)

表 4.102 硬质合金外圆车刀半精车的进给量

工件材料	表面粗糙度 Ra/μm	切削速度范围 $v/(\text{m} \cdot \text{min}^{-1})$	刀尖圆弧半径 r_ε/mm		
			0.5	1.0	2.0
			进给量 $f/(\text{mm} \cdot \text{r}^{-1})$		
铸铁、铝合金、青铜	6.3	不限	0.25~0.40	0.40~0.50	0.50~0.60
	3.2		0.15~0.25	0.25~0.40	0.40~0.60
	1.6		0.10~0.15	0.15~0.20	0.20~0.35
碳素结构钢、合金结构钢	6.3	<50	0.30~0.50	0.45~0.60	0.55~0.70
		>50	0.40~0.55	0.55~0.65	0.65~0.70
	3.2	<50	0.18~0.25	0.25~0.30	0.30~0.40
		>50	0.25~0.30	0.30~0.35	0.35~0.50
	1.6	<50	0.10	0.11~0.15	0.15~0.22
		50~100	0.11~0.16	0.16~0.25	0.25~0.35
		>50	0.16~0.20	0.20~0.25	0.25~0.35

6. 高速钢车刀常用车削用量(表 4.103)

表4.103　高速钢车刀常用车削用量

工件材料及其抗拉强度/GPa		进给量f/(mm·r^{-1})	切削速度v/(m·min^{-1})
碳钢	$\sigma_b \leq 0.50$	0.2	30 ~ 50
		0.4	20 ~ 40
		0.8	15 ~ 25
	$\sigma_b \leq 0.70$	0.2	20 ~ 30
		0.4	15 ~ 25
		0.8	10 ~ 15
灰铸铁 $\sigma_b = 0.18 ~ 0.28$		0.2	15 ~ 30
		0.4	10 ~ 15
		0.8	8 ~ 10

7. 硬质合金车刀常用切削速度(表4.104)

表4.104　硬质合金车刀常用切削速度　　　m·min^{-1}

工件材料	硬度 HBS	刀具材料	粗车 ($a_p = 6.5 ~ 10$ mm, $f = 0.7 ~ 1.0$ mm·r^{-1})	半精车 ($a_p = 2.5 ~ 6$ mm, $f = 0.35 ~ 0.65$ mm·r^{-1})	精车 ($a_p = 0.3 ~ 2$ mm, $f = 0.1 ~ 0.3$ mm·r^{-1})
碳素钢 合金结构钢	150 ~ 200	YT15		90 ~ 110	120 ~ 150
	200 ~ 250		60 ~ 75	80 ~ 100	110 ~ 130
	250 ~ 325		50 ~ 65	60 ~ 80	75 ~ 90
	325 ~ 400			40 ~ 60	60 ~ 80
易切钢	200 ~ 250	YT15	70 ~ 90	100 ~ 120	140 ~ 180
灰铸铁	150 ~ 200	YG6	45 ~ 65	70 ~ 90	90 ~ 110
	200 ~ 250		35 ~ 55	50 ~ 70	70 ~ 90
可锻铸铁	120 ~ 150	YG6	70 ~ 90	100 ~ 120	130 ~ 150

8. 切断及车槽的进给量和切削速度(表4.105 ~ 表4.106)

表4.105　切断及车槽的进给量

切断刀				车槽刀			
切断刀宽度/mm	刀头长度/mm	工件材料		车槽刀宽度/mm	刀头长度/mm	工件材料	
		钢	灰铸铁			钢	灰铸铁
		进给量f/(mm·r^{-1})				进给量f/(mm·r^{-1})	
2	15	0.07 ~ 0.09	0.10 ~ 0.13	6	16	0.17 ~ 0.22	0.24 ~ 0.32
3	20	0.10 ~ 0.14	0.15 ~ 0.20	10	20	0.10 ~ 0.14	0.15 ~ 0.21

续表 4.105

切断刀				车槽刀			
切断刀宽度/mm	刀头长度/mm	工件材料		车槽刀宽度/mm	刀头长度/mm	工件材料	
		钢	灰铸铁			钢	灰铸铁
		进给量 $f/(\text{mm} \cdot \text{r}^{-1})$				进给量 $f/(\text{mm} \cdot \text{r}^{-1})$	
5	35	0.19~0.25	0.27~0.37	6	20	0.19~0.25	0.27~0.36
	65	0.10~0.13	0.12~0.16	8	25	0.16~0.21	0.22~0.30
6	45	0.20~0.26	0.28~0.37	12	30	0.14~0.18	0.20~0.26

表 4.106 切断及车槽的切削速度

进给量 $f/(\text{mm} \cdot \text{r}^{-1})$	高速钢车刀 W18Cr4V		YT5(P 类)	YG6(K 类)
	工件材料			
	碳钢 $\sigma_b = 0.735$ GPa	碳钢 150HBW	钢 $\sigma_b = 0.735$ GPa	灰铸铁 190HBW
	加切削液		不加切削液	
0.08	35	59	179	83
0.10	30	53	150	76
0.15	23	44	107	65
0.20	19	38	87	58
0.25	17	34	73	53
0.30	15	30	62	49
0.40	12	26	50	44
0.50	11	24	41	40

4.7.2 铣削用量选择

1. 铣刀寿命 T(表 4.107)

表 4.107 铣刀寿命 T　　　　min

铣刀直径 d/mm ≤		25	40	63	80	100	125	160	200
高速钢铣刀	细齿圆柱形	—	—	120	180	180	—	—	—
	镶齿圆柱形	—	—	—	180	180	180	180	—
	圆盘铣刀	—	—	—	120	120	150	150	180
	面铣刀	—	120	180	180	180	180	180	240
	立铣刀	60	90	120	—	—	—	—	—
	切槽,切断	—	—	—	60	75	120	150	180
	成形,角度	—	120	120	120	180	—	—	—

续表 4.107 min

铣刀直径 d/mm ≤		25	40	63	80	100	125	160	200
硬质合金铣刀	面铣刀	—	—	—	180	180	180	180	240
	圆柱形	—	—	—	180	180	180	180	—
	立铣刀	90	120	180	—	—	—	—	—
	圆盘铣刀	—	—	120	120	150	180	240	

2. 高速钢面铣刀、圆柱铣刀和圆周盘铣刀铣削时的进给量（表 4.108）

表 4.108 高速钢面铣刀、圆柱铣刀和圆周盘铣刀铣削时的进给量

（1）粗铣时每齿进给量 f_z/(mm·z^{-1})

铣床系统/kW	工艺系统刚度	粗齿和镶齿铣刀				细齿铣刀			
		面铣刀与圆盘铣刀		圆柱形铣刀		面铣刀与圆盘铣刀		圆柱形铣刀	
		钢	铸铁及铜合金	钢	铸铁及铜合金	钢	铸铁及铜合金	钢	铸铁及铜合金
>10	大	0.2~0.3	0.3~0.45	0.25~0.35	0.35~0.50	—	—	—	—
	中	0.15~0.25	0.25~0.40	0.20~0.30	0.30~0.40	—	—	—	—
	小	0.10~0.15	0.20~0.25	0.15~0.20	0.25~0.30	—	—	—	—
5~10	大	0.12~0.20	0.25~0.35	0.15~0.25	0.25~0.35	0.08~0.12	0.20~0.35	0.10~0.15	0.12~0.20
	中	0.08~0.15	0.20~0.30	0.12~0.20	0.20~0.30	0.06~0.10	0.15~0.30	0.06~0.10	0.10~0.15
	小	0.06~0.10	0.15~0.25	0.10~0.15	0.12~0.20	0.04~0.08	0.10~0.20	0.06~0.08	0.08~0.12
<5	中	0.04~0.06	0.15~0.30	0.10~0.15	0.12~0.20	0.04~0.08	0.12~0.20	0.05~0.08	0.06~0.12
	小	0.04~0.06	0.10~0.20	0.06~0.10	0.10~0.15	0.04~0.06	0.08~0.15	0.03~0.06	0.05~0.10

（2）半精铣时每转进给量 f/(mm·r^{-1})

要求表面粗糙度	镶齿面铣刀和圆盘铣刀	圆柱形铣刀					
		铣刀直径 d/mm					
		40~80	100~125	160~250	40~80	100~125	160~250
		钢及铸钢			铸铁，铜及铝合金		
6.3	1.2~2.7	—					
3.2	0.5~1.2	1.0~2.7	1.7~3.8	2.3~5.0	1.0~2.3	1.4~3.0	1.9~3.7
1.6	0.23~0.5	0.6~1.5	1.0~2.1	1.3~2.8	0.6~1.3	0.8~1.7	1.1~2.1

注：1. 表中大进给量用于小的背吃刀量和铣削宽度；小进给量用于大的背吃刀量和铣削宽度。

2. 铣削耐热钢时，进给量与铣削钢时相同，但不大于 0.3 mm/z。

3. 高速钢立铣刀、切槽铣刀和切断铣刀铣削时的进给量（表 4.109）

表 4.109　高速钢立铣刀、切槽铣刀和切断铣刀铣削时的进给量

铣刀直径 d/mm	铣刀类型	铣削宽度 a_e/mm					
		5	6	8	10	12	15
		每齿进给量 f_z/(mm·z^{-1})					
16	立铣刀	0.05 ~ 0.06	—	—	—	—	—
20	立铣刀	0.04 ~ 0.07	—	—	—	—	—
25	立铣刀	0.05 ~ 0.09	0.04 ~ 0.08	—	—	—	—
32	立铣刀	0.07 ~ 0.12	0.05 ~ 0.10	—	—	—	—
40	立铣刀	0.08 ~ 0.14	0.07 ~ 0.12	0.05 ~ 0.08	—	—	—
40	切槽铣刀	0.003 ~ 0.007	0.007 ~ 0.01	—	—	—	—
50	立铣刀	0.10 ~ 0.15	0.08 ~ 0.13	0.07 ~ 0.10	—	—	—
50	切槽铣刀	0.004 ~ 0.008	0.008 ~ 0.012	0.008 ~ 0.012	—	—	—
65	切槽铣刀	0.005 ~ 0.01	0.01 ~ 0.015	0.01 ~ 0.015	0.01 ~ 0.015	—	—
65	切断铣刀	—	0.015 ~ 0.025	0.012 ~ 0.022	0.01 ~ 0.02	—	—
80	切槽铣刀	0.005 ~ 0.015	0.01 ~ 0.025	0.01 ~ 0.022	0.01 ~ 0.02	0.008 ~ 0.017	0.007 ~ 0.015
80	切断铣刀	—	0.03 ~ 0.15	0.012 ~ 0.027	0.01 ~ 0.025	0.01 ~ 0.022	0.01 ~ 0.02

注：1. 铣削铸铁、铜及铝合金时，进给量可增加 30% ~ 40%。
　　2. 在铣削宽度小于 5 mm 时，切槽铣刀和切断铣刀采用细齿；铣削宽度大于 5 mm 时，采用粗齿。

4. 硬质合金面铣刀、圆柱形铣刀和圆盘铣刀铣削平面和凸台的进给量（表 4.110）

表 4.110　硬质合金面铣刀、圆柱形铣刀和圆盘铣刀铣削平面和凸台的进给量

机床功率/kW	（1）粗铣			
	钢		铸铁及铜合金	
	每齿进给量 f_z/(mm·z^{-1})			
	YT15	YT5	YG6	YG8
5 ~ 10	0.09 ~ 0.18	0.12 ~ 0.18	0.14 ~ 0.24	0.20 ~ 0.29
> 10	0.12 ~ 0.18	0.16 ~ 0.24	0.18 ~ 0.28	0.25 ~ 0.38

续表 4.110

机床功率/kW	(2)精铣			
	钢		铸铁及铜合金	
	每齿进给量 f_z/(mm·z^{-1})			
	YT15	YT5	YG6	YG8
求达到的粗糙度 Ra/μm	3.2	1.6	0.8	0.4
每转进给量 f/(mm·r^{-1})	0.5 ~ 1.0	0.4 ~ 0.6	0.2 ~ 0.3	0.15

注:1. 表列数值用于圆柱铣刀时,背吃刀量 $a_p ≤ 30$ mm,当 $a_p > 30$ mm 时,进给量应减少 30%。
2. 用圆盘铣刀铣槽时,表列进给量应减少一半。
3. 用面铣刀铣削时,对称铣时进给量取小值;不对称铣时进给量取大值。主偏角大时取小值;主偏角小时取大值。
4. 铣削材料的强度或硬度大时,进给量取小值;反之取大值。

5. 硬质合金立铣刀铣削平面和凸台的进给量(表 4.111)

表 4.111　硬质合金立铣刀铣削平面和凸台的进给量

铣刀类型	铣刀直径 d/mm	得到粗糙度 Ra/μm	铣削宽度 a_e/mm			
			1 ~ 3	5	8	12
			每齿进给量 f_z/(mm·z^{-1})			
带整体刀头的立铣刀	10 ~ 12 14 ~ 16 18 ~ 22	6.3 ~ 3.2	0.03 ~ 0.025 0.06 ~ 0.04 0.05 ~ 0.08	— 0.04 ~ 0.03 0.06 ~ 0.04	— — 0.04 ~ 0.03	— — —
镶螺旋形刀片的立铣刀	20 ~ 25 30 ~ 40 50 ~ 60	6.3 ~ 3.2	0.12 ~ 0.07 0.18 ~ 0.10 0.20 ~ 0.10	0.10 ~ 0.05 0.12 ~ 0.08 0.16 ~ 0.10	0.10 ~ 0.03 0.10 ~ 0.06 0.12 ~ 0.08	0.08 ~ 0.05 0.10 ~ 0.05 0.12 ~ 0.06

6. 高速钢(W18Cr4V)面铣刀铣削速度(表 4.112)

表 4.112　高速钢(W18Cr4V)面铣刀铣削速度　　　　　　m·min^{-1}

工件材料				结构碳钢 σ_b = 735 MPa(加切削液)				灰铸铁 195HBW			
刀具寿命 T/min	刀具直径/铣刀齿数 z	铣削宽度 a_e/mm	f_z/(mm·z^{-1})	背吃刀量 a_p/mm			f_z/(mm·z^{-1})	背吃刀量 a_p/mm			
				3	5	8		3	5	8
(1)镶齿铣刀											
180	$\dfrac{80}{10}$	48	0.03 0.05 0.12	54.6 48.4 40.5	51.9 45.8 38.3	49.3 44 36.5	0.05 0.08 0.2	70.2 57.6 40	66.6 54.9 38.3	—

续表 4.112

m·min^{-1}

工件材料				结构碳钢 σ_b = 735 MPa(加切削液)				灰铸铁 195HBW			
刀具寿命 T/min	刀具直径/铣刀齿数 z	铣削宽度 a_e/mm	f_z /(mm·z^{-1})	背吃刀量 a_p/mm			f_z /(mm·z^{-1})	背吃刀量 a_p/mm		
				3	5	8		3	5	8
180	$\dfrac{125}{14}$	75	0.03	55.4	52.8	51	0.05	71.1	67.5	64.8
			0.05	50.0	47.5	45.3	0.08	58.5	55.8	54
			0.12	40.5	38.7	37	0.2	41	38.7	36.9
			0.2	33.4	31.2	30.4	0.3	34.6	32.9	—
180	$\dfrac{160}{16}$	96	0.05	49	46.6	44.9	0.05	72	68.4	65.3
			0.12	40.9	39.6	37.4	0.12	50.4	48.2	45.9
			0.2	33.4	31.7	30.4	0.2	41.4	39.2	37.4
			0.3	28.6	26.8		0.3	35.1	33.3	31.5

(2)整体铣刀

刀具寿命 T/min	刀具直径/铣刀齿数 z	铣削宽度 a_e/mm	f_z /(mm·z^{-1})	3	5	8	f_z /(mm·z^{-1})	3	5	8
120	$\dfrac{40}{12}$	24	0.03	54.6	51.9	—	0.03	83.7	80	—
			0.05	49	46.6	—	0.05	68.4	65.3	—
			0.08	44.9	42.7	—	0.08	56.7	53.6	—
180	$\dfrac{68}{18}$	38	0.03	52.8	50.2	48.4	0.05	68.4	65.3	62.1
			0.05	47.5	44.9	44	0.08	56.7	54	51.3
			0.12	38.7	37	35.6	0.2	39.2	37.3	35.6
180	$\dfrac{80}{18}$	48	0.03	51.5	48.84	—	0.05	65.7	63	—
			0.05	46.2	44.4	—	0.08	54.9	52.2	—
			0.12	36	34	—	0.15	42.8	40.5	—

7. YT15 硬质合金面铣刀铣削结构碳钢、铬钢、镍铬钢的铣削速度(表 4.113)

表 4.113 YT15 硬质合金面铣刀铣削结构碳钢、铬钢、镍铬钢(σ_b = 650 MPa)的铣削速度

m·min^{-1}

刀具寿命 T/min	刀具直径 d/铣刀齿数 z	铣削宽度 a_e/mm	f_z/(mm·z^{-1})	背吃刀量 a_p/mm			
				3	5	9	12
				v/(m·min^{-1})			
180	$\dfrac{100}{5}$	60	0.07	173	166	157	—
			0.10	150	144	135	—
			0.13	135	130	121	—
			0.18	119	114	108	—

续表4.113　　　　　　　　　　　　　　　　　　　　　　　　　m·min^{-1}

刀具寿命 T/min	刀具直径 d / 铣刀齿数 z	铣削宽度 a_e/mm	f_z/(mm·z^{-1})	背吃刀量 a_p/mm			
				3	5	9	12
				v/(m·min^{-1})			
180	$\dfrac{125}{6}$	75	0.07	173	166	157	—
			0.10	150	144	135	—
			0.13	135	130	121	—
			0.18	119	114	108	—
180	$\dfrac{160}{8}$	96	0.07	173	166	157	—
			0.10	150	144	135	—
			0.13	135	130	121	—
			0.18	119	114	108	—
240	$\dfrac{200}{10}$	120	0.10	141	135	128	128
			0.13	128	121	114	114
			0.18	112	108	101	101
			0.24	101	96	90	90
240	$\dfrac{250}{12}$	150	0.10	141	135	128	128
			0.13	128	121	114	114
			0.18	112	108	101	101
			0.24	101	96	90	90

8. YT8硬质合金面铣刀铣削灰铸铁(190HBW)的铣削速度(表4.114)

表4.114　YT8硬质合金面铣刀铣削灰铸铁(190HBW)的铣削速度　　　m·min^{-1}

刀具寿命 T/min	刀具直径 d / 铣刀齿数 z	铣削宽度 a_e/mm	f_z/(mm·z^{-1})	背吃刀量 a_p/mm			
				3	5	9	12
				v/(m·min^{-1})			
180	$\dfrac{100}{5}$	60	0.10	81	75	70	—
			0.14	72	67	62	—
			0.20	64	59	55	—
180	$\dfrac{125}{6}$	75	0.10	81	75	70	—
			0.14	72	67	62	—
			0.20	64	59	55	—
			0.28	57	52	49	—

续表 4.114　　　　　　　　　　　　　　　　　　　　　　　　　　　　　　　　m·min^{-1}

刀具寿命 T/min	刀具直径 d/铣刀齿数 z	铣削宽度 a_e/mm	f_z/(mm·z^{-1})	背吃刀量 a_p/mm			
				3	5	9	12
				v/(m·min^{-1})			
180	$\dfrac{160}{8}$	96	0.10	81	75	70	66
			0.14	72	67	62	59
			0.20	64	59	55	52
			0.28	57	52	49	46
			0.40	50	46	43	41
240	$\dfrac{200}{10}$	120	0.14	72	67	62	59
			0.20	64	59	55	52
			0.28	57	52	49	46
			0.40	50	46	43	41
			0.60	43	40	38	35
240	$\dfrac{250}{12}$	150	0.14	66	61	57	53
			0.20	58	54	50	47
			0.28	52	48	45	42
			0.40	46	42	40	37
			0.60	40	36	34	32

9. 高速钢立铣刀铣削平面及凸台的的铣削速度(表 4.115)

表 4.115　高速钢立铣刀铣削平面及凸台的铣削速度　　　　　　　　　m·min^{-1}

T/min	$\dfrac{d}{z}$	a_p/mm	碳素结构钢 σ_b = 650 MPa(加切削液)				灰铸铁 190HBW			
			f_z/(mm·z^{-1})	a_e/mm			f_z/(mm·z^{-1})	a_e/mm		
				3	5	8		3	5	8
			粗齿铣刀							
60	$\dfrac{16}{3}$	40	0.04	47	—	—	0.08	22	—	—
			0.06	38	—	—	0.12	21	—	—
			0.08	34	—	—	0.18	19	—	—
60	$\dfrac{20}{3}$	40	0.04	52	40	—	0.08	26	20	—
			0.06	43	33	—	0.12	24	18	—
			0.10	33	—	—	0.25	21	—	—
60	$\dfrac{25}{3}$	40	0.06	47	36	—	0.08	31	24	—
			0.10	36	28	—	0.18	26	20	—
			0.12	33	—	—	0.25	24	—	—

续表 4.115   m·min^{-1}

T/min	d/z	a_p/mm	碳素结构钢 σ_b = 650 MPa(加切削液)				灰铸铁 190HBW			
			f_z/(mm·z^{-1})	a_e/mm			f_z/(mm·z^{-1})	a_e/mm		
				3	5	8		3	5	8
			细齿铣刀							
60	16/6	40	0.02	63	—	—	0.05	21	—	—
			0.04	44	—	—	0.12	18	—	—
			0.06	36	—	—				
60	20/6	40	0.03	57	44	—	0.05	25	19	—
			0.06	40	31	—	0.12	21	16	—
			0.08	35	—	—	0.18	19	—	—
60	25/6	40	0.04	55	42	—	0.08	26	20	—
			0.08	38	29	—	0.18	22	17	—
			0.10	34	—	—	0.25	20	—	—

10. 高速钢立铣刀铣槽的铣削速度(表 4.116)

表 4.116 高速钢立铣刀铣槽的铣削速度   m·min^{-1}

T/min	d/z	槽宽 a_e/mm	碳素结构钢 σ_b = 650 MPa(加切削液)						灰铸铁 190HBW					
			f_z/(mm·z^{-1})	槽深 a_p/mm					f_z/(mm·z^{-1})	槽深 a_p/mm				
				5	10	15	20	30		5	10	15	20	30
60	16/3	16	0.01	—	—	45	—	—	0.03	—	18	16	—	—
			0.02	—	33	32	—	—	0.05	—	16	14	—	—
			0.04	25	23	—	—	—	0.08	20	15	13	—	—
	16/6		0.01	48	45	43	—	—	0.02	—	16	15	—	—
			0.02	34	31	30	—	—	0.05	17	14	12	—	—
			0.04	24	—	—	—	—	0.08	15	13	11	—	—
60	20/3	20	0.02	—	—	—	—	30	0.05	21	17	15	14	—
			0.04	—	—	23	22	22	0.08	19	15	14	13	—
			0.06	—	—	19	18	18	0.12	17	14	13	—	—
	20/6		0.02	—	—	30	29	—	0.03	19	16	14	13	—
			0.04	—	22	21	20	—	0.05	18	14	13	11	—
			0.06	—	18	17	—	—	0.12	15	12	10	—	—

续表 4.116   m·min^{-1}

T/min	$\dfrac{d}{z}$	槽宽 a_e/mm	碳素结构钢 σ_b = 650 MPa(加切削液)						灰铸铁 190HBW					
			f_z/(mm·z^{-1})	槽深 a_p/mm					f_z/(mm·z^{-1})	槽深 a_p/mm				
				5	10	15	20	30		5	10	15	20	30
60	$\dfrac{25}{3}$	25	0.03	—	—	25	25	24	0.05	—	18	16	14	13
			0.04	—	23	22	21	21	0.08	—	16	14	13	11
			0.06	—	19	18	18	17	0.12	—	15	13	10	—
	$\dfrac{25}{6}$		0.03	—	—	24	23	23	0.05	—	15	13	12	11
			0.06	—	18	17	17	16	0.08	—	14	12	11	10
			0.08	—	15	15	—	—	0.12	—	13	11	—	—

11. 高速钢圆柱铣刀铣削钢及灰铸铁的铣削速度(表 4.117)

表 4.117　高速钢圆柱铣刀铣削钢及灰铸铁的铣削速度   m·min^{-1}

T/min	$\dfrac{d}{z}$	a_p/mm	碳素结构钢 σ_b = 650 MPa(加切削液)					灰铸铁 190HBW				
			f_z/(mm·z^{-1})	铣削宽度 a_e/mm				f_z/(mm·z^{-1})	铣削宽度 a_e/mm			
				3	5	8	12		3	5	8	12
镶齿和粗齿铣刀												
180	$\dfrac{80}{8}$	60	0.05	30	26	—	—	0.08	26	20	16	13
			0.08	28	24	—	—	0.12	25	19	15	12
			0.12	25	22	—	—	0.30	15	12	9	8
180	$\dfrac{100}{10}$	70	0.05	32	28	24	21	0.08	29	22	18	14
			0.12	27	23	20	18	0.12	27	20	16	13
			0.20	22	19	17	15	0.30	17	13	10	8
细齿铣刀												
120	$\dfrac{50}{8}$	40	0.03	29	—	—	—	0.03	23	—	—	—
			0.05	26	—	—	—	0.05	21	—	—	—
			0.08	24	—	—	—	0.12	18	—	—	—
180	$\dfrac{80}{12}$	60	0.03	32	28	24	—	0.05	25	19	15	—
			0.05	29	25	22	—	0.08	22	17	14	—
			0.08	26	23	20	—	0.20	17	13	10	—

12. 高速钢三面刃圆盘铣刀铣削平面及凸台的铣削速度(表4.118)

表4.118　高速钢三面刃圆盘铣刀铣削平面及凸台的铣削速度　　　m·min⁻¹

T/min	$\dfrac{d}{z}$	a_p/mm	碳素结构钢 $\sigma_b = 650$ MPa(加切削液)					灰铸铁 190HBW				
			f_z/(mm·z⁻¹)	铣削宽度 a_e/mm				f_z/(mm·z⁻¹)	铣削宽度 a_e/mm			
				10	20	40	60		10	20	40	60
镶齿铣刀												
120	$\dfrac{100}{12}$	6	0.05	33	27	—	—	0.08	31	22	—	—
			0.12	28	23	—	—	0.2	22	16	—	—
			0.2	23	18	—	—	0.3	19	13	—	—
150	$\dfrac{160}{16}$	8	0.05	34	28	23	—	0.08	31	22	16	—
			0.08	32	26	21	—	0.12	26	19	13	—
			0.12	29	24	19	—	0.2	21	15	11	—
			0.2	23	19	15	—	0.4	16	12	—	—
整体直铣刀												
				5	10	20	30		5	10	20	30
120	$\dfrac{80}{18}$	5	0.03	39	31	—	—	0.05	43	30	—	—
			0.05	35	29	—	—	0.08	36	25	—	—
			0.08	32	26	—	—	—	—	—	—	—
120	$\dfrac{100}{20}$	6	0.03	40	33	26	—	0.05	44	31	23	—
			0.05	36	30	24	—	0.08	37	26	19	—
			0.08	33	27	22	—	0.12	31	22	16	—

13. 高速钢三面刃圆盘铣刀铣槽的铣削速度(表4.119)

表4.119　高速钢三面刃圆盘铣刀铣槽的铣削速度　　　m·min⁻¹

T/min	$\dfrac{d}{z}$	a_p/mm	碳素结构钢 $\sigma_b = 650$ MPa(加切削液)					灰铸铁 190HBW			
			f_z/(mm·z⁻¹)	铣削宽度 a_e/mm				f_z/(mm·z⁻¹)	铣削宽度 a_e/mm		
				5	10	15	20		5	10	15	20
镶齿铣刀											
150	160/16	24	0.03		34	30	27	0.05		33	27	24
			0.05		30	27	24	0.08		27	22	20
			0.08		28	25	23	0.12		23	19	17
			0.12		25	22	20	0.20		19	15	14
150	200/20	32	0.03		34	30	28	0.05		32	27	24
			0.05		31	27	25	0.08		28	23	20
			0.08		29	25	23	0.12		24	19	17
			0.12		25	23	21	0.20		19	17	14

续表 4.119 m·min⁻¹

T/min	$\dfrac{d}{z}$	a_p/mm	碳素结构钢 σ_b = 650 MPa(加切削液)					灰铸铁 190HBW				
			f_z/(mm·z⁻¹)	铣削宽度 a_e/mm				f_z/(mm·z⁻¹)	铣削宽度 a_e/mm			
				5	10	15	20		5	10	15	20
180	250/22	40	0.03	32	29	27		0.05	32	27	23	
			0.05	29	26	24		0.08	27	22	19	
			0.08	27	24	22		0.12	23	19	16	
			0.12	24	22	20		0.20	19	15	13	

注：上表中铣削宽度列为 5, 10, 15, 20。

14. 高速钢切断铣刀切断速度(表 4.120)

表 4.120 高速钢切断铣刀切断速度 m·min⁻¹

T/min	$\dfrac{d}{z}$	切宽/mm	碳素结构钢 σ_b = 650 MPa(加切削液)					灰铸铁 190HBW				
			f_z/(mm·z⁻¹)	铣削宽度 a_e/mm				f_z/(mm·z⁻¹)	铣削宽度 a_e/mm			
				6	10	15	20		6	10	15	20
120	110/50	2	0.015	40	35	31	28	0.015	44	34	29	24
			0.02	39	33	29	27	0.02	40	31	25	22
			0.03	35	31	27	25	0.04	30	23	19	17
	110/40	3	0.015	49	43	38	35	0.02	37	29	23	20
			0.02	47	41	36	33	0.03	32	24	20	18
			0.03	44	37	33	30	0.04	29	22	18	16
180	150/50	4	0.015			34	31	0.015			25	21
			0.02			33	30	0.02			22	19
			0.03			30	27	0.04			17	14

15. 硬质合金圆柱铣刀铣削钢及灰铸铁的铣削速度(表 4.121)

表 4.121 硬质合金圆柱铣刀铣削钢及灰铸铁的铣削速度 m·min⁻¹

T/min	$\dfrac{d}{z}$	a_p/mm	YT15 铣刀加工 σ_b = 650 MPa 碳素结构钢、铬钢、镍铬钢					YG8 铣刀加工 190HBW 的灰铸铁				
			f_z/(mm·z⁻¹)	铣削宽度 a_e/mm				f_z/(mm·z⁻¹)	铣削宽度 a_e/mm			
				1.5	3	5	8		2	3	5	8
180	63/8	40	0.15	110	90	73	—	0.10	93	88	72	—
			0.20	101	82	68	—	0.20	82	77	62	—
180	80/8	40	0.15	115	92	77	—	0.10	103	96	78	—
			0.20	106	86	71	—	0.20	90	85	69	—
			—					0.30	77	69	56	—

16. YT15 硬质合金三面刃圆盘铣刀铣削结构碳钢、铬钢、镍铬钢($\sigma_b = 650$ MPa)铣削速度(表 4.122)

表 4.122 YT15 硬质合金三面刃圆盘铣刀铣削结构碳钢、铬钢、镍铬钢($\sigma_b = 650$ MPa)铣削速度

m·min^{-1}

T /min	$\dfrac{d}{z}$	a_p /mm	f_z /(mm·z^{-1})	铣削宽度 a_w/mm		
				12	20	30
				v/(m·min^{-1})		
铣平面及凸台						
120	$\dfrac{100}{8}$	6	0.06	146	120	100
			0.12	134	110	94
			0.15	126	100	86
			0.19	115	92	78
			0.24	104	84	72
180	$\dfrac{160}{10}$	6	0.06	134	110	92
			0.12	124	100	86
			0.15	116	94	80
			0.19	108	86	72
			0.24	96	78	66
铣槽						
120	$\dfrac{100}{8}$	20	0.03	190	162	144
			0.06	158	136	120
			0.09	134	116	102
			0.12	120	100	90
			0.15	112	96	84
180	$\dfrac{160}{10}$	20	0.03	156	150	132
			0.06	144	124	110
			0.09	124	106	94
			0.12	110	92	84
			0.15	102	88	78

4.7.3 钻、扩、锪、铰、镗削切削用量

钻、扩、锪、铰、镗削切削用量可参考表 4.123 ~ 表 4.135 选取。

1. 高速钢麻花钻头钻削不同材料的切削用量(表4.123)

表4.123　高速钢麻花钻头钻削不同材料的切削用量

加工材料			切削速度 $v/(\text{m} \cdot \text{min}^{-1})$	钻孔直径 d/mm		
				1～6	6～12	12～22
				进给量 $f/(\text{mm} \cdot \text{r}^{-1})$		
铸铁	硬度	160～200HBW	16～24	0.07～0.12	0.12～0.20	0.20～0.40
		200～240HBW	10～18	0.05～0.10	0.10～0.18	0.18～0.25
		240～300HBW	5～12	0.03～0.08	0.08～0.15	0.15～0.20
钢	抗拉强度	$\sigma_b = 520～700$ MPa(35、45钢)	18～25	0.05～0.10	0.1～0.2	0.2～0.3
		$\sigma_b = 700～900$ MPa(15Cr、20Cr)	12～20	0.05～0.10	0.1～0.2	0.2～0.3
		$\sigma_b = 1000～1100$ MPa(合金钢)	8～15	0.03～0.08	0.08～0.15	0.15～0.25
加工材料			v	d	3～8	8～25
铝		纯铝	20～50	f	0.03～0.20	0.06～0.50
		铝合金(长屑)		f	0.05～0.25	0.10～0.60
		铝合金(短屑)		f	0.03～0.10	0.05～0.15

2. 硬质合金钻头钻削不同材料的切削用量(表4.124)

表4.124　高速钢麻花钻头钻削不同材料的切削用量

加工材料	材料硬度	进给量 $f/(\text{mm} \cdot \text{r}^{-1})$		切削速度 $v/(\text{m} \cdot \text{min}^{-1})$		切削液
		钻孔直径 d/mm				
		5～10	11～30	5～10	11～30	
铸钢	—	0.08～0.12	0.12～0.2	35～38	38～40	非水溶性切削液
淬硬钢	50HRC	0.01～0.04	0.02～0.06	8～10	8～12	非水溶性切削液
灰铸铁	200HBW	0.2～0.3	0.3～0.5	40～45	45～60	干切或乳化液
可锻铸铁	—	0.15～0.2	0.2～0.4	35～38	38～40	非水溶性削切油或乳化液
铝	—	0.15～0.3	0.3～0.8	250～270	270～300	干切
硅铝合金	—	0.2～0.6	0.2～0.6	125～270	130～140	

3. 高速钢及硬质合金扩孔钻扩孔时的切削用量(表4.125)

表4.125　高速钢及硬质合金扩孔钻扩孔时的切削用量

扩孔钻直径/mm	加工不同材料时的进给量 $f/(\text{mm} \cdot \text{r}^{-1})$		
	钢及铸铁	铸铁、钢合金及铝合金	
		≤200～450HBW	>200～450HBW
≤15	0.5～0.6	0.7～0.9	0.5～0.6

续表 4.125

扩孔钻直径/mm	加工不同材料时的进给量 $f/(mm \cdot r^{-1})$		
	钢及铸铁	铸铁、钢合金及铝合金	
		≤ 200 ~ 450HBW	> 200 ~ 450HBW
> 15 ~ 20	0.6 ~ 0.7	0.9 ~ 1.1	0.6 ~ 0.7
> 20 ~ 25	0.7 ~ 0.9	1.0 ~ 1.2	0.7 ~ 0.8
> 25 ~ 30	0.8 ~ 1.0	1.1 ~ 1.3	0.8 ~ 0.9
> 30 ~ 35	0.9 ~ 1.1	1.2 ~ 1.5	0.9 ~ 1.0
> 35 ~ 40	0.9 ~ 1.2	1.4 ~ 1.7	1.0 ~ 1.2

注:1. 扩盲孔时,进给量取为 0.3 ~ 0.6 mm/r;
　　2. 当加工孔的精度要求较高时(IT8 ~ IT11 级),还要用一把铰刀加工该孔或用丝锥攻螺纹前的扩孔,则进给量应乘系数 0.7。

4. 高速钢扩孔钻在结构钢(σ_b = 650 MPa)上扩孔时的切削用量(表 4.126)

表 4.126　高速钢扩孔钻在结构钢(σ_b = 650 MPa)上扩孔时的切削用量

进给量 $f/(mm \cdot r^{-1})$	d_0 = 15 mm 整体 a_p = 1 mm	d_0 = 20 mm 整体 a_p = 1 mm	d_0 = 25 mm 整体 a_p = 1 mm	d_0 = 25 mm 套式 a_p = 1 mm
	$v/(m \cdot min^{-1})$	$v/(m \cdot min^{-1})$	$v/(m \cdot min^{-1})$	$v/(m \cdot min^{-1})$
0.3	34.0	38.0	29.7	26.5
0.5	26.3	28.7	23.0	20.5
0.8	—	22.7	18.2	16.2
1.0	—	20.3	16.2	14.5

进给量 $f/(mm \cdot r^{-1})$	d_0 = 30 mm 套式 a_p = 1.5 mm	d_0 = 35 mm 套式 a_p = 1.5 mm	d_0 = 50 mm 套式 a_p = 2.5 mm	d_0 = 80 mm 套式 a_p = 4 mm
	$v/(m \cdot min^{-1})$	$v/(m \cdot min^{-1})$	$v/(m \cdot min^{-1})$	$v/(m \cdot min^{-1})$
0.5	21.7	20.1	18.5	—
0.8	17.1	15.9	14.6	12.5
1.0	15.3	14.2	13.1	11.1

5. 高速钢扩孔钻在灰铸铁(190HBW)上扩孔时的切削用量(表 4.127)

表 4.127　高速钢扩孔钻在灰铸铁(190HBW)上扩孔时的切削用量

进给量 $f/(mm \cdot r^{-1})$	d_0 = 15 mm 整体 a_p = 1 mm	d_0 = 20 mm 整体 a_p = 1 mm	d_0 = 25 mm 整体 a_p = 1 mm	d_0 = 25 mm 套式 a_p = 1 mm
	$v/(m \cdot min^{-1})$	$v/(m \cdot min^{-1})$	$v/(m \cdot min^{-1})$	$v/(m \cdot min^{-1})$
0.3	33.1	35.1	—	—
0.5	27.0	28.6	26.9	24.1
0.8	22.4	23.7	22.3	20.0
1.0	20.5	21.7	20.4	18.3

续表 4.127

进给量 $f/(\text{mm}\cdot\text{r}^{-1})$	$d_0 = 30$ mm 套式 $a_p = 1.5$ mm $v/(\text{m}\cdot\text{min}^{-1})$	$d_0 = 40$ mm 套式 $a_p = 1.5$ mm $v/(\text{m}\cdot\text{min}^{-1})$	$d_0 = 50$ mm 套式 $a_p = 2.5$ mm $v/(\text{m}\cdot\text{min}^{-1})$	$d_0 = 80$ mm 套式 $a_p = 4$ mm $v/(\text{m}\cdot\text{min}^{-1})$
0.5	23.7	—	—	—
1.0	19.0	18.7	18.5	18.2
1.2	17.6	17.4	17.2	16.9

6. 硬质合金扩孔钻扩孔时的切削用量(表 4.128)

表 4.128 硬质合金扩孔钻扩孔时的切削用量

YT15(P10) 硬质合金扩孔钻在碳钢及合金钢($\sigma_b = 650$ MPa)上扩孔,加切削液

进给量 $f/(\text{mm}\cdot\text{r}^{-1})$	$d_0 = 15$ mm $a_p = 1$ mm $v/(\text{m}\cdot\text{min}^{-1})$	$d_0 = 20$ mm $a_p = 1$ mm $v/(\text{m}\cdot\text{min}^{-1})$	$d_0 = 30$ mm $a_p = 1.5$ mm $v/(\text{m}\cdot\text{min}^{-1})$	$d_0 = 50$ mm $a_p = 2.5$ mm $v/(\text{m}\cdot\text{min}^{-1})$	$d_0 = 80$ mm $a_p = 4$ mm $v/(\text{m}\cdot\text{min}^{-1})$
0.25	55	65	—	—	—
0.30	52	61	—	—	—
0.50	44	53	58	61	64
0.80	—	46	50	53	55
1.00	—	—	47	50	52

YG8(K3010) 硬质合金扩孔钻在灰铸铁(190HBW)上扩孔

进给量 $f/(\text{mm}\cdot\text{r}^{-1})$	$d_0 = 15$ mm $a_p = 1$ mm $v/(\text{m}\cdot\text{min}^{-1})$	$d_0 = 20$ mm $a_p = 1$ mm $v/(\text{m}\cdot\text{min}^{-1})$	$d_0 = 30$ mm $a_p = 1.5$ mm $v/(\text{m}\cdot\text{min}^{-1})$	$d_0 = 35$ mm $a_p = 1.5$ mm $v/(\text{m}\cdot\text{min}^{-1})$	$d_0 = 80$ mm $a_p = 4$ mm $v/(\text{m}\cdot\text{min}^{-1})$
0.30	86	—	—	—	—
0.50	68	77	76	73	—
0.80	55	62	61	60	49
1.00	—	56	55	54	44

7. 高速钢铰刀粗铰灰铸铁(190HBW)的切削速度(表 4.129)

表 4.129 高速钢铰刀粗铰灰铸铁(190HBW)的切削速度 m·min⁻¹

d/mm		5	10	15	20	25	30	40	50	60	80
a_p/mm		0.05	0.075	0.1	0.125	0.125	0.125	0.15	0.15	0.2	0.25
进给量 $f/(\text{mm}\cdot\text{r}^{-1})$	≤0.5	18.9	17.9	15.9	16.5	14.7	12.1	11.5	11.5	10.7	10.0
	0.6	17.2	16.3	14.5	15.1	13.4	10.8	10.3	10.0	9.6	8.9
	0.8	14.9	14.1	12.6	13.1	11.6	12.1	11.5	11.5	10.7	10.0
	1.0	13.3	12.6	11.2	11.7	10.4	10.8	10.0	10.0	9.6	8.9

8. 高速钢铰刀粗铰灰铸铁(195HBW)的切削速度(表 4.130)

表 4.130　高速钢铰刀粗铰灰铸铁(195HBW)的切削速度　　m·min^{-1}

工件材料	表面粗糙度	
	$Ra = 5 \sim 2.5$ μm	$Ra = 2.5 \sim 1.5$ μm
	允许的最大切削速度 $v/(\text{m·min}^{-1})$	
灰铸铁	8	4
可锻铸铁	15	8
铜合金	15	8

9. 高速钢铰刀铰锥孔的切削用量(表 4.131)

表 4.131　高速钢铰刀铰锥孔的切削用量

(1) 进给量 $f/(\text{mm·r}^{-1})$

孔径 d/mm	加工钢		加工铸铁	
	粗铰	精铰	粗铰	精铰
5	0.08	0.05	0.08	0.08
10	0.10	0.08	0.15	0.10
15	0.15	0.10	0.20	0.15
20	0.20	0.13	0.25	0.18
30	0.30	0.18	0.35	0.25

(2) 切削速度 $v/(\text{m·min}^{-1})$

工序	结构钢 σ_b/MPa			工具钢	铸铁
	≤600	>600~900	>900		
	加切削液				不加切削液
粗铰	8~10	6~8	5~6	5~6	8~10
精铰	6~8	4~6	3~4	3~4	5~6

注:用 9SiCr 钢制铰刀工作时切削液速度应乘以系数 0.6。

10. 硬质合金铰刀铰孔的切削用量(表 4.132)

表 4.132　硬质合金铰刀铰孔的切削用量

加工材料	铰刀直径 d/mm	切削深度 a_p/mm	进给量 $f/(\text{mm·r}^{-1})$	切削速度 $v/(\text{m·min}^{-1})$
钢 σ_b/MPa　≤1 000	<10	0.08~0.12	0.15~0.25	6~12
	10~20	0.12~0.15	0.20~0.35	
	20~40	0.15~0.20	0.30~0.50	
钢 σ_b/MPa　>1 000	<10	0.08~0.12	0.15~0.25	4~10
	10~20	0.12~0.15	0.20~0.35	
	20~40	0.15~0.20	0.30~0.50	
铸钢 σ_b ≤700 MPa	<10	0.08~0.12	0.15~0.25	6~10
	10~20	0.12~0.15	0.20~0.35	
	20~40	0.15~0.20	0.30~0.50	

续表 4.132

加工材料		铰刀直径 d/mm	切削深度 a_p/mm	进给量 f/(mm·r^{-1})	切削速度 v/(m·min^{-1})
灰铸铁 HBW		≤ 200	< 10	0.08 ~ 0.12	0.15 ~ 0.25	8 ~ 15
		> 200 ~ 450	10 ~ 20	0.12 ~ 0.15	0.20 ~ 0.35	
			20 ~ 40	0.15 ~ 0.20	0.30 ~ 0.50	
			< 10	0.08 ~ 0.12	0.15 ~ 0.25	5 ~ 10
			10 ~ 20	0.12 ~ 0.15	0.20 ~ 0.35	
			20 ~ 40	0.15 ~ 0.20	0.30 ~ 0.50	
铝合金			< 10	0.08 ~ 0.12	0.15 ~ 0.25	10 ~ 30
			10 ~ 20	0.12 ~ 0.15	0.20 ~ 0.35	
			20 ~ 40	0.15 ~ 0.20	0.30 ~ 0.50	

11. 高速钢及硬质合金锪钻加工的切削用量(表 4.133)

表 4.133　高速钢及硬质合金锪钻加工的切削用量

加工材料	高速钢锪钻		硬质合金锪钻	
	进给量 f/(mm·r^{-1})	切削速度 v/(m·min^{-1})	进给量 f/(mm·r^{-1})	切削速度 v/(m·min^{-1})
铝	0.13 ~ 0.38	120 ~ 245	0.15 ~ 0.30	150 ~ 245
铸铁	0.13 ~ 0.18	37 ~ 43	0.15 ~ 0.30	90 ~ 107
钢	0.08 ~ 0.13	23 ~ 26	0.10 ~ 0.20	75 ~ 90
合金钢及工具钢	0.08 ~ 0.13	12 ~ 24	0.10 ~ 0.20	55 ~ 60

12. 高速钢镗刀镗孔的切削用量(表 4.134)

表 4.134　高速钢镗刀镗孔的切削用量

加工工序	刀具类型	铸铁		钢(铸钢)	
		v/(m·min^{-1})	f/(mm·r^{-1})	v/(m·min^{-1})	f/(mm·r^{-1})
粗镗	刀头	20 ~ 35	0.3 ~ 1.0	20 ~ 40	0.3 ~ 1.0
	镗刀块	25 ~ 40	0.3 ~ 0.8	—	—
半精镗	刀头	25 ~ 40	0.2 ~ 0.8	30 ~ 50	0.2 ~ 0.8
	镗刀块	30 ~ 40	0.2 ~ 0.6	—	—
	粗铰刀	15 ~ 25	2.0 ~ 5.0	10 ~ 20	0.5 ~ 3.0

续表 4.134

加工工序	刀具类型	铸铁		钢(铸钢)	
		$v/(\mathrm{m\cdot min^{-1}})$	$f/(\mathrm{mm\cdot r^{-1}})$	$v/(\mathrm{m\cdot min^{-1}})$	$f/(\mathrm{mm\cdot r^{-1}})$
精镗	刀头	15 ~ 30	0.15 ~ 0.5	20 ~ 35	0.1 ~ 0.6
	镗刀块	8 ~ 15	1.0 ~ 4.0	6.0 ~ 12	1.0 ~ 4.0
	精铰刀	10 ~ 20	2.0 ~ 5.0	10 ~ 20	0.5 ~ 3.0

13. 硬质合金镗刀镗孔的切削用量(表4.135)

表 4.135　硬质合金镗刀镗孔的切削用量

加工工序	刀具类型	铸铁		钢(铸钢)	
		$v/(\mathrm{m\cdot min^{-1}})$	$f/(\mathrm{mm\cdot r^{-1}})$	$v/(\mathrm{m\cdot min^{-1}})$	$f/(\mathrm{mm\cdot r^{-1}})$
粗镗	刀头	40 ~ 80	0.3 ~ 1.0	40 ~ 60	0.3 ~ 1.0
	镗刀块	35 ~ 60	0.3 ~ 0.8	—	—
半精镗	刀头	60 ~ 100	0.2 ~ 0.8	80 ~ 120	0.2 ~ 0.8
	镗刀块	50 ~ 80	0.2 ~ 0.6	—	—
	粗铰刀	30 ~ 50	3.0 ~ 5.0	—	—
精镗	刀头	50 ~ 80	0.15 ~ 0.5	60 ~ 100	0.15 ~ 0.5
	镗刀头	20 ~ 40	1.0 ~ 4.0	8.0 ~ 20	1.0 ~ 4.0
	精铰刀	30 ~ 50	2.0 ~ 5.0	—	—

4.7.4　拉削用量

拉削用量可参考表 4.136 ~ 表 4.137 选取。

1. 拉削的进给量(表4.136)

表 4.136　拉削的进给量　　　　　　　　　　　　　　$\mathrm{mm\cdot z^{-1}}$

拉刀类型	碳钢 σ_b/GPa			铸铁		铝	青铜、黄铜
	≤ 0.49	0.49 ~ 0.735	> 0.735	灰铸铁	可锻铸铁		
圆柱拉刀	0.01 ~ 0.02	0.015 ~ 0.03	0.01 ~ 0.025	0.03 ~ 0.08	0.05 ~ 0.1	0.02 ~ 0.05	0.05 ~ 0.12
矩形花键拉刀	0.04 ~ 0.06	0.05 ~ 0.08	0.03 ~ 0.06	0.04 ~ 0.1	0.05 ~ 0.1	0.02 ~ 0.1	0.05 ~ 0.12
三角形(锯齿)和渐开线花键拉刀	0.03 ~ 0.05	0.04 ~ 0.06	0.03 ~ 0.05	0.04 ~ 0.08	0.05 ~ 0.08	—	—

续表 4.136　　　　　　　　　　　　　　　　　　　　　　　　　　　　　　　　mm·z⁻¹

拉刀类型	碳钢 σ_b/GPa			铸铁		铝	青铜、黄铜
	≤0.49	0.49~0.735	>0.735	灰铸铁	可锻铸铁		
键和键槽拉刀	0.05~0.15	0.05~0.2	0.05~0.12	0.06~0.2	0.06~0.2	0.05~0.08	0.08~0.2
直角及平面拉刀	0.03~0.12	0.05~0.15	0.03~0.12	0.06~0.2	0.05~0.15	0.05~0.08	0.06~0.15
成形拉刀	0.02~0.05	0.03~0.06	0.02~0.05	0.03~0.08	0.05~0.1	0.02~0.05	0.05~0.12
正方形和六边形拉刀	0.015~0.08	0.02~0.15	0.015~0.12	0.03~0.15	0.05~0.15	0.02~0.1	0.05~0.2
渐进拉刀	0.02~0.3	0.015~0.2	0.01~0.12	0.03	0.03~0.3	0.03~0.5	0.03~0.5

2. 拉削速度(表 4.137)

表 4.137　拉削速度　　　　　　　　　　　　　　　　　　　　　　　　　　　　　　mm·min⁻¹

切削速度组	拉刀类别与表面粗糙度 Ra/μm							
	圆柱孔		花键孔		外表面与键槽		硬质合金齿	
	1.25~2.5	2.5~10	1.25~2.5	2.5~10	1.25~2.5	2.5~10	1.25~2.5	2.5~10
Ⅰ	6~4	8~5	5~4	8~5	7~4	10~8	12~10	10~8
Ⅱ	5~3.5	7~5	4.5~3.5	7~5	6~4	8~6	10~8	8~6
Ⅲ	4~3	6~4	3.5~3	6~4	5~3.5	7~5	6~4	6~4
Ⅳ	3~2.5	4~3	2.5~2	4~3	2.5~1.5	4~3	5~3	4~3

4.7.5　磨削用量

磨削用量包括砂轮切入工件的径向进给量 f_r(相当于车削时的背吃刀量)、工件相对于砂轮的轴向进给量 f_a、工件旋转的线速度或工作台直线移动的速度 v_w,以及砂轮旋转的线速度 v_c。磨削用量可参考表 4.138 选取。

表 4.138　用刚玉和碳化硅磨料砂轮磨削时常用的磨削用量

磨削方式	v_c/(m/s)	f_r/(mm·单行程⁻¹)		f_a/(mm·单行程⁻¹)		v_c/(m·min⁻¹)	
		粗磨	精磨	粗磨	精磨	粗磨	精磨
外圆磨削	25~35	0.015~0.05	0.005~0.01	(0.3~0.7)B	(0.3~0.4)B	20~30	20~60
平面磨削	25~35	0.015~0.05	0.005~0.015	(0.4~0.7)B	(0.2~0.3)B	6~30	15~20

4.7.6 螺纹加工切削用量

螺纹加工切削用量可参考表 4.139 选取。

表 4.139 攻螺纹的切削用量

螺纹直径/mm	螺距/mm	丝锥型式及材料				
		高速钢螺母丝锥 W18Cr4V		高速钢机动丝锥 W18Cr4V		
		工件材料				
		碳钢 σ_b 0.49~0.783 GPa	碳钢、镍铬钢 $\sigma_b=0.735$ GPa	碳钢 σ_b 0.49~0.783 GPa	碳钢、镍铬钢 $\sigma_b=0.735$ GPa	灰铸铁 190HBW
		切削速度 $v/(\mathrm{m\cdot min^{-1}})$				
5	0.5	12.5	11.3	9.4	8.5	10.2
	0.8			6.3	5.7	6.8
6	0.75	15.0	13.5	8.3	7.5	8.9
	1.0			6.4	5.8	6.9
8	1.0	20.0	18.0	9.0	8.2	9.8
	1.25			7.4	6.7	8.0
10	1.0	25.0	18.0	9.0	8.2	9.8
	1.25			7.4	6.7	8.0
12	1.25	26.6	24.0	12.0	10.8	12.1
	1.75	23.4	21.1	8.9	8.0	9.6
14	1.5	27.4	24.7	12.6	11.3	12.5
	2.0	23.7	21.4	9.7	8.7	10.2
16	1.5	29.4	26.4	15.1	13.6	15.5
	2.0	25.4	22.9	11.7	10.5	12.0
20	1.5	33.2	29.4	19.3	17.3	20.3
	2.0	28.4	25.5	14.9	13.4	15.7
	2.5	25.8	22.6	12.1	10.9	12.8
24	1.5	35.8	31.2	24.0	21.6	25.2
	2.0	31.1	27.9	18.6	16.7	19.5
	2.5	27.8	24.8	15.1	13.6	15.9

4.7.7 齿轮加工切削用量

齿轮加工切削用量可参考表 4.140~表 4.142 选取。

1. 高速钢单头滚刀加工 35 与 45 钢(156 ~ 207HBS) 圆柱齿轮的进给量(表 4.140)

表 4.140　高速钢单头滚刀加工 35 与 45 钢(156 ~ 207HBS) 圆柱齿轮的进给量

模数 m /mm	工件每转滚刀进给量 /(mm·r^{-1})								
	粗加工					精加工			
	滚齿机功率 /kW					对实体材料		对预加工齿	
						要求表面粗糙度 Ra/μm			
	1.5 ~ 2.8	3 ~ 4	5 ~ 9	10 ~ 14	15 ~ 22	6.3 ~ 3.2	1.6	6.3 ~ 3.2	1.6
≤ 1.5	0.8 ~ 1.2	1.4 ~ 1.8	1.6 ~ 1.8	—	—	1.0 ~ 1.2	0.5 ~ 0.8	—	—
> 1.5 ~ 2.5	1.2 ~ 1.6	2.4 ~ 2.8	2.4 ~ 2.8	2.4 ~ 2.8	—	1.2 ~ 1.8	0.8 ~ 1.0	—	—
> 2.5 ~ 4	1.6 ~ 2.0	2.6 ~ 3.0	2.6 ~ 3.0	2.6 ~ 3.0	—	—	—	2.0 ~ 2.5	0.7 ~ 0.9
> 4 ~ 6	1.2 ~ 1.4	2.2 ~ 2.6	2.4 ~ 2.8	2.6 ~ 3.0	2.6 ~ 3.0	—	—	2.0 ~ 2.5	0.7 ~ 0.9
> 6 ~ 8	—	2.0 ~ 2.2	2.2 ~ 2.6	2.4 ~ 2.8	2.4 ~ 2.8	—	—	2.0 ~ 2.5	0.7 ~ 0.9

注:1. 粗加工 170 ~ 210HBS 铸铁齿轮时,进给量增加 10%。

　　2. 加工斜角为 β 的斜齿轮时,进给时乘以 $\cos \beta$。

2. 高速钢插齿刀加工 35 与 45 钢(156 ~ 207HBS) 圆柱齿轮的进给量(表 4.141)

表 4.141　高速钢插齿刀加工 35 与 45 钢(156 ~ 207HBS) 圆柱齿轮的进给量

加工性质		模数 m /mm	圆周进给量 f_b/mm(双行程)			
			插齿机功率 /kW			
			1.0 ~ 1.5	1.6 ~ 2.5	2.6 ~ 5.0	> 5.0
精插前一次走刀粗插		≤ 4	0.35 ~ 4.0	0.40 ~ 0.45	—	—
		> 4 ~ 6	0.15 ~ 0.20	0.30 ~ 0.40	0.40 ~ 0.50	—
		> 6 ~ 8	—	—	0.30 ~ 0.40	0.40 ~ 0.50
表面粗糙度 Ra = 1.6 μm,精加工	对实体材料	≤ 3	0.25 ~ 0.30	0.25 ~ 0.30	0.25 ~ 0.30	0.25 ~ 0.30
	对预加工齿	> 3 ~ 8	0.22 ~ 0.25	0.22 ~ 0.25	0.22 ~ 0.25	0.22 ~ 0.25

注:1. 加工 170 ~ 210HBS 铸铁齿轮时,进给量增加 10%。

　　2. 剃齿前粗加工,进给量减少 20%,磨齿前粗加工,减少 10%。

　　3. 表中大进给量用于加工齿数大于 25 的齿轮;小进给量用于加工齿数 25 以内的齿轮。

　　4. 径向进给量(切入进给量)取为圆周进给量的 10% ~ 30%。

3. 高速钢插齿刀在立式插齿机上插齿时的切削速度(表 4.142)

表 4.142 高速钢插齿刀在立式插齿机上插齿时的切削速度

圆周进给量 f_b (mm/双行程)	切削速度 $v_c/(\text{m}\cdot\text{min}^{-1})$					
	实体材料精加工及粗加工					预切齿后精加工
	模数 m/mm					
	2	4	6	8	10	2 ~ 12
0.10	41	33	28	25	23	—
0.13	36	29	24	22	20	—
0.16	32	26	22	20	18	44
0.20	29	23	20	18	17	39
0.26	25	21	17	16	15	34
0.32	23	18	15	14	13	31
0.42	20	16	14	13	13	25
0.52	18	14	12	11	10	—
插齿刀寿命 T/min 粗加工	—			420		300
插齿刀寿命 T/min 精加工	240					

注:1.插铝件齿轮取 $v_c = 60$ m/min;青铜齿轮取 $v_c = 24$ m/min;灰铸铁齿轮取 $v_c = 18$ m/min。

4.8 时间定额的确定

4.8.1 时间定额组成

时间定额由以下几个部分组成:

(1) 基本时间 t_j 又称机动时间,可按有关公式计算,见表 4.143 ~ 表 4.148。

(2) 辅助时间。部分典型动作辅助时间参见表 4.149。辅助时间也可以按基本时间的 15% ~ 20% 进行估算。基本时间与辅助时间之和称为作业时间。

(3) 布置工作地时间 t_b 又称为工作地点服务时间,一般按作业时间的 2% ~ 7% 估算。

(4) 休息和生理需要时间 t_x,一般按作业时间的 2% ~ 4% 计算。

(5) 准备与终结时间 t_z,假如每批中产品或零件的数量为 m,则分摊到每个工件上的准备与终结时间为 t_z/m。一般在单件生产和大批大量生产中按作业时间的 3% ~ 5% 计算。

单件时间定额 t_{dj} 可表示为

$$t_{dj} = t_j + t_f + t_b + t_x + \frac{t_z}{m} \tag{4.9}$$

4.8.2 基本时间计算

1. 车的基本时间计算(表 4.143)

表 4.143 车的基本时间计算

加工示意图	计算公式	备 注
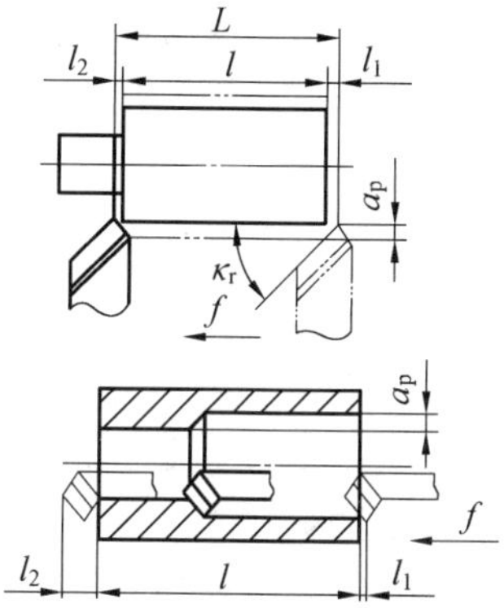	(1) 车外圆及镗孔基本时间计算 $$t_j = \frac{L}{fn}i = \frac{l+l_1+l_2+l_3}{fn}i$$ 式中 $l_1 = \frac{a_p}{\tan \kappa_r} + (2 \sim 3)$ $l_2 = 3 \sim 5$; l_3——单件小批生产时的试切附加长度;成批大量生产时, $l_3 = 0$。	(1) 当加工到台阶时, $l_2 = 0$ (2) 主偏角 $\kappa_r = 90°$ 时, $l_1 = (2 \sim 3)$ (3) i 为进给次数 (4) l_3 的值见表 4.139
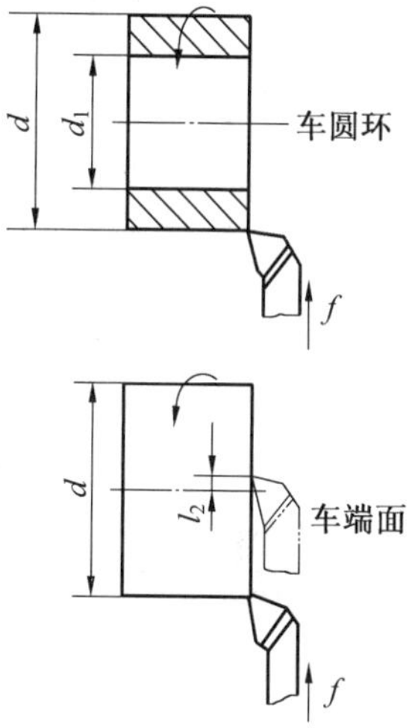	(2) 车端面、切断或车圆环端面基本时间计算 $$t_j = \frac{L}{fn}i$$ $$L = \frac{d-d_1}{2} + l_1 + l_2 + l_3$$ l_1, l_2, l_3 同(1)	车槽时, $l_2 = l_3 = 0$, 切断时 $l_3 = 0$; d_1 为车圆环的内径或车槽后的底径 车实体端面和切断时 $d_1 = 0$
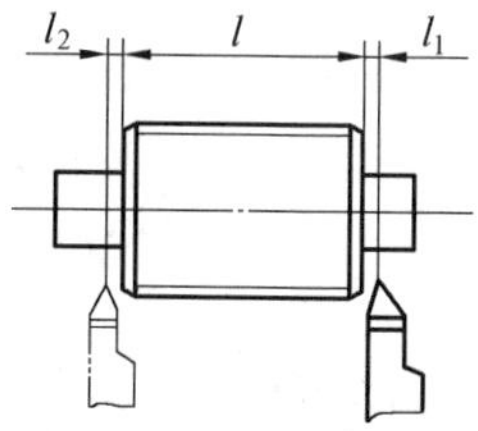	(3) 在车床车螺纹 $$t_j = \frac{L}{pn}i = \frac{l+l_1+l_2}{pn}i$$ 通切螺纹 $l_1 = (2 \sim 3)p$ 不通切螺纹 $l_1 = (1 \sim 2)p$ $l_2 = 2 \sim 5$	

续表 4.143

加工示意图	计算公式	备 注
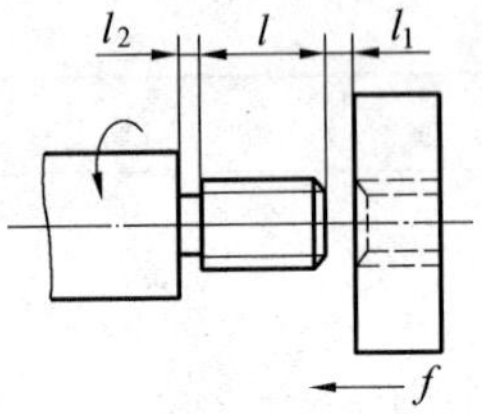	(4)用板牙在车床攻螺纹 $t_j = \left(\dfrac{l+l_1+l_2}{pn} + \dfrac{l+l_1+l_2}{pn_0}\right)i$ $l_1 = (1\sim 3)p$ $l_2 = (0.5\sim 2)p$	n_0 为工件回程的每分钟转数，r/min；i 为使用板牙的次数

2. 齿轮加工基本时间计算（表 4.144）

表 4.144 齿轮加工基本时间计算

加工示意图	计算公式	备 注
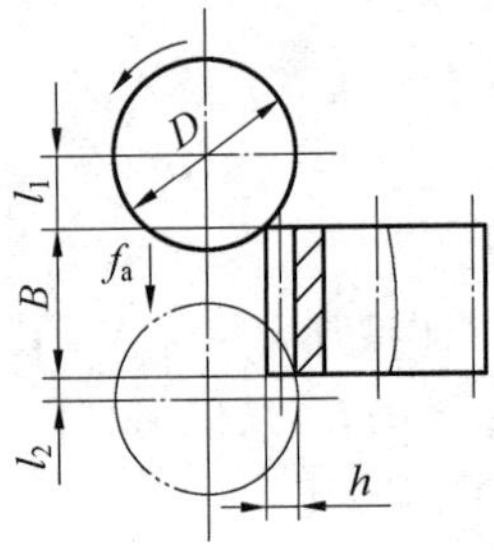	$t_j = \dfrac{\left(\dfrac{B}{\cos\beta} + l_1 + l_2\right)Z}{qnf_a}$ $l_1 = \sqrt{h(D-h)} + (2\sim 3)$ $l_2 = 2\sim 5$	(1) q 为滚刀次数 (2) $\beta = 0$ 时，铣直齿齿轮 (3) 同时加工多个齿轮时，B 为所有齿轮宽度之和，算出的 t_j 应被齿轮数除 (4) $h \leqslant 3$ 时可一次切削 (5) $h \geqslant 13 \sim 36$ 时分两次切削，第一次 $h = 1.4\ m$，第二次 $h = 0.85\ m$，分别计算 l_1，将其平均值代入 t_j 公式 (6) f_a 为工件每转轴向进给量，mm/r (7) m 为齿轮模数
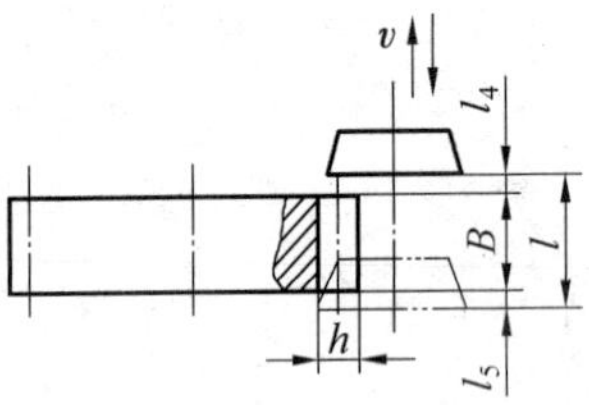	$t_j = \dfrac{h}{f_r n_d} + \dfrac{\pi d i}{f_\tau n_d}$ $n_d = \dfrac{1\ 000v}{2L}$ $L = B + l_4 + l_5$ 插齿时 $l_4 + l_5 = 5 \sim 6$ 插斜齿时 $\beta = 15°, l_4 + l_5 = 5 \sim 10$ $\beta = 30°, l_4 + l_5 = 6 \sim 12$	f_r 为插齿刀每双行程的径向进给量，mm/双行程；f_τ 为每双行程的圆周进给量，mm/双行程；n_d 为插齿刀的每分钟的双行程数；d 为工件分度圆直径，mm；L 为插齿刀的行程，$l_4 + l_5$ 模数大时取大值

3. 钻扩铰削基本时间的计算(表 4.145 ～ 表 4.146)

表 4.145　钻扩铰削基本时间的计算

加工示意图	计算公式	备 注
钻孔和钻中心孔 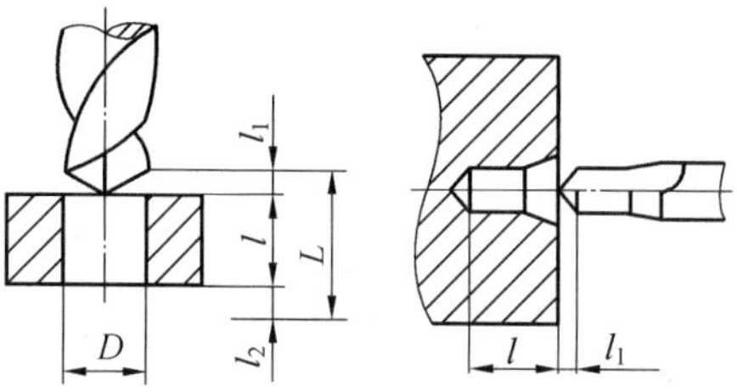	$t_j = \dfrac{L}{fn} = \dfrac{l+l_1+l_2}{fn}$ 式中 $l_1 = \dfrac{D}{2}\cot\kappa_r + (1\sim2)$ $l_2 = 1\sim4$	(1) 钻中心孔和钻盲孔时 $l_2 = 0$
钻孔、扩孔和铰圆柱孔 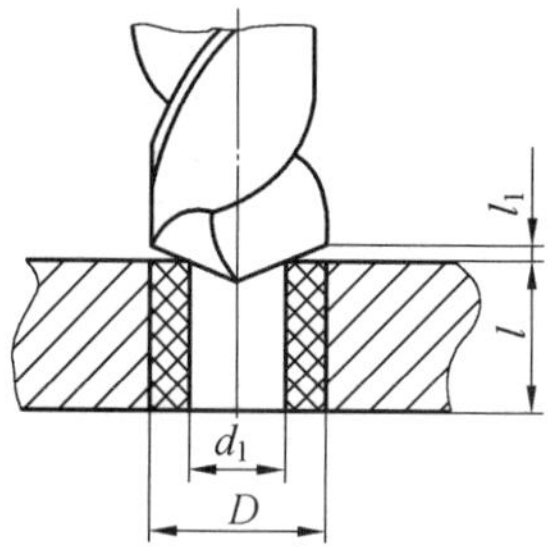	$t_j = \dfrac{L}{fn} = \dfrac{l+l_1+l_2}{fn}$ 式中 $l_1 = \dfrac{D-d_1}{2}\cot\kappa_r + (1\sim2)$ $l_1 = 1\sim4$	(1) 钻孔、扩盲孔和铰盲孔时 $l_2 = 0$；扩钻、扩孔时 $l_2 = 2\sim4$ (2) d_1 为扩、铰前的孔径，mm；D_1 为扩、铰后的孔径，mm
锪倒角、锪埋头孔、锪凸台 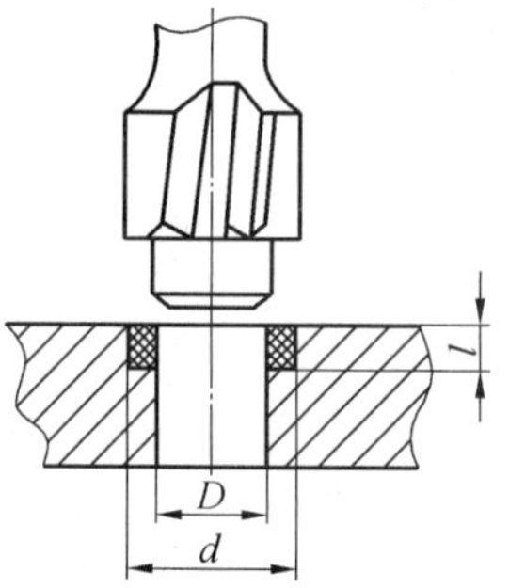	$t_j = \dfrac{L}{fn} = \dfrac{l+l_1}{fn}$ 式中 $l_1 = 1\sim2$	
扩孔和铰圆锥孔 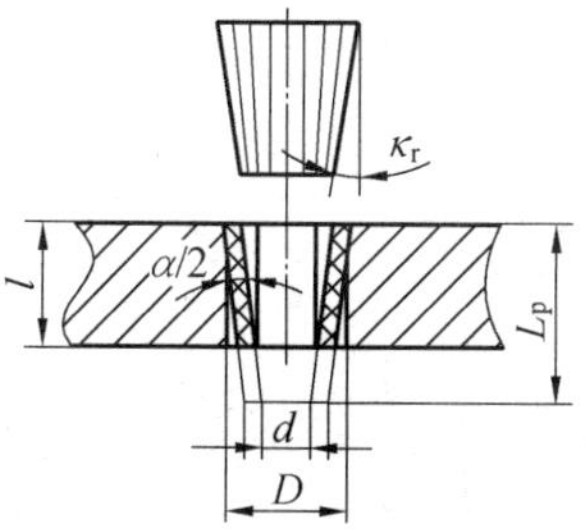	$t_j = \dfrac{L}{fn}i = \dfrac{L_P+l_1}{fn}i$ 式中 $L_P = \dfrac{D-d}{2\tan\kappa_r}$ $l_1 = 1\sim2$ $\kappa_r = \dfrac{a}{2}$	L_P 为行程计算长度 mm；κ_r 为主偏角；α 为圆锥角

表 4.146　铰孔的切入及切出行程

背吃量 $a_p = \dfrac{D-d}{2}$	切入长度 l_1 主偏角 κ_r					切出长度 l_2（加工盲孔时 $l_2 = 0$）
	3°	5°	12°	15°	45°	
0.05	0.95	0.57	0.24	0.19	0.05	13
0.10	1.9	1.1	0.47	0.37	0.10	15
0.125	2.4	1.4	0.59	0.48	0.125	18
0.15	2.9	1.7	0.71	0.56	0.15	22
0.20	3.8	2.4	0.95	0.75	0.20	28
0.25	4.8	2.9	1.2	0.92	0.25	39

4. 铣削基本时间的计算（表 4.147）

表 4.147　铣削基本时间的计算

加工示意图	计算公式	备注
圆柱铣刀铣平面、三面刃铣刀铣槽 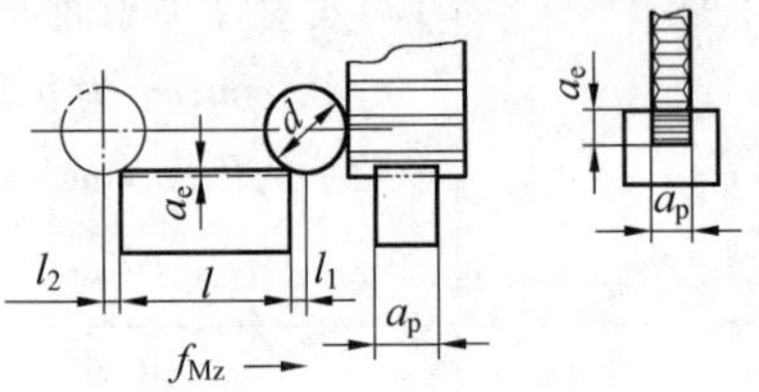	$t_j = \dfrac{l + l_1 + l_2}{f_{Mz}} i$ 式中 $l_1 = \sqrt{a_e(d - a_e)} + (1 \sim 3)$ $l_2 = 2 \sim 5$ $f_{Mz} = f_z z n$	f_{Mz} 为工作台的水平进给量，mm/min
面铣刀铣平面（对称铣削） 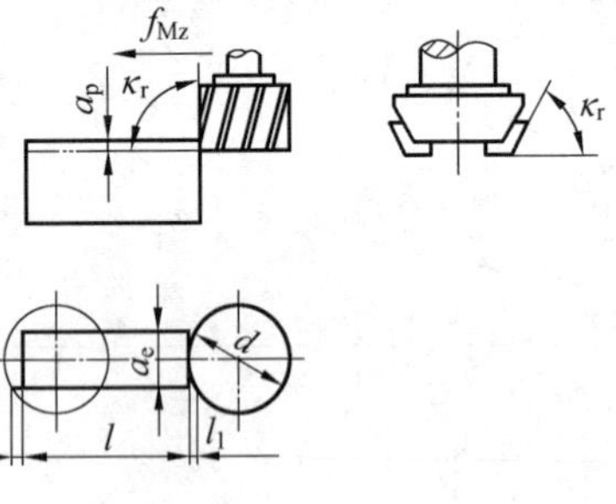	$t_j = \dfrac{l + l_1 + l_2}{f_{Mz}}$ 式中 当主偏角 $\kappa_r = 90°$ 时， $l_1 = 0.5(d - \sqrt{d^2 - a_e^2}) + (1 \sim 3)$ 当主偏角 $\kappa_r < 90°$ 时， $l_1 = 0.5(d - \sqrt{d^2 - a_e^2}) + \dfrac{a_p}{\tan \kappa_r} + (1 \sim 2)$ $l_2 = 1 \sim 3$ $f_{Mz} = f_z z n$	

续表 4.147

加工示意图	计算公式	备 注
面铣刀铣平面（不对称铣削） 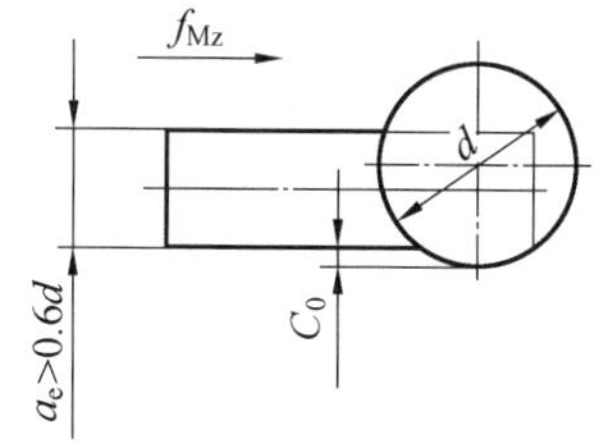	$t_j = \dfrac{l + l_1 + l_2}{f_{Mz}}$ 式中 $l_1 = 0.5d - \sqrt{c_0(d-c_0)} + (1 \sim 3)$ $c_0 = (0.03 \sim 0.05)d$ $l_2 = 3 \sim 5$ $f_{Mz} = f_z z n$	
铣键槽（两端开口） 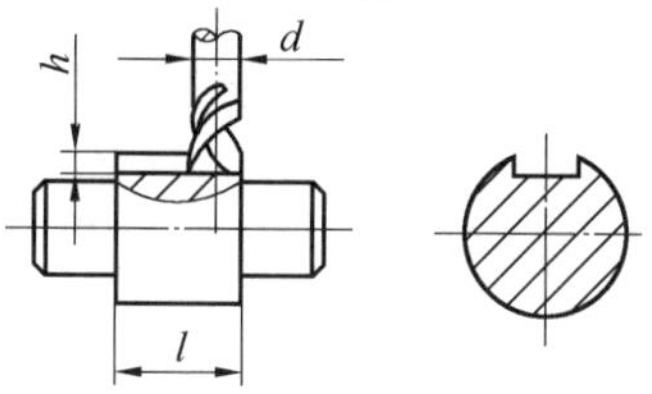	$t_j = \dfrac{l + l_1 + l_2}{f_{Mz}} i$ 式中 $l_1 = 0.5d + (1 \sim 2)$ $l_2 = 1 \sim 3$ $i = \dfrac{h}{a_p}$ $f_{Mz} = f_z z n$	h 为键槽深度，mm；l 为铣削轮廓的实际长度，mm 通常 $i = 1$，即一次铣削到规定深度
铣键槽（一端闭口） 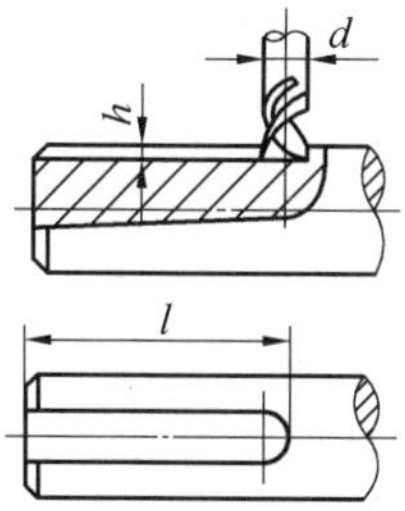	$t_j = \dfrac{l + l_1 + l_2}{f_{Mz}} i$ 式中 $l_1 = 0.5d + (1 \sim 2)$ $l_2 = 0$ $i = \dfrac{h}{a_p}$ $f_{Mz} = f_z z n$	
铣键槽（两端闭口） 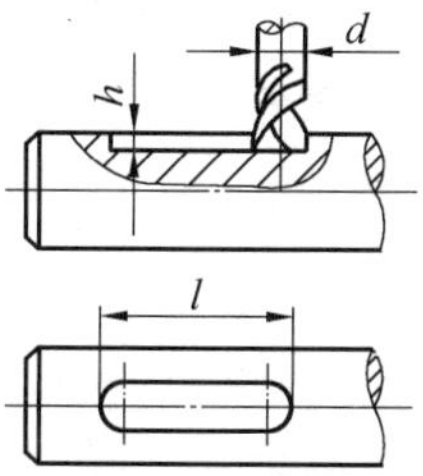	$t_j = \dfrac{l - d + h + l_1}{f_{Mc}}$ 式中 $l_1 = (1 \sim 2)$ $f_{Mc} = f_z z n$	f_{Mc} 为工作台的垂直进给量，mm/min

5. 用丝锥攻螺纹基本时间的计算(表4.148)

表4.148 用丝锥攻螺纹基本时间的计算

加工示意图	计算公式	备 注
用丝锥攻螺纹	$t_j = \left(\dfrac{l + l_1 + l_2}{pn} + \dfrac{l + l_1 + l_2}{pn_0}\right)i$ 式中 $l_1 = (1 \sim 3)p$ $l_2 = (2 \sim 3)p$ 攻盲孔时 $l_2 = 0$	n_0 为丝锥或工件回程的每分钟转数,r/min;i 为使用丝锥的数量;n 为工件或丝锥的每分钟转数,r/min;P 为工件螺纹螺距

6. 部分典型动作辅助时间(表4.149)

表4.149 部分典型动作辅助时间　　　　　　　　　　　　　　　min

序号	动作	时间	序号	动作	时间
1	拿取工件并放在夹具上	0.5 ~ 1	18	启动和调节切削液	0.05 ~ 0.1
2	拿取扳手	0.05 ~ 0.1	19	拿取清扫工具	0.03
3	夹紧工件(手动)	0.5 ~ 1	20	清扫工件和夹具定位基面	0.1 ~ 0.2
4	夹紧工件(气、液动)	0.02 ~ 0.05	21	放下清扫工具	0.02
5	启动机床	0.02	22	放松夹紧(手动)	0.5 ~ 0.8
6	工件快速趋近刀具	0.02 ~ 0.05	23	放松夹紧(气、液动)	0.02 ~ 0.40
7	接通自动进给	0.03	24	操纵伸缩式定位件	0.02 ~ 0.05
8	断开自动进给	0.03	25	调整一个辅助支承	0.02 ~ 0.05
9	工件或刀具退离并复位	0.03 ~ 0.05	26	用划针找正并锁紧工件	0.2 ~ 0.3
10	变速或变换进给量	0.02	27	调整尾座偏心,以便车锥度	0.5
11	变换刀架或转换方位	0.05	28	调整刀架角度,以便车锥度	0.5
12	放松 - 移动 - 锁紧尾座	0.4 ~ 0.5	29	在钻头、铰刀或丝锥上刷油	0.1
13	更换夹具导套	0.1	30	根据手柄刻度调整进给量	0.05
14	更换快换刀具(钻头、铰刀)	0.1 ~ 0.2	31	根据手柄刻度调整进给量	0.05 ~ 0.08
15	取量具	0.04	32	更换普通钻套	0.3
16	测量一个尺寸(用极限量规)	0.1	33	拿取镗杆,将其穿过工件和镗模支架并连接在主轴上	1
17	放下量具	0.03			

4.9　常用定位元件、对刀元件与导向装置元件

4.9.1　常用定位元件

1. 工件以平面为定位基准时常用定位元件

（1）选用标准支承钉可查表 4.150。

表 4.150　支承钉（JB/T 8029.2—1999）

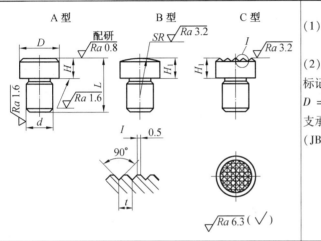

(1) 材料:T8，按 GB/T 1298—2008 的规定；
(2) 热处理:55～60HRC；
标记示例:
$D = 16$ mm、$H = 8$ mm 的 A 型支承钉
支承钉 A16 × 8 mm
（JB/T 8029.2—1999）

mm

D	H	H_1 基本尺寸	H_1 极限偏差 h11	L 基本尺寸	d 极限偏差 r6	SR	t
6	3	3	0 / −0.075	8	4	6	1
6	6	6	0 / −0.075	11	4	6	1
8	4	4	0 / −0.090	12	6	8	1.2
8	8	8	0 / −0.090	16	6	8	1.2
12	6	6	0 / −0.075	16	8	12	1.2
12	12	12	0 / −0.110	22	8	12	1.2

d 极限偏差 r6：+0.023/+0.015（D=6，8）；+0.028/+0.019（D=12）

（2）选用标准支承板可查表 4.151。

表 4.151　支承板（JB/T 8029.1—1999）

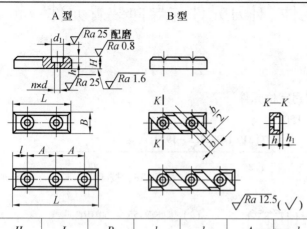

(1) 材料：T8，按 GB/T 1298—2008 的规定；
(2) 热处理：55 ~ 60HRC；
标记示例：
$H = 16$ mm、$L = 100$ mm 的 A 型支承板
支承板 A16 × 100 mm
（JB/T 8029.1—1999）

mm

H	L	B	b	l	A	d	d_1	h	h_1	孔数
6	30	12	7.5	—	15	4.5	8	3	—	2
	45									3
8	40	14		10	20	5.5	10	3.5		2
	60									3
10	60	16	14	15	30	6.6	11	4.5		2
	90									3
12	80	20	17	20	40	9	15	6	1.5	2
	120									3
16	100	25			60					2
	160									3

(3) 可调支承可查表 4.152 ~ 表 4.154。

表 4.152　六角头支承（摘自 JB/T 8026.1—1999）

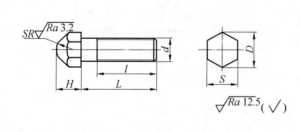

(1) 材料：45 钢，按 GB/T 699—1999 的规定。
(2) 热处理：$L \leq 50$ mm 全部，40 ~ 55HRC；$L > 50$ mm 头部，40 ~ 50HRC。
标记示例：
$d = M10$ mm、$L = 25$ mm 的六角头支承
支承 M10 ~ 25（JB/T 8026.1—1999）

mm

d	M8	M10	M12	M16	M20
D	12.7	14.2	17.59	23.35	31.2

续表 4.152

H	10	12	14	16	20
SR	5	5	5	5	12
S 基本尺寸	11	13	17	21	27
L			l		
30	25	25	25	—	—
35	30	30	30	30	—
40	35	35	35	35	30
45	—	35	40	35	35
50	—	40	40	40	35
60	—	—	45	45	40
70	—	—	—	50	50
80	—	—	—	60	60

表 4.153　调节支承（摘自 JB/T 8026.4—1999）

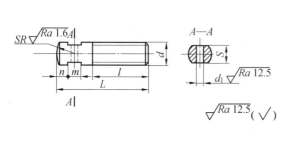

(1) 材料:45 钢,按 GB/T 699—1999 的规定。
(2) 热处理:$L \leq 50$ mm 全部,40～55HRC;$L > 50$ mm,头部 40～50HRC。
标记示例:$d = M10$ mm、$L = 25$ mm 的调节支承
支承 M10～25（JB/T 8026.4—1999）

mm

d	M8	M10	M12	M16	M20
n	3	4	5	6	8
m	5	8	8	10	12
SR	8	10	12	16	20
d_1	3	3.5	4	5	—
S 基本尺寸	11	13	17	21	27
L			l		

续表 4.153

30	16	14	—	—	—
35	18	16	—	—	—
40	20	18	18	—	—
45	25	20	20	—	—
50	30	25	25	25	—
60	—	30	30	30	—
70	—	—	35	40	35
80	—	—	35	50	45

表 4.154 调节支承螺钉

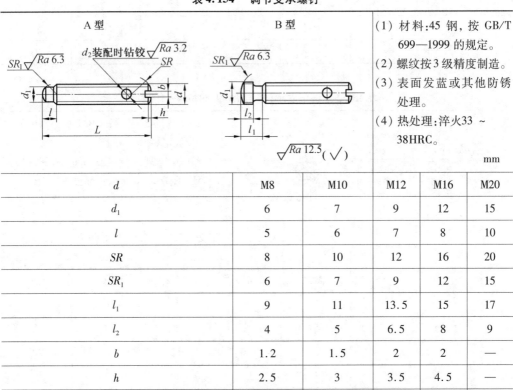

(1) 材料:45 钢,按 GB/T 699—1999 的规定。
(2) 螺纹按 3 级精度制造。
(3) 表面发蓝或其他防锈处理。
(4) 热处理:淬火 33 ~ 38HRC。

mm

d	M8	M10	M12	M16	M20
d_1	6	7	9	12	15
l	5	6	7	8	10
SR	8	10	12	16	20
SR_1	6	7	9	12	15
l_1	9	11	13.5	15	17
l_2	4	5	6.5	8	9
b	1.2	1.5	2	2	—
h	2.5	3	3.5	4.5	
d_2 基本尺寸	3	4	4	5	5

续表 4.154

L	35	—	—	—	—
	40	40	—	—	—
	45	45	—	—	—
	50	50	50	—	—
	60	60	60	60	—
	70	70	70	70	70
	80	80	80	80	80
	—	90	90	90	90
	—	100	100	100	100

2. 工件以孔为定位基面时常用定位元件

（1）选用标准固定式定位销可查表 4.155。

表 4.155　固定式定位销（摘自 JB/T 8014.2—1999）

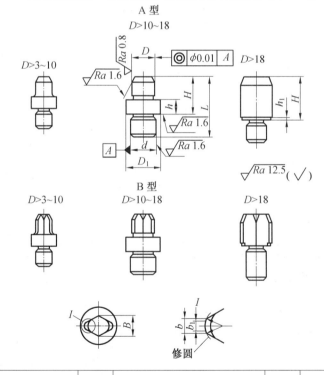

（1）材料：$D \leqslant 18$ mm，T8，按 GB/T 1298—2008 的规定；$D > 18$ mm，20 钢，按 GB/T 699—1999 的规定。

（2）热处理：T8 为 55～60HRC；20 钢渗碳深度为 0.8～1.2 mm，55～60HRC。

标记示例：

$D = 11.5$ mm、公差带为 f7、$H = 14$ mm 的 A 型固定式定位销

定位销 A11.5f7 × 14

（JB/T 8014.2—1999）

mm

D	H	d		D_1	L	h	h_1	B	b	b_1
		基本尺寸	极限偏差 r6							
>6～8	10	8	+0.028 +0.019	14	20	3	—	D−1	3	2
	18				28	7	—			

续表 4.155

D	H	d 基本尺寸	d 极限偏差 r6	D_1	L	h	h_1	B	b	b_1
>8~10	12	10	+0.028 +0.019	16	24	4	—	D-2	4	3
>8~10	22	10	+0.028 +0.019	16	34	8	—	D-2	4	3
>10~14	14	12	+0.034 +0.023	18	26	4	—	D-2	4	3
>10~14	24	12	+0.034 +0.023	18	36	9	—	D-2	4	3
>14~18	16	15	+0.034 +0.023	22	30	5	—	D-2	4	3
>14~18	26	15	+0.034 +0.023	22	40	10	—	D-2	4	3
>18~20	12	12	+0.034 +0.023	—	26	—	1	D-2	4	3
>18~20	18	12	+0.034 +0.023	—	32	—	1	D-2	4	3
>18~20	28	12	+0.034 +0.023	—	42	—	1	D-2	4	3

(2) 选用标准可换式定位销可查表 4.156,选用标准定位衬套可查表 4.157。

表 4.156 可换式定位销(摘自 JB/T 8014.3—1999)

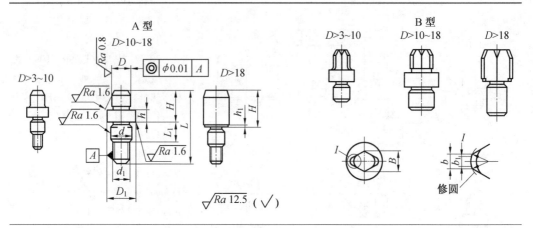

(1) 材料:$D \leqslant 18$ mm,T8,按 GB/T 1298—2008 的规定;$D > 18$ mm,20 钢,按 GB/T 699—1999 的规定。
(2) 热处理:T8 为 55~60HRC;20 钢渗碳深度为 0.8~1.2 mm,55~60HRC。

标记示例:

$D = 12.5$ mm、公差带为 f7、$H = 14$ mm 的 A 型可换定式定位销

定位销 A12.5f7×14(JB/T 8014.3—1999)

mm

D	H	d 基本尺寸	d 极限偏差 h6	D_1	d_1	L	L_1	h	h_1	B	b	b_1
>6~8	10	8	0 -0.009	14	M6	28	8	3	—	D-1	3	2
>6~8	18	8	0 -0.009	14	M6	36	8	7	—	D-1	3	2

续表 4.156

D	H	d 基本尺寸	d 极限偏差 h6	D_1	d_1	L	L_1	h	h_1	B	b	b_1
>8~10	12	10	0 -0.009	16	M8	35	10	4	—			
	22					45		8				
>10~14	14	12	+0.034 +0.023	18	M10	40	12	4	—			
	24					50		9				
>14~18	16	15		22	M12	46	14	5	—	D-2	4	3
	26					56		10				
>18~20	12	12	+0.034 +0.023	—	M10	40	12	—	1			
	18					46						
	28					55						

表 4.157 定位衬套(摘自 JB/T 8013.1—1999)

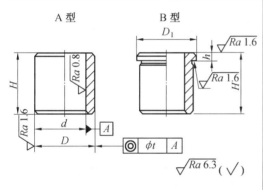

(1) 材料:$D \leq 25$ mm,T8,按 GB/T 1298—2008 的规定;$D > 25$ mm,20 钢,按 GB/T 699—1999 的规定。
(2) 热处理:T8 为 55~60HRC;20 钢渗碳深度为 0.8~1.2 mm,55~60HRC。
标记示例:
$d = 22$ mm、公差带为 H6、$H = 20$ mm 的 A 型定式衬套
定位衬套 A22H6 × 20(JB/T 80131—1999)

mm

d 基本尺寸	d 极限偏差 H6	d 极限偏差 H7	h	H	D 基本尺寸	D 极限偏差 n6	D_1	t 用于 H6	t 用于 H7
6	+0.008 0	+0.012 0	3	10	10	+0.019 +0.010	13	0.005	0.008
8	+0.009 0	+0.015 0		10	12	+0.023 +0.012	15		
10				12	15		18		
12	+0.011 0	+0.018 0	4	12	18		22		
15				16	22	+0.028 +0.015	26		
18				16	26		30	0.008	0.012

3. 工件以外圆为定位基面时常用定位元件

(1) 选用标准固定 V 形块可查表 4.158、表 4.159,V 形块在夹具体上定位安装所用定

·167·

位销可查表4.160。

表4.158 V形块(摘自 JB/T 8018.1—1999)

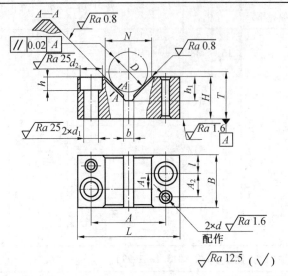

(1) 材料:20钢,按 GB/T 699—1999 的规定。
(2) 热处理:渗碳深度为 0.8 ~ 1.2 mm,58 ~ 64HRC。

标记示例:

$N = 24$ mm 的 V 形块:

V 形块(JB/T 8018.1—1999)

mm

N	D	L	B	H	A	A_1	A_2	b	l	d 基本尺寸	d 极限偏差 H7	d_1	d_2	h	h_1
9	5 ~ 10	32	16	10	20	5	7	2	5.5	4	+0.012 0	4.5	8	4	5
14	> 10 ~ 15	38	20	12	26	6	9	4	7	4		5.5	10	5	7
18	> 15 ~ 20	46	25	16	32	9	12	6	8	5		6.6	11	6	9
24	> 20 ~ 25	55	25	20	40	9	12	8	8	5		6.6	11	6	11
32	> 25 ~ 35	70	32	25	50	12	15	10	10	6		9	15	8	14
42	> 35 ~ 45	85	40	32	64	16	19	12	12	8		11	18	10	18
55	> 45 ~ 60	100	40	35	76	16	19	12	12	8	+0.015 0	11	18	10	22
70	> 60 ~ 80	125	50	42	96	20	25	15	15	10		13.5	20	12	25
80	> 80 ~ 100	140	50	50	110	20	25	15	15	10		13.5	20	12	30

注:尺寸 T 按公式计算:$T = L + 0.707 - 0.5N$。

表 4.159 固定 V 形块(摘自 JB/T 8018.2—1999)

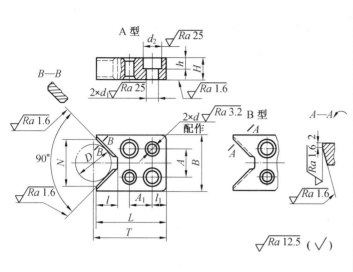

(1) 材料:20 钢,按 GB/T 699—1999 的规定。
(2) 热处理:渗碳深度为 0.8 ~ 1.2 mm,58 ~ 64HRC。

标记示例:
$N = 18$ mm 的 A 形固定 V 形块:
V 形块 A18
(JB/T 8018.2—1999)

mm

N	D	B	H	L	l	l_1	A	A_1	d 基本尺寸	d 极限偏差 H7	d_1	d_2	h
9	5 ~ 10	22	10	32	5	6	10	13	4	+0.012 0	4.5	8	4
14	>10 ~ 15	24	12	35	7	7	10	14	5		5.5	10	5
18	>15 ~ 20	28	14	40	10	8	12	14	5		6.6	11	6
24	>20 ~ 25	34	16	45	12	10	15	15	6		6.6	11	6
32	>25 ~ 35	42	16	55	16	12	20	18	8		9	15	8
42	>35 ~ 45	52	20	68	20	14	26	22	10	+0.015 0	11	18	10
55	>45 ~ 60	65	20	80	25	15	35	28	10		11	18	10
70	>60 ~ 80	80	25	90	32	18	45	35	12	+0.018 0	13.5	20	12

注:尺寸 T 按公式计算:$T = L + 0.707 - 0.5N$。

表 4.160　圆柱销(摘自 GB/T 119.2—2000)

d m6		1	1.5	2	2.5	3	4	5	6	8	10	12
c		0.2	0.3	0.35	0.4	0.5	0.65	0.8	1.2	1.6	2	2.5
公称 l	min	max										
3	2.75	3.25	—	—	—	—	—	—	—	—	—	—
4	3.75	4.25			—	—	—	—	—	—	—	—
5	4.75	5.25				—	—	—	—	—	—	—
6	5.75	6.25					—	—	—	—	—	—
8	7.75	8.25						—	—	—	—	—
10	9.75	10.25							—	—	—	—
12	11.5	12.5	—							—	—	—
16	15.5	16.5	—								—	—
18	17.5	18.5	—	—								—
20	19.5	20.5	—	—								
22	21.5	22.5	—	—	—							
24	23.5	24.5	—	—	—							
28	27.5	28.5	—	—	—	—						

(2)活动(浮动)式 V 形块可查表 4.161。

表 4.161　活动式 V 形块(摘自 JB/T 8018.4—1999)　　mm

(1) 材料:20 钢,按 GB/T 699—1999 的规定。
(2) 热处理:渗碳深度为 0.8 ~ 1.2 mm, 58 ~ 64HRC。

标记示例:$N = 18$ mm 的 A 型活动 V 形块
V 形块 A18
(JB/T 8018.4—1999)

续表 4.161　　　　　　　　　　　　　　　　　　　　　　　　　　　　　　　　　　　mm

N	D	B 基本尺寸	B 极限偏差 f7	H 基本尺寸	H 极限偏差 f9	L	l	l_1	b_1	b_2	b_3	相配件 d
9	5～10	18	-0.016 -0.034	10	-0.013 -0.049	32	5	6	5	10	4	M6
14	>10～15	20	-0.020 -0.041	12	-0.016 -0.059	35	7	8	6.5	12	5	M8
18	>15～20	25		14		40	10	10	8	15	6	M10
24	>20～25	34	-0.025 -0.050	16		45	12	12	10	18	8	M12
32	>25～35	42		16		55	16	13	13	24	10	M16
42	>35～45	52		20		70	20	13	13	24	10	M16
55	>45～60	65	-0.030 -0.060	20	-0.020 -0.072	85	25	15	17	28	11	M20
70	>60～80	80		25		105	32	15	17	28	11	M20

4.9.2　常用对刀元件

常用对刀元件一般选用标准对刀块和标准塞尺，可查表 4.162～表 4.167。

表 4.162　圆形对刀块(摘自 JB/T 8031.1—1999)

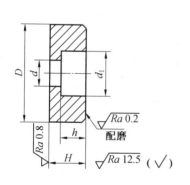

(1)材料:20 钢,按 GB/T 699—1999 的规定。
(2)热处理:渗碳深度为 0.8～1.2 mm,58～64HRC。
标记示例:
D = 18 mm 的圆形对刀块
对刀块 25(JB/T 8031.1—1999)

mm

D	H	h	d	d_1
16	10	6	5.5	10
25	10	7	6.6	12

表4.163　方形对刀块(摘自 JB/T 8031.2—1999)

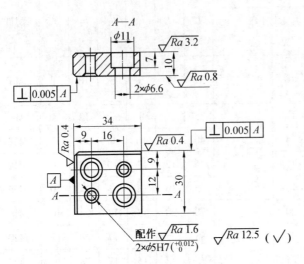

(1) 材料:20 钢,按 GB/T 699—1999 的规定。
(2) 热处理:渗碳深度为 0.8～1.2 mm,58～64HRC。

标记示例:
方形对刀块:对刀块
(JB/T 8031.2—1999)

mm

表4.164　直角对刀块(摘自 JB/T 8031.3—1999)

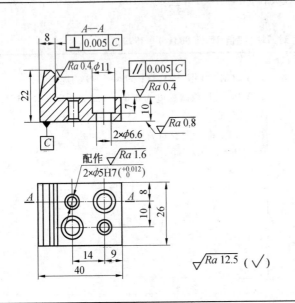

(1) 材料:20 钢,按 GB/T 699—1999 的规定。
(2) 热处理:渗碳深度为 0.8～1.2 mm,58～64HRC。

标记示例:
直角对刀块
对刀块(JB/T 8031.3—1999)

表 4.165　侧装对刀块（摘自 JB/T 8031.4—1999）　　　　　mm

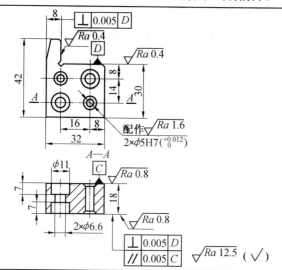

(1) 材料：20 钢，按 GB/T 699—1999 的规定。
(2) 热处理：渗碳深度为 0.8 ~ 1.2 mm，58 ~ 64HRC。

标记示例：
侧装对刀块
对刀块（JB/T 8031.4—1999）

表 4.166　对刀平塞尺（摘自 JB/T 8032.1—1999）

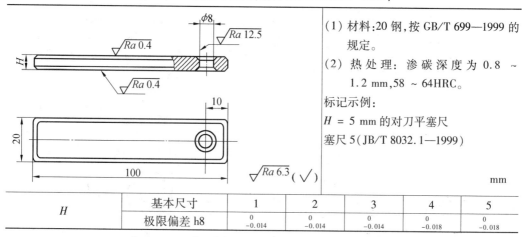

(1) 材料：20 钢，按 GB/T 699—1999 的规定。
(2) 热处理：渗碳深度为 0.8 ~ 1.2 mm，58 ~ 64HRC。

标记示例：
$H = 5$ mm 的对刀平塞尺
塞尺 5（JB/T 8032.1—1999）

mm

H	基本尺寸	1	2	3	4	5
	极限偏差 h8	0 −0.014	0 −0.014	0 −0.014	0 −0.018	0 −0.018

表 4.167　对刀圆柱塞尺（摘自 JB/T 8032.2—1999）

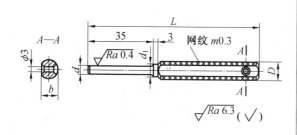

(1) 材料：20 钢，按 GB/T 699—1999 的规定。
(2) 热处理：渗碳深度为 0.8 ~ 1.2 mm，58 ~ 64HRC。

标记示例：
$D = 5$ mm 的侧对刀圆柱塞尺
塞尺 5（JB/T 8032.2—1999）

mm

d		D（滚花前）	L	d_1	b
基本尺寸	极限偏差 h8				
3	0 −0.014	7	90	5	6
3	0 −0.018	10	100	8	9

4.9.3 常用导向装置元件

常用导向装置元件一般指钻床夹具用的钻套,按钻套的结构和使用情况,可分为固定式、可换式、快换式和特殊钻套,前三种均已标准化,可根据需要选用,必要时也可自行设计。

钻套的基本类型及其使用说明见表4.168。选用标准钻套、钻套用衬套和钻套螺钉,可查表4.169～表4.174。

表4.168 钻套的基本类型

钻套名称	结构简图	使用说明	钻套名称	结构简图	使用说明
固定钻套(JB/T 8045.1—1999)	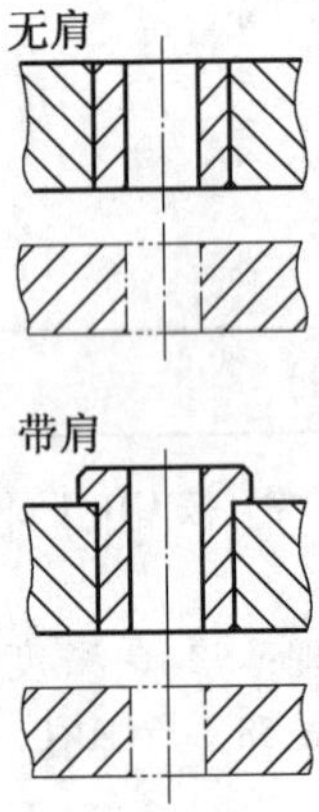 无肩 带肩	钻套外圆与钻模板采用 H7/n6 或 H7/r6 配合,磨损后不易更换。适用中、小批生产。带肩固定钻套主要用于钻模板较薄时	快换钻套(JB/T 8045.3—1999)	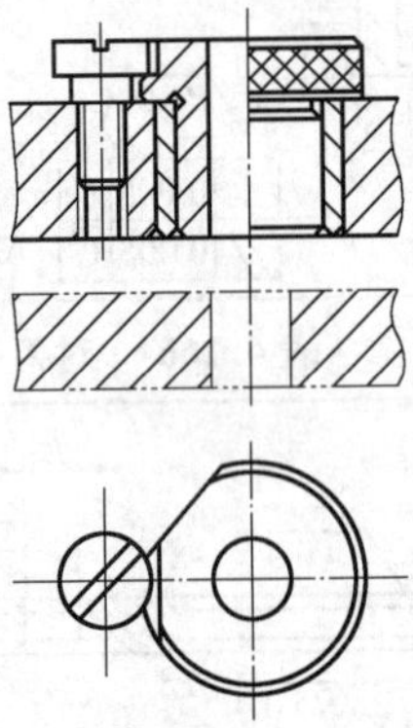	将钻套朝逆时针方向转动使螺钉头部刚好对准钻套上的削边平面,即可快速取出钻套。适用于同一个孔须经钻、扩、铰孔等多种工步加工的工序
可换钻套(JB/T 8045.2—1999)	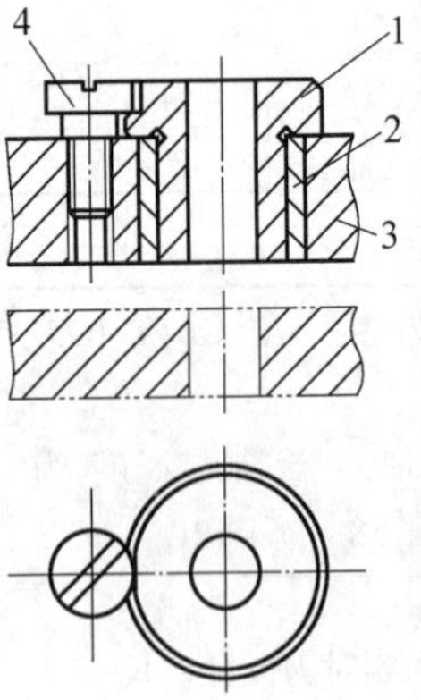	钻套1装在衬套2中,钻套与衬套采用 F7/m6 或 F7/k6 配合。衬套与钻模板采用 H7/n6 配合。钻套由螺钉4固定,以防止它转动,便于钻套磨损后,可以迅速更换,适用于大批量生产	特殊钻套	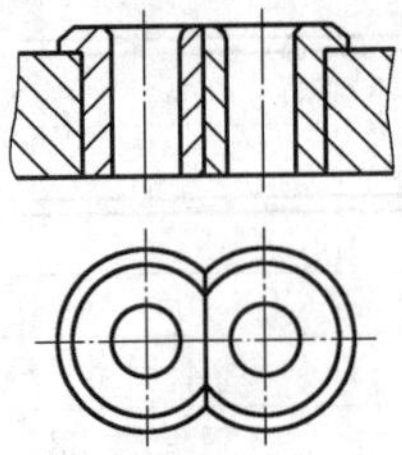	削边套适用于加工距离较近的两个孔
				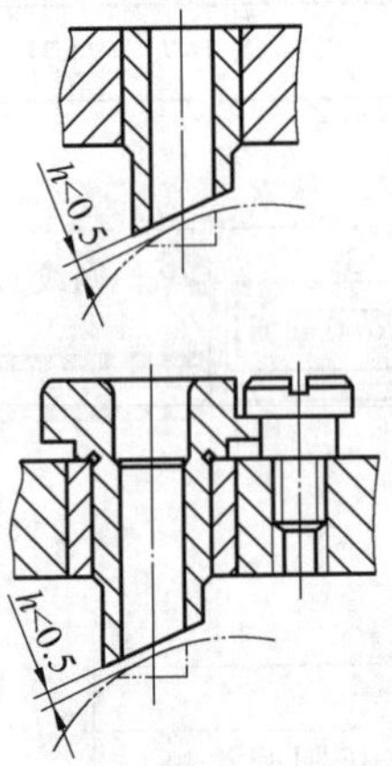	该特殊钻套适用于在斜面钻孔。钻套的下端做成斜面,距离小于0.5 mm,以避免钻头折断

表 4.169　固定钻套(摘自 JB/T 80451—1999)

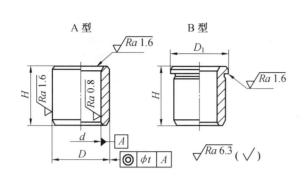

(1) 材料：$d \leq 26$ mm，T10A，按 GB/T 1298—2008 的规定；$d > 26$ mm，20 钢按 GB/T 699—1999 的规定。
(2) 热处理：T10A 为 58～64HRC；20 钢渗碳深度为 0.8～1.2 mm，58～64HRC。

标记示例：
$d = 18$ mm、$H = 16$ mm 的 A 型固定钻套
钻套 A18×16　(JB/T 8045.1—1999)

mm

d		D		D_1	H		t
基本尺寸	极限偏差 F7	基本尺寸	极限偏差 n6				
>0～1	+0.016 +0.006	3	+0.010 +0.004	6	6	9	—	0.008
>1～2.8		4	+0.016 +0.008	7	6	9	—	
>1.8～2.6		5		8	6	9	—	
>2.6～3		6		9	8	12	16	
>3～2.3	+0.022 +0.010	6	+0.016 +0.008	9	8	12	16	
>3.3～4		7		10	8	12	16	
>4～5		8	+0.019 +0.010	11	8	12	16	0.008
>5～6		10		13	10	16	20	
>6～8	+0.028 +0.013	12		15	10	16	20	
>8～10		15	+0.023 +0.012	18	12	20	25	
>10～12		18		22	12	20	25	
>12～15	+0.034 +0.016	22		26	16	28	36	
>15～18		26	+0.028 +0.015	30	16	28	36	
>18～22		30		34	20	36	45	0.012
>22～26	+0.041 +0.020	35	+0.033 +0.017	39	20	36	45	
>26～30		42		46	25	45	56	

表4.170 可换钻套(摘自 JB/T 8045.2—1999)

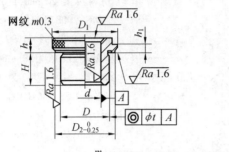
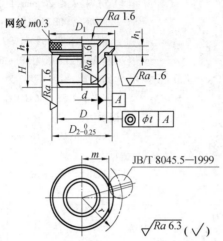

(1) 材料:$d \leq 26$ mm,T10A,按 GB/T 1298—2008 的规定;$d > 26$ mm,20 钢按 GB/T 699—1999 的规定。
(2) 热处理:T10A 为 58~64HRC;20 钢渗碳深度为 0.8~1.2 mm,58~64HRC。

标记示例:
$d = 18$ mm、公差带为 F7、$D = 18$ mm、公差带为 k6、$H = 16$ mm 的可换钻套:
钻套 12F7 × 18k6 × 16 (JB/T 8045.2—1999)

mm

d		D			D_1 滚花前	D_2	H	h	h_1	r	m	t	配用螺钉
基本尺寸	极限偏差 F7	基本尺寸	极限偏差 m6	极限偏差 k6									
>0~3	+0.016 +0.006	8			15	12	10	16	—	8	3	11.5	4.2	
>3~4	+0.022 +0.010	8	+0.015 +0.006	+0.010 +0.001	15	12	10	16	—	8	3	11.5	4.2	M5
>4~6		10			18	15	12	20	25	8	3	13	5.5	
>6~8	+0.028 +0.013	12			22	18	12	20	25	10	4	16	7	0.008	M6
>8~10		15	+0.018 +0.007	+0.012 +0.001	26	22	16	28	36	10	4	18	9	
>10~12		18			30	26	16	28	36	10	4	20	11	
>12~15	+0.034 +0.016	22			34	30	20	36	45	12	5.5	23.5	12	
>15~18		26	+0.021 +0.008	+0.015 +0.002	39	35	20	36	45	12	5.5	26	14.5	M8
>18~22		30			46	42	25	45	56	12	5.5	29.5	18	0.012
>22~26	+0.041 +0.020	35	+0.025 +0.009	+0.018 +0.002	52	46	25	45	56	12	5.5	32.5	21	
>26~30		42			59	53	30	56	67	12	5.5	36	24.5	

表 4.171 快换钻套(摘自 JB/T 8045.3—1999)

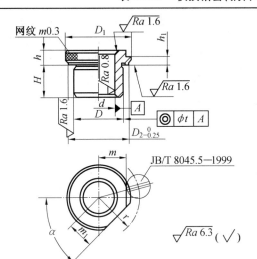

(1) 材料: $d \leq 26$ mm, T10A, 按 GB/T 1298—2008 的规定; $d > 26$ mm, 20 钢按 GB/T 699—1999 的规定。
(2) 热处理: T10A 为 58～64HRC; 20 钢渗碳深度为 0.8～1.2 mm, 58～64HRC。

标记示例:
$d = 18$ mm、公差带为 F7、$D = 18$ mm、公差带为 k6、$H = 16$ mm 的快换钻套
钻套 12F7×18k6×16 (JB/T 8045.3—1999)

mm

d		D			D_1 滚花前	D_2	H	h	h_1	r	m	m_1	α	t	配用螺钉
基本尺寸	极限偏差 F7	基本尺寸	偏差 m6	偏差 k6											
>0～3	+0.016 +0.006	8	+0.015 +0.006	+0.010 +0.001	15	12	10	16	—	8	3	11.5	4.2	4.2	50°		M5
>3～4	+0.022 +0.010	8			15	12	10	16	—	8	3	11.5	4.2	4.2			
>4～6		10			18	15	12	20	25	8	3	13	5.5	5.5		0.008	
>6～8	+0.028 +0.013	12	+0.018 +0.007	+0.012 +0.001	22	18	12	20	25	10	4	16	7	7			M6
>8～10		15			26	22	16	28	36	10	4	18	9	9			
>10～12		18			30	26	16	28	36	10	4	20	11	11			
>12～15	+0.034 +0.016	22	+0.021 +0.008	+0.015 +0.002	34	30	20	36	45	12	5.5	23.5	12	12	55°		
>15～18		26			39	35	20	36	45	12	5.5	26	14.5	14.5			M8
>18～22		30			46	42	25	45	56	12	5.5	29.5	18	18		0.012	
>22～26	+0.041 +0.020	35	+0.025 +0.009	+0.018 +0.002	52	46	25	45	56	12	5.5	32.5	21	21			
>26～30		42			59	53	30	56	67	12	5.5	36	24.5	24.5	65°		

表 4.172　钻套用衬套(摘自 JB/T 8045.4—1999)

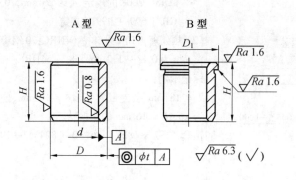

(1) 材料:$d \leq 26$ mm,T10A,按 GB/T 1298—2008 的规定; $d > 26$ mm,20 钢按 GB/T 699—1999 的规定。

(2) 热处理:T10A 为 58～64HRC; 20 钢渗碳深度为 0.8～1.2 mm,58～64HRC。

标记示例:

$d = 18$ mm、$H = 28$ mm 的钻套用衬套

衬套 A18 × 28 (JB/T 8045.4—1999)

mm

d 基本尺寸	d 极限偏差 F7	D 基本尺寸	D 极限偏差 n6	D_1	H			t
8	+0.028 +0.013	12	+0.023 +0.012	15	10	16	—	
10		15		18	12	20	25	0.008
12		18		22	12	20	25	
15	+0.034 +0.016	22		26	16	28	36	
18		26	+0.028 +0.015	30	16	28	36	
22		30		34	20	36	45	
26	+0.041 +0.020	35	+0.033 +0.017	39	20	36	45	0.012
30		42		46	25	45	56	

表 4.173　钻套螺钉(摘自 JB/T 8045.5—1999)　　　　　　　　　　　mm

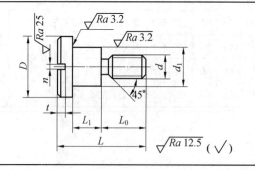

(1) 材料:45 钢,20 钢按 GB/T 699—1999 的规定。

(2) 热处理:35～40HRC。

标记示例:

$d = $ mm、$L_1 = 13$ mm 的钻套螺钉

螺钉 M10 × 13　JB/T 8045.5—1999

续表 4.173   mm

d	L_1 基本尺寸	L_1 极限偏差	d_1 基本尺寸	d_1 极限偏差 d11	D	L	L_0	n	t	钻套内径
M5	3	+0.200 +0.050	7.5	−0.040 −0.130	13	15	9	1.2	1.7	> 0 ~ 6
	6				13	18	9	1.2	1.7	
M6	4		9.5		16	18	10	1.5	2	> 6 ~ 12
	8				16	22	10	1.5	2	
M8	5.5		12	−0.050 −0.160	20	22	11.5	2	2.5	> 12 ~ 30
	10.5				20	27	11.5	2	2.5	

表 4.174   钻套高度和排屑间隙(摘自 JB/T 8045.5—1999)   mm

简图	加工条件	钻套高度	加工材料	钻套与工件间的距离
	一般螺孔、销孔、孔距公差为 ±0.25	$H = (1.5 ~ 2)d$	铸铁	$h = (0.3 ~ 0.7)d$
	H7 以上的孔、孔距公差为 ±0.1 ~ ±0.15	$H = (2.5 ~ 3.5)d$	钢、青铜、铝合金	$h = (0.7 ~ 1.5)d$
	H8 以下的孔、孔距公差为 ±0.06 ~ ±0.10	$H = (1.25 ~ 1.5) \times (h + L)$		

4.10　常用夹紧元件

4.10.1　螺　母

夹具中使用的螺母标准主要有:带肩六角螺母、球面带肩螺母、内六角螺母、菱形螺母、六角薄螺母和六角厚螺母等,参见表 4.175 ~ 表 4.179。

表 4.175　六角薄螺母(JB/T 6172.1—2000)   mm

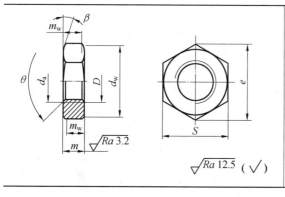

$\beta = 15° ~ 30°, \theta = 110° ~ 120°$

标记示例:

螺纹规格 D = M12、力学性能为 4 级、不经表面处理、产品等级为 A 级的六角薄螺母的标记

螺母 M12(GB/T 6172.1—2000)

续表 4.175　　　　　　　　　　　　　　　　　　　　　　　　mm

螺纹规格 D		M5	M6	M8	M10	M12	M16	M20	M24	M30	M36
螺距 P		0.8	1	1.25	1.5	1.75	2	2.5	3	3.5	4
d_a	min	5	6	8	10	12	16	20	24	30	36
	max	5.75	6.75	8.75	10.8	13	17.3	21.6	25.9	32.4	38.9
d_w	min	6.9	8.9	11.6	14.6	16.6	22.5	27.7	33.2	42.8	51.1
e	min	8.79	11.05	14.38	17.77	20.03	26.75	32.95	39.55	50.85	60.79
m	max	2.7	3.2	4	5	6	8	10	12	15	18
	min	2.45	2.9	3.7	4.7	5.7	7.42	9.10	10.9	13.9	16.9
m_w	min	2	2.3	3	3.8	4.6	5.9	7.3	8.7	11.1	13.5
S 公称		8	10	13	16	18	24	30	36	46	55

表 4.176　六角厚螺母(摘自 GB/T 56—1988)

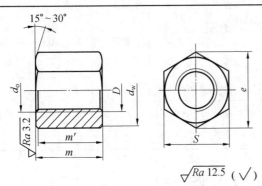

标记示例:
螺纹规格 D = M20、力学性能为 5 级、不经表面处理的六角厚螺母的标记
螺母 M20(GB/T 56—1988)

mm

螺纹规格 D		M16	M18	M20	M22	M24	M30	M36	M42	M48
d_a	min	17.3	19.5	21.6	23.7	25.9	32.4	38.9	45.4	51.8
	max	16	18	20	22	24	30	36	42	48
d_w	min	22.5	24.8	27.7	31.4	33.2	42.7	51.1	60.6	69.4
e	min	26.17	29.56	32.95	37.29	39.55	50.85	60.79	72.09	82.6
m	min	25	28	32	35	38	48	55	65	75
	max	24.16	27.16	30.4	33.4	36.4	46.4	53.1	63.1	73.1
m_w	min	19.33	21.73	24.32	26.72	29.12	37.12	42.48	50.48	58.48
S		24	27	30	34	36	41	55	65	75

表 4.177 带肩六角螺母(摘自 JB/T 8004.1—1999)

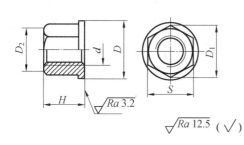

(1) 材料:45 钢,按 GB/T 699—1999 规定。
(2) 热处理:35 ~ 40HRC。
标记示例:
d = M16 × 1.5 的带肩六角螺母
螺母 M16 × 1.5
(JB/T 8004.1—1999)

mm

d		D	H	S		$D_1 \approx$	$D_2 \approx$
普通螺纹	细牙螺纹			基本尺寸	极限偏差		
M12	M12 × 1.25	24	20	18	0 − 0.33	19.85	17
M16	M16 × 1.5	30	25	24		27.7	23
M20	M20 × 1.5	37	32	30		34.6	29

表 4.178 球面带肩螺母(摘自 JB/T 8004.2—1999)

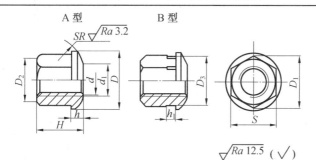

(1) 材料:45 钢,按 GB/T 699—1999 规定。
(2) 热处理:35 ~ 40HRC。
标记示例:
d = M16 的 A 型球面带肩螺母
螺母 AM16
(JB/T 8004.2—1999)

mm

d	D	H	SR	S(h8)	$D_1 \approx$	$D_2 \approx$	D_3	d_1	h	h_1
M10	21	16	16	16	17.59	16.5	18	10.5	4	3.5
M12	24	20	20	18	19.85	17	20	13	5	4
M16	30	25	25	24	27.7	23	26	17	6	5
M20	37	32	32	30	34.6	29	32	21	6.6	5

表 4.179 内六角螺母(JB/T 8004.7—1999) mm

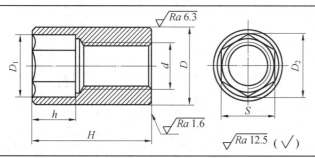

(1) 材料:45 钢,按 GB/T 699—1999 的规定。
(2) 热处理:35 ~ 40HRC。
标记示例:
D = M12 的六角螺母
螺母 M12 AM16 × 60
(JB/T 8004.7—1999)

续表 4.179   mm

d	D	H	S	D_1	$D_2 \approx$	h
M12	22	30	14	17	16.00	11
M16	25	40	17	20	19.44	13
M20	30	50	22	26	25.15	16
M24	38	60	27	32	30.85	22

4.10.2 螺钉与螺柱

夹具中使用的标准螺钉参见表 4.180 ~ 表 4.186。

表 4.180　内六角圆柱头螺钉(摘自 JB/T 70.1—2008)

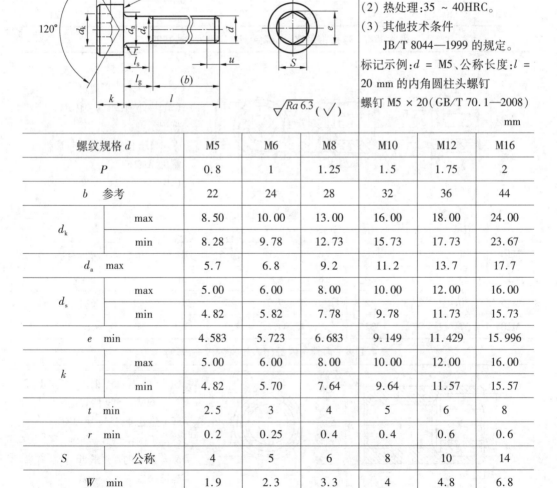

(1) 材料:45 钢,按 GB/T 699—1999 的规定。
(2) 热处理:35 ~ 40HRC。
(3) 其他技术条件
JB/T 8044—1999 的规定。
标记示例:d = M5、公称长度:l = 20 mm 的内角圆柱头螺钉
螺钉 M5 × 20(GB/T 70.1—2008)

mm

螺纹规格 d		M5	M6	M8	M10	M12	M16
P		0.8	1	1.25	1.5	1.75	2
b	参考	22	24	28	32	36	44
d_k	max	8.50	10.00	13.00	16.00	18.00	24.00
	min	8.28	9.78	12.73	15.73	17.73	23.67
d_a	max	5.7	6.8	9.2	11.2	13.7	17.7
d_s	max	5.00	6.00	8.00	10.00	12.00	16.00
	min	4.82	5.82	7.78	9.78	11.73	15.73
e	min	4.583	5.723	6.683	9.149	11.429	15.996
k	max	5.00	6.00	8.00	10.00	12.00	16.00
	min	4.82	5.70	7.64	9.64	11.57	15.57
t	min	2.5	3	4	5	6	8
r	min	0.2	0.25	0.4	0.4	0.6	0.6
S	公称	4	5	6	8	10	14
W	min	1.9	2.3	3.3	4	4.8	6.8
螺纹规格 d		M5	M6	M8	M10	M12	M16

续表 4.180

公称	l min	l max	l_s	l_g	l_s	l_g	l_s	l_g	l_s	l_g	l_s	l_g	l_s	l_g
30	29.85	30.42	4	8	—	—	—	—	—	—	—	—	—	—
35	34.5	35.5	9	13	6	11	—	—	—	—	—	—	—	—
40	39.5	40.5	14	18	11	16	5.75	12	—	—	—	—	—	—
45	44.5	45.5	19	23	16	21	10.75	17	5.5	13	—	—	—	—
50	54.4	55.6	24	28	21	26	15.75	22	10.5	18	—	—	—	—
55	59.4	55.6	—	—	26	31	20.75	27	15.5	23	10.25	19	—	—
60	59.4	60.6	—	—	31	36	25.75	32	20.5	28	15.25	24	10	20
65	64.4	65.6	—	—	—	—	30.75	37	25.5	33	20.25	29	11	21
70	69.4	70.6	—	—	—	—	35.75	42	30.5	38	25.25	34	16	26
80	79.4	80.6	—	—	—	—	45.75	52	40.5	48	35.25	44	26	36
90	89.3	90.7	—	—	—	—	—	—	50.5	58	45.25	54	36	46
100	99.3	100.7	—	—	—	—	—	—	60.5	68	55.25	64	46	56

表 4.181 六角头压紧螺钉(摘自 JB/T 8006.2—1999)

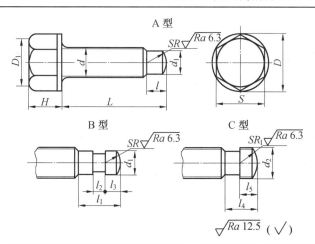

(1) 材料:45 钢,按 GB/T 699—1999 的规定。
(2) 热处理:35 ~ 40HRC。
标记示例:d = M16、L = 60 mm 的 A 型六角头压紧螺钉
螺钉 AM16 × 60
(JB/T 8006.2—1999)

mm

d	M8	M10	M12	M16	M20	M24	M30	M36
$D ≈$	12.7	14.2	17.59	23.35	31.2	37.29	47.3	57.7
D_1	11.5	13.5	16.5	21	26	31	39	47.5
H	10	12	16	18	24	30	36	40
S	11	13	16	21	27	34	41	50
d_1	6	7	9	12	16		18	
d_2	M8	M10	M12	M16	M20		M24	

续表 4.181

l_1	5	6	7	8	10	12	
l_2	8.5	10	13	15	18	20	
l_3		2.5		3.4		5	
l_4	2.6	3.2	4.8	6.3	7.5	8.5	
l_5	9	11	13.5	15	17	20	
l_6	4	5	6.5	8	9	11	
SR_1	8	10	12	16	20	25	
SR	6	7	9	12	16	18	
L	25	—	—	—	—	—	—
	30	30	—	—	—	—	—
	35	35	35	—	—	—	—
	40	40	40	40	—	—	—
	50	50	50	50	50	—	—
	—	60	60	60	60	60	—
	—	—	70	70	70	70	—
	—	—	80	80	80	80	—
	—	—	90	90	90	90	90
	—	—	—	100	100	100	100
	—	—	—	—	110	110	110
	—	—	—	—	120	120	120
	—	—	—	—	140	140	140

表 4.182 固定手柄压紧螺钉(摘自 JB/T 8006.3—1999) mm

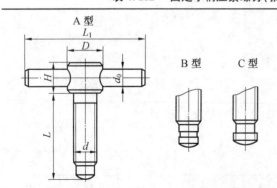

标记示例:
d = M10、L = 80 mm 的 A 型固定手柄压紧螺钉
螺钉 AM10 × 80 JB/T 8006.3—1999

续表 4.182　　　　　　　　　　　　　　　　　　　　　　　　　　　　　　　　　mm

d	d_0	D	H	L_1	L							
M10	8	18	14	80	—	40	50	—	—	—	—	—
M12	10	20	16	100	—	—	50	60	70	80	90	—	—
M16	12	24	20	120	—	—	—	60	70	80	90	100	120	140
M20	16	30	25	160	—	—	—	—	70	80	90	100	120	140

表 4.183　压紧螺钉(摘自 JB/T 8006.3—1999)

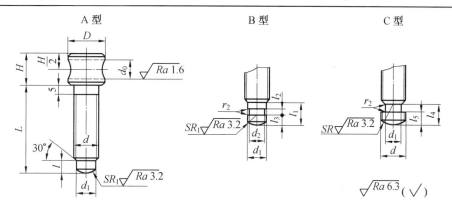

(1) 材料:45 钢,按 GB/T 699—1999 的规定。
(2) 热处理:35 ~ 40HRC。

　　　　　　　　　　　　　　　　　　　　　　　　　　　　　　　　　　　　mm

d		M6	M8	M10	M12	M16	M20
D		12	15	18	20	24	30
d_1		4.5	6	7	9	12	16
d_2		3.1	4.6	5.7	7.8	10.4	13.2
d_0	基本尺寸	5	6	8	10	12	16
	极限偏差 H7	+0.012 / 0		+0.015 / 0		+0.018 / 0	
H		10	12	14	16	10	25
l		4	5	6	7	8	10
l_1		7	8.5	10	13	15	18
l_2		2.1		2.5		3.4	5
l_3		2.2	2.6	3.2	4.8	6.3	7.5
l_4		6.5	9	11	13.5	15	17
l_5		3	4	5	6.5	8	9
SR		6	8	10	12	16	20
SR_1		5	6	7	9	12	16

续表 4.183

r_2	0.5			0.7	1
L	30	30	—	—	—
	35	35	—	—	—
	40	40	40	—	—
	—	50	50	50	—
	—	60	60	60	60
	—	70	70	70	70
	—	80	80	80	80
	—	90	90	90	90
	—	—	100	100	100
				120	120

表 4.184 开槽锥端紧定螺钉(摘自 GB/T 71—1985)

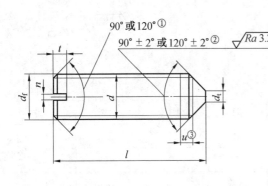

① 公称长度在表中虚线以上的短螺钉应制成 120°。

② 公称长度在表中虚线以下的长螺钉应制成 90°,虚线以上的短螺钉应制成 120°。90° 或 120° 仅适用螺纹小径以内的末端部分。

标记示例:

螺纹规格 d = M5、公称长度 l = 12 mm、性能等级为 14H 级、表面氧化的开槽锥端紧定螺钉的标记示例

螺钉 M5 × 12(GB/T 71—1985)

mm

螺纹规格 d		M1.2	M1.6	M2	M2.5	M3	M4	M5	M6	M8	M10	M12
P		0.25	0.35	0.4	0.45	0.5	0.7	0.8	1	1.25	1.5	1.75
$d_f \approx$		螺纹大径										
d_t	min	—	—	—	—	—	—	—	—	—	—	—
	max	0.12	0.16	0.2	0.2	0.25	0.3	0.4	0.5	2	2.5	3
n	公称	0.2	0.25	0.25	0.25	0.4	0.4	0.6	0.8	1.2	1.6	2
t	min	0.4	0.56	0.56	0.64	0.72	0.8	1.12	1.28	2	2.4	2.8
	max	0.52	0.74	0.74	0.84	0.95	1.05	1.42	1.63	2.5	3	3.6

续表 4.184

l 公称	min	max
3	2.8	3.2
4	3.7	4.3
5	4.7	5.3
6	5.7	6.3
8	7.7	8.3
10	9.7	10.3
12	11.6	12.4
16	15.6	16.4
20	19.6	20.4
25	2.6	25.4

表 4.185　开槽圆柱头螺钉(摘自 GB/T 65—2000)

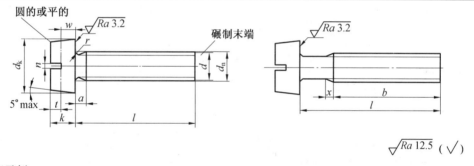

标记示例：
螺纹规格 d = M5、公称长度 l = 20 mm、性能等级为 4.8 级、不经表面处理的 A 级开槽圆柱头螺钉的标记：
螺钉 M5 × 20(GB/T 65—2000)

mm

螺纹规格 d		M1.6	M2	M2.5	M3	M4	M5	M6	M8	M10
P		0.35	0.4	0.45	0.5	0.7	0.8	1	1.25	1.5
a	max	0.7	0.8	0.9	1	1.4	1.6	2	2.5	3
b	min	25	25	25	25	38	38	38	38	38
d_k		3.00	3.80	4.50	5.50	7.00	8.50	10.00	13.00	16.00
d_n	max	2	1.6	3.1	3.6	4.7	5.7	6.8	9.2	11.2
k		1.10	1.40	1.80	2.00	2.60	3.30	3.9	5.0	6.0
n	公称	0.4	0.5	0.6	0.8	1.2	1.2	1.6	2	2.5

续表 4.185

r min	0.1	0.1	0.1	0.1	0.2	0.2	0.25	0.4	0.4
t min	0.45	0.6	0.7	0.85	1.1	1.3	1.6	2	2.4
w min	0.4	0.5	0.7	0.75	1.1	1.3	1.6	2	2.4
x min	0.9	1	1.1	1.25	1.75	2	2.5	3.2	3.8

l			每 1 000 件钢螺钉的质量(ρ = 7.85 kg/dm³)/kg							
公称	min	max								
8	7.71	8.29	0.14	0.254	0.422	0.692	1.33	2.3	3.56	—	—
10	9.71	10.29	0.162	0.291	0.482	0.78	1.47	2.55	3.92	7.85	—
12	11.65	12.35	0.186	0.392	0.542	0.868	1.63	2.8	4.27	8.49	14.6
16	15.65	16.35	0.232	0.402	0.662	1.04	1.95	3.3	4.98	9.77	16.6
20	19.58	20.42	—	0.478	0.782	1.22	2.25	3.78	5.69	11	18.6
25	24.58	25.42	—	—	0.932	1.44	2.64	4.4	6.56	12.6	21.1
30	29.58	30.42	—	—	—	1.66	3.02	5.02	7.45	14.2	23.6
40	39.5	40.5	—	—	—	—	3.8	6.25	9.2	17.4	28.6
50	49.5	50.5	—	—	—	—	—	7.5	10.9	20.6	33.6

表 4.186 双头螺柱(摘自 GB/T 900—1988)

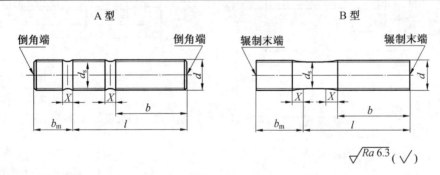

标记示例:

两端均为粗牙普通螺纹,d = 10 mm、l = 50 mm、性能等级为 4.8 级、不经表面处理、B 型、b_m = 2d 的双头螺柱的标记

螺柱 M10 × 50(GB/T 900—1988)

mm

螺纹规格 d	M2	M2.5	M3	M4	M5	M6	M8	M10	M12	(M14)	M16
b_m	4	5	6	8	10	12	16	20	24	28	32
d_s max	2	2.5	3	4	5	6	8	10	12	14	16
X max					1.5P						

续表 4.186

公称	l min	l max	b									
12	11.10	12.90	6	—	—	—	—	—	—	—	—	—
16	15.10	16.90		8	6	8	10	—	—	—	—	—
20	18.95	21.05	10					—	—	—	—	—
25	23.95	26.05		11				14	16	16	16	18
30	28.95	31.05			12	14				20	25	20
35	33.75	36.25					16					
40	38.75	41.25										30
45	43.75	46.25						18				
50	48.75	51.25							22	26		
60	58.5	61.5		—							30	34	38
80	78.5	81.5										
90	88.25	91.75										
100	98.25	101.75						—				
120	118.25	121.75								32	36	40	44

4.10.3 垫 圈

夹具中使用的垫圈标准件,参见表 4.187 ~ 表 4.191。

表 4.187 球面垫圈(摘自 GB/T 849—1988)

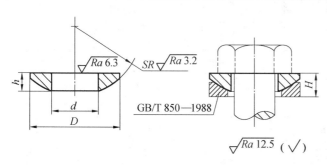

(1) 材料:45 钢,按 GB/T 699—1999 的规定。
(2) 热处理:35 ~ 40HRC。
(3) 垫圈应进行表面氧化处理。
标记示例:规格为 16 mm、材料为 45 钢、热处理硬度为 40 ~ 48HRC、表面氧化的球面垫圈
垫圈 16(GB/T 849—1988)

mm

规格 (螺纹大径)	d max	d min	D max	D min	h max	h min	SR	H ≈
12	13.24	13.00	24.00	23.48	5.00	4.70	20	7
16	17.24	17.00	30.00	29.48	6.00	5.70	25	8
20	21.28	21.00	37.00	35.38	6.60	6.24	32	10

表 4.188　锥面垫圈（摘自 GB/T 850—1988）

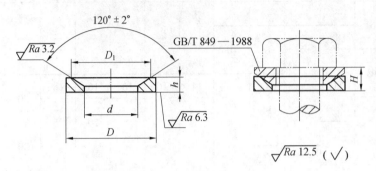

(1) 材料:45 钢,按 GB/T 699—1999 的规定。
(2) 热处理:40~48HRC。
(3) 垫圈应进行表面氧化处理。
标记示例:规格为 16 mm、材料为 45 钢、热处理硬度为 40~48HRC、表面氧化的球面垫圈
垫圈 16　GB/T 850—1988

mm

规格 (螺纹大径)	d max	d min	D max	D min	h max	h min	D_1	$H \approx$
12	16.43	16	24	23.48	4.7	4.40	23.5	7
16	20.52	20	30	29.48	5.1	4.80	29	8
20	25.52	25	37	36.38	6.6	6.24	34	10

表 4.189　快换垫圈（摘自 JB/T 8008.5—1999）

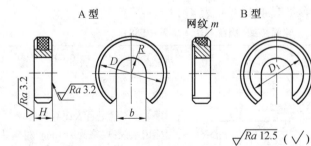

(1) 材料:45 钢,按 GB/T 699—1999 的规定。
(2) 热处理:35~40HRC。
标记示例:
公称直径为 6 mm、D = 30 mm 的 A 型快换垫圈
垫圈 A6×30
(JB/T 8008.5—1999)

mm

公称直径(螺纹直径)	b	D	H	m	D_1
12	13	40	50	8		26
16	17	50	70	10	0.4	32
20	21	80	100	12		42

表 4.190 平垫圈(摘自 GB/T 97.1—2002)

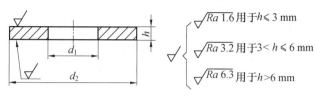

标记示例:
公称规格 8 mm、由钢制造的硬度等级为 200HV 级、不经表面处理、产品等级为 A 级的平垫圈的标记
垫圈 8(GB/T 97.1—2002)

mm

公称规格	公称内径 d_1		公称外径 d_2		厚度 h		
(螺纹大经 d)	min	max	max	min	公称	max	min
6	6.4	6.62	12	11.57	1.6	1.8	1.4
8	8.4	8.62	16	15.57	1.6	1.8	1.4
10	10.5	10.77	20	19.48	2	2.2	1.8
12	13	13.27	24	23.48	2.5	2.7	2.3
16	17	17.27	30	29.48	3	3.3	2.7
20	21	21.33	37	36.38	3	3.3	2.7
24	25	25.33	44	43.38	4	4.3	3.7
30	31	31.39	56	55.26	4	4.3	3.7

表 4.191 转动垫圈(摘自 JB/T 8008.4—1999)

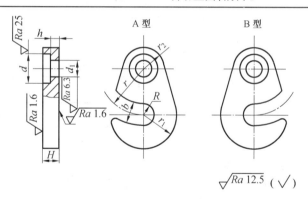

(1) 材料:45 钢,按 GB/T 699—1999 的规定。
(2) 热处理:35 ~ 40HRC。
标记示例:公称直径为 8 mm、$r = 22$ mm 的 A 型转动垫圈
垫圈 A8 × 22
(JB/T 8008.4—1999)

mm

公称直径	r	r_1	H	d	d_1		h		b	r_2
(螺钉直径)					基本尺寸	极限偏差 H11	基本尺寸	极限偏差		
10	26	20	10	18	10	+0.090 0	4	0 −0.100	12	13
	35	26								
12	32	25							14	
	45	32								
16	38	28	12	22	12	+0.110 0	5		18	15
	50	36								
20	45	32	14				6		22	
	60	42								

4.10.4 压块

夹具中使用的压块参见表4.192、表4.193。

表4.192 光面压块(摘自 JB/T 8009.1—1999)

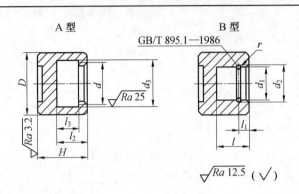

(1) 材料:45 钢,按 GB/T 699—1999 的规定。
(2) 热处理:35~40HRC。
标记示例:
公称直径为 12 mm 的 A 型光面压块
压块 A12(JB/T 8009.1—1999)

mm

公称直径 (螺纹直径)	D	H	d	d_1	d_2	d_3	l	l_1	l_2	l_3	r	挡圈 GB/T 895.1—1986
8	16	12	M8	6.3	6.9	10	7.5	3.1	8	5	0.4	6
10	18	15	M10	7.4	7.9	12	8.5	3.5	9	6		7
12	20	18	M12	9.5	10	14	10.5	4.2	11.5	7.5		9
16	25	20	M16	12.5	13.1	18	123	4.4	13	9	0.6	12
20	30	25	M20	16.5	17.5	22	16	5.4	15	10.5	1	16

表4.193 槽面压块(摘自 JB/T 8009.2—1999) mm

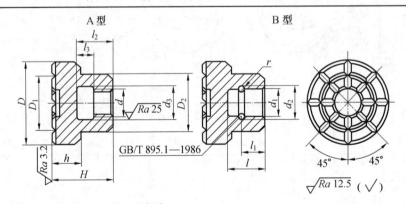

(1) 材料:45 钢,按 GB/T 699—1999 的规定。
(2) 热处理:35~40HRC。
标记示例:
公称直径为 12 mm 的 A 型槽面压块
压块 A12(JB/T 8009.2—1999)

续表 4.193　　　　　　　　　　　　　　　　　　　　　　　　　mm

公称直径 (螺纹直径)	D	D_1	D_2	H	h	d	d_1	d_2	d_3	l	l_1	l_2	l_3	r	挡圈
8	20	14	16	12	6	M8	6.3	6.9	10	7.5	3.1	8	5	0.4	6
10	25	18	18	15	8	M10	7.4	7.9	12	8.5	3.5	9	6	0.4	7
12	30	21	20	18	10	M12	9.5	10	14	10.5	4.2	11.5	7.5		9
16	35	25	25	20	12	M16	12.5	13.1	18	13	4.4	13	9	0.6	12
20	45	30	30	25		M20	16.5	17.5	22	16	5.4	15	10.5	1	16

4.10.5　压　板

夹具中使用的压板标准件参见表 4.194 ~ 表 4.203。

表 4.194　移动压板(摘自 JB/T 8010.1—1999)　　　　　mm

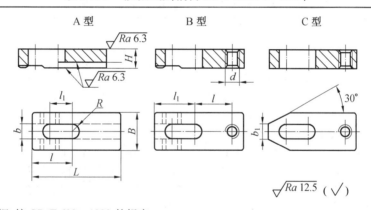

(1) 材料:45 钢,按 GB/T 699—1999 的规定。
(2) 热处理:35 ~ 40HRC。
标记示例:
公称直径为 6 mm、L = 45 mm 的 A 型移动压板
压板 A6 × 45(JB/T 8010.1—1999)

续表 4.194　　　　　　　　　　　　　　　　　　　mm

公称直径	L			B	H	l	l_1	b	b_1	d
（螺纹直径）	A 型	B 型	C 型							
12	70	—		32	14	30	15	14	12	M12
		80			16	35	20			
		100			18	45	30			
		120		36	22	55	43			
16	80	—		40	18	35	15	18	16	M16
		100			22	44	24			
		120			25	54	36			
		160		45	30	74	54			
20	100	—		50	22	42	18	22	20	M20
		120			25	52	30			
		160			30	72	48			
		200		55	35	92	68			

表 4.195　转动压板（摘自 JB/T 8010.2—1999）　　　　　　　　mm

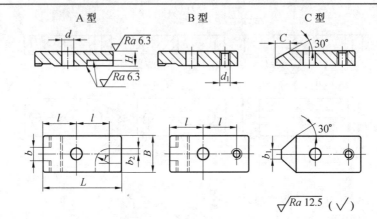

(1) 材料:45 钢,按 GB/T 699—1999 的规定。
(2) 热处理:35 ~ 40HRC。

标记示例:

公称直径为 6 mm、$L = 45$ mm 的 A 型移动压板

压板 A6 × 45　（JB/T 8010.2—1999）

续表 4.195　　　　　　　　　　　　　　　　　　　　　　　　　　　　　　　　mm

称直径（螺纹直径）	L A型	L B型	L C型	B	H	l	d	d_1	b	b_1	b_2	r	C
12	70	—	—	32	14	30	14	M12	14	12	6		—
12		80		32	16	35	14	M12	14	12	6		14
12		100		36	20	45	14	M12	14	12	6		17
12		120		36	22	55	14	M12	14	12	6		21
16	80	—	—	40	18	35	18	M16	18	16	8		—
16		100		40	22	44	18	M16	18	16	8		14
16		120		45	25	54	18	M16	18	16	8		17
16		160		45	30	74	18	M16	18	16	8		21
20	100	—	—	50	22	42	22	M20	22	20	10		—
20		120		50	25	52	22	M20	22	20	10		12
20		160		50	30	72	22	M20	22	20	10		17
20		200		55	35	92	22	M20	22	20	10		26

表 4.196　偏心轮压板（摘自 JB/T 8010.7—1999）

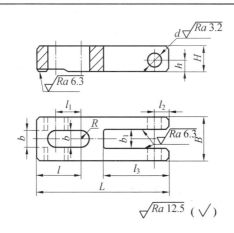

(1) 材料:45 钢,按 GB/T 699—1999 的规定。
(2) 热处理:35～40HRC。
标记示例:
公称直径为 8 mm、L = 70 mm 的偏心轮用压板
压板 8 × 70　（JB/T 8010.7—1999）

mm

公称直径（螺纹直径）	L	B	H	d 基本尺寸	b	b_1 基本尺寸	l	l_1	l_2	l_3	h
6	60	25	12	6	6.6	12	24	14	6	24	5
8	70	30	16	8	9	14	28	166	8	28	7
10	80	36	18	10	11	16	32	18	10	32	8
12	100	40	22	12	14	18	42	24	12	38	10

续表 4.196

公称直径 (螺纹直径)	L	B	H	d 基本尺寸	b	b_1 基本尺寸	l	l_1	l_2	l_3	h
16	120	45	25	16	18	22	54	32	14	45	12
20	160	50	30		22	24	70	45	15	52	14

表 4.197 平压板(摘自 JB/T 8010.9—1999)

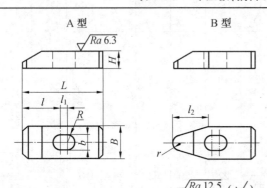

(1) 材料:45 钢,按 GB/T 699—1999 的规定。
(2) 热处理:35 ~ 40HRC。
标记示例:
公称直径为 20 mm、L = 70 mm 的 A 型平压板
压板 A20 × 200 (JB/T 8010.9—1999)

mm

公称直径(螺纹直径)	L	B	H	b	l	l_1	l_2	r
10	60	25	12	12	28	7	26	6
	80	30	16		38		35	
12		32		15				8
	100	40	20		48		45	
16	120	50	25	19	5	15	55	10
	160				70		60	
20	200	60	28	24	90	20	75	12
	250	70	32		100		85	

表 4.198 直压板(摘自 JB/T 8010.13—1999)   mm

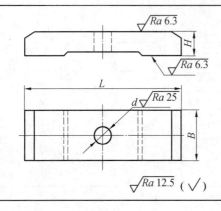

(1) 材料:45 钢,按 GB/T 699—1999 的规定。
(2) 热处理:35 ~ 40HRC。
标记示例:
公称直径为 8 mm、L = 80 mm 的直压板
压板 8 × 80 JB/T 8010.13—1999

续表 4.198　　　　　　　　　　　　　　　　　　　　　　　　　　　　mm

公称直径(螺纹直径)	L	B	H	d
12	80	32	20	14
12	100	32	20	14
12	120	32	20	14
16	100	40	25	18
16	120	40	25	18
16	160	40	25	18
20	120	50	32	22
20	160	50	32	22
20	200	50	32	22

表 4.199　铰链压板(摘自 JB/T 8010.14—1999)

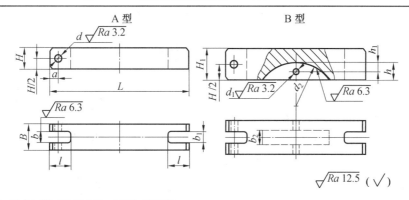

(1) 材料:45 钢,按 GB/T 699—1999 的规定。
(2) 热处理:A 型 T215,B 型 35 ~ 40HRC。

标记示例:

b = 8 mm、L = 100 mm 的 A 型直铰链压板:压板 A8 × 100　(JB/T 8010.14—1999)

mm

b 基本尺寸	L	7	H	H_1	b_1	b_2	d 基本尺寸	d_1 基本尺寸	d_2	a	l	h	h_1
10	120	24	18	20	10	10	6	3	63	7	18	10	6.2
	140					14							
12	160	22	26	12	10	8	4	80	9	22	14	7.5
						14							
	180	32				18							
14	200		26	32	14	10	10	5	100	10	25	18	9.5
						14							
	220					18							
18	220	40	32	38	18	14	12	6	125	14	32	22	10.5
	250					16							

表 4.200　回转压板(摘自 JB/T 8010.15—1999)

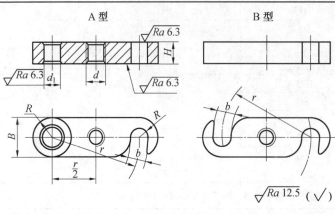

(1) 材料:45 钢，按 GB/T 699—1999 的规定。
(2) 热处理:35 ~ 40HRC。
标记示例:d = M10、r = 100 mm 的 A 型回转压板
压板 AM10 × 50
(JB/T 8010.15—1999)

mm

d	M10	M12	M16
B	22	25	32
H(h11)	12	16	20
b	11	14	18
d_1(H11)	12	14	18
r	50		
	55		
	60	60	
	65	65	
	70	70	
	75	75	
	80	80	80
	85	85	85
	90	90	90
		100	100
			110
			120

表 4.201　钩形压板（摘自 JB/T 8012.1—1999）

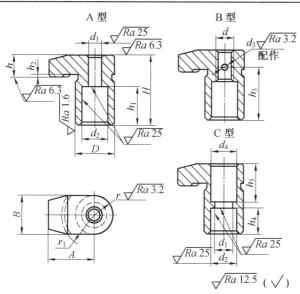

(1) 材料：45 钢，按 GB/T 699—1999 的规定。
(2) 热处理：35～40HRC。
标记示例：公称直径为 13 mm、A = 35 mm 的 A 型钩形压板：
压板 A13 × 35
(JB/T 8012.1—1999)
d = M12、A = 35 mm 的 B 型钩形压板
压板 BM12 × 35
(JB/T 8212.1—1999)

mm

A 型、C 型	d_1	6.6	9	11	13	17	21	25
B 型	d	M6	M8	M10	M12	M16	M20	M24
A		18	24	28	35	45	55	65	75
B		16	20	25	30	35	40	50
D	基本尺寸	16	20	25	30	35	40	50
H		28	35	45	58	55	70	90	80	100	95	120
h		8	10	11	13	16	20	22	25	28	30	32	35
r	基本尺寸	8	10	12.5	15	17.5	20	25
r_1		14	20	18	24	22	30	26	36	35	45	42	52	50	60
d_2		10	14	16	18	23	28	34
d_3	基本尺寸	2	3	4	5	6
d_4		10.5	14.5	18.5	22.5	25.5	30.5	35
h_1		16	21	20	28	25	36	30	42	40	60	45	60	50	75
h_2		1				1.5		2
h_3		22	28	35	45	52	55	75	60	75	70	95
h_4		8	14	11	20	16	25	20	30	24	40	24	40	28	50
h_5		16	20	25	30	40	50	60
配用螺钉		M6	M8	M10	M12	M16	M20	M24

表 4.202　钩形压板(组合)(摘自 JB/T 8012.2—1999)

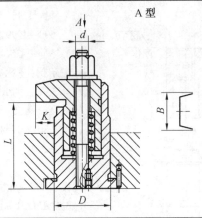

标记示例：
d = M12、K = 14 mm 的 A 型钩形压板
压板 AM12 × 14
(JB/T 8012.2—1999)

mm

d	K	D	B	L min	L max
M12	14	42	30	57	68
	24			70	82
M16	21	48	35		86
	31			87	105
M20	27.5	55	40	81	100
	37.5			99	120

表 4.203　侧面钩形压板(组合)(摘自 JB/T 8012.5—1999)

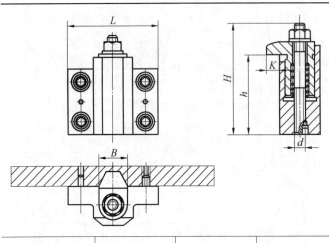

标记示例：
d = M6、K = 13 mm 的侧面钩形压板
压板 M6 × 13
(JB/T 8012.5—1999)

mm

d	K	B	L	H	h min	h max
M10	11.5	25	72	90	48	58
	18.5			105	58	70

续表 4.203

d	K	B	L	H	h min	h max
M12	15	30	84	104	57	68
M12	25	30	84	124	70	82
M16	21.5	35	100	132	70	85
M16	25	35	100	152	87	105
M20	27	40	108	160	81	100
M20	37	40	108	180	99	120

4.10.6 偏心轮

夹具用标准圆偏心轮、叉形偏心轮参见表 4.204 ~ 表 4.205,标准偏心轮用垫板参见表 4.206。

表 4.204 圆偏心轮(摘自 JB/T 8011.1—1999)

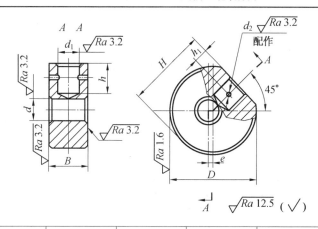

(1) 材料:20 钢,按 GB/T 699—1999 的规定。
(2) 热处理:渗碳深度为 0.8 ~ 1.2 mm,58 ~ 62HRC。

标记示例:
D = 32 mm 的圆偏心轮
偏心轮 32(JB/T 8011.1—1999)

mm

D	e 基本尺寸	e 极限偏差	B 基本尺寸	B 极限偏差 d11	d 基本尺寸	d 极限偏差	d_1 基本尺寸	d_1 极限偏差	d_2 基本尺寸	d_2 极限偏差	H	h	h_1
25	1.3	±0.200	12	−0.050 / −0.160	6	+0.060 / +0.030	6	+0.012 / +0	2	+0.010 / +0	24	9	4
32	1.7	±0.200	14	−0.050 / −0.160	8	+0.076 / +0.040	8	+0.015 / +0	3	+0.010 / +0	31	11	5
40	2	±0.200	16	−0.050 / −0.160	10	+0.076 / +0.040	10	+0.015 / +0	3	+0.010 / +0	38.5	14	6

表 4.205　叉形偏心轮(摘自 JB/T 8011.2—1999)

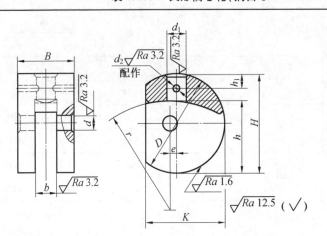

(1) 材料:20 钢,按 GB/T 699—1999 的规定。
(2) 热处理:渗碳深度为 0.8 ~ 1.2 mm,58 ~ 62HRC。
标记示例:
D = 50 mm 的叉形偏心轮:
偏心轮 50(JB/T 8011.2—1999)

mm

D	e 基本尺寸	e 极限偏差	B	b	d 基本尺寸	d 极限偏差 H7	d_1 基本尺寸	d_1 极限偏差	d_2 基本尺寸	d_2 极限偏差	H	h	h_1	K	r
25	1.3	±0.200	14	6	4	+0.012 / 0	5	+0.012 / 0	1.5	+0.010 / 0	24	18	3	20	32
32	1.7		18	8	5		6		2		31	24	4	27	45
40	2		25	10	6		8	+0.015 / 0	3		39	30	5	34	50
50	2.5		32	12	8	+0.015 / 0	10				49	36	6	42	62
65	3.5		38	14	10		12	+0.018 / 0	4	+0.012 / 0	64	47	8	55	70
80	5		45	18	12	+0.018 / 0	16		5		78	58	10	65	88
100	6		52	22	16		20	+0.021 / 0	6		98	72	12	80	100

表 4.206　偏心轮用垫板(摘自 JB/T 8011.5—1999)

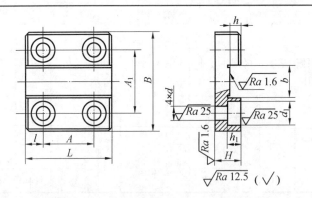

(1) 材料:20 钢,按 GB/T 699—1999 的规定。
(2) 热处理:渗碳深度为 0.8 ~ 1.2 mm,58 ~ 62HRC。
标记示例:
D = 50 mm 的叉形偏心轮
偏心轮 50(JB/T 8011.2—1999)

mm

b	L	B	H	A	A_1	l	d	d_1	h	h_1
13	35	42	12	19	26	8	6.6	11	5	6
15	40	45	12	24	29	8	6.6	11	5	6
17	45	56	16	25	36	10	9	15	6	8

4.10.7 支　座

夹具用标准铰链支座见表 4.207。

表 4.207　铰链支座(摘自 JB/T 8034—1999)

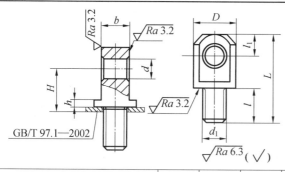

(1) 材料:45 钢,按 GB/T 699—1999 的规定。
(2) 热处理:35～40HRC。

标记示例:
$b = 12$ mm 的铰链支座
支座 12(JB/T 8034—1999)

mm

b		D	d	d_1	L	l	l_1	$H \approx$	h
基本尺寸	极限偏差 d11								
6	−0.030 −0.105	10	4.1	M5	25	10	5	11	2
8	−0.040 −0.130	12	5.2	M6	30	12	6	13.5	
10		14	6.2	M8	35	14	7	15.5	3
12	−0.050 −0.160	18	8.2	M10	42	16	9	19	
14		20	10.2	M12	50	20	10	22	4
18		28	12.2	M16	65	25	14	29	5

4.10.8　快速夹紧装置

夹具用标准快速夹紧装置参见表 4.208～表 4.210。

表 4.208　快速夹紧装置　　mm

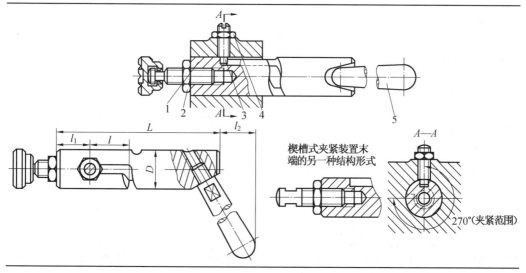

续表 4.208　　　　　　　　　　　　　　　　　　　　　　　　　mm

主要尺寸					件号	1	2	3	4	5
					名称	顶杆	螺母	螺钉	螺母	手柄
					数量	1	1	1	1	1
D (H9/f9)	l	L	l_1	$l_2 \approx$	标准		GB/T 6170—2000	GB/T 75—1985	GB/T 6170—2000	
25	30	100	20	32	尺寸	25	M10	M8×28	M8	80
32	40	125	25	40		32	M12	M10×35	M10	100
40	50	160	32	50		40	M16	M12×45	M12	125

表 4.209　快速夹紧装置的顶杆

件 1 顶杆

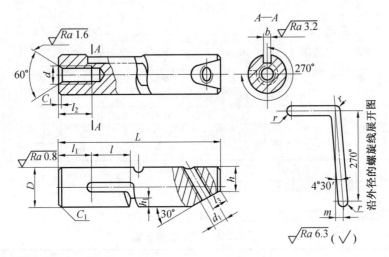

(1) 材料：20 钢，按 GB/T 699—1999 的规定。
(2) 热处理：渗碳深度为 0.8～1.2 mm，60～64HRC。
(3) 螺纹按 7 级精度制造。

mm

D		l	L	$d=d_1$	$l_1=l_2$	l_3	m	b		h	h_1	C	r
基本尺寸	极限偏差 f9							基本尺寸	极限偏差 H11				
25	−0.020 −0.072	30	100	M10	20	9	4.6	6	+0.075 0	15	5	1.5	2.5 3
32	−0.025 −0.087	40	125	M12	25	13	5.9	7	+0.090 0	18	6	2 4	3.5
40		50	160	M16	32	15	7.4	9		25	7		4.5

表 4.210　快速夹紧装置的手柄

件 2 手柄

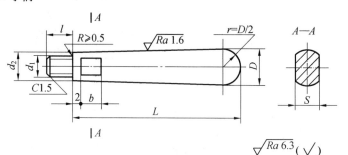

(1) 材料：Q235—A·F。
(2) 螺纹按 7 级精度制造。
(3) 锐边倒角。

mm

L	l	d_1	d_2	D	\multicolumn{2}{c}{s}	b
					基本尺寸	极限偏差 h12	
80	13	M10	12	10	10	0 / −0.150	8
100	16	M12	14	20	12		10
125	20	M16	18	14	14	0 / −0.180	10

4.10.9　操作件及其他标准元件

夹具常用标准操作件，参见表 4.211 ~ 表 4.216。

表 4.211　滚花把手（摘自 JB/T 8023.1—1999）

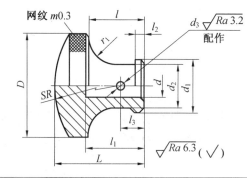

材料：Q235—A，按 GB/T 700—2006 的规定。
标记示例：
$d = 8$ mm 的滚花把手
把手 8（JB/T 8023.1—1999）

mm

\multicolumn{2}{c}{d}	D(滚花前)	L	SR	r_1	d_1	d_2	\multicolumn{2}{c}{d_3}	l	l_1	l_2	l_3
基本尺寸	极限偏差 H9							基本尺寸	极限偏差 H7				
6	+0.030 / 0	30	25	30	8	15	12	2	+0.010 / 0	17	18	3	6
8	+0.036 / 0	35	30	35		18	15			20	20		8
10		40	35	40	10	22	18	3		24	25	5	10

表 4.212　星形把手(摘自 JB/T 8023.2—1999)

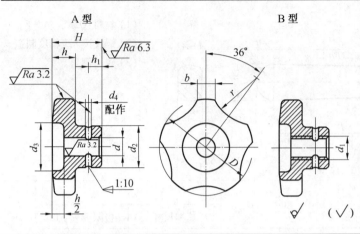

(1) 材料:ZG45，按 GB/T 11352—2006 的规定。
(2) 零件表面应经喷砂处理。

标记示例:

d = 10 mm 的 A 型星形把手
把手 A10
(JB/T 8023.2—1999)

d_1 = M10 的 B 型星形把手
把手 BM10
(JB/T 8023.2—1999)

mm

d		d_1	D	H	d_2	d_3	d_4		h	h_1	b	r
基本尺寸	极限偏差 H9						基本尺寸	极限偏差 H7				
6	+0.036 0	M6	32	18	14	14	2	+0.010 0	8	5	6	16
8	+0.036 0	M8	40	22	18	16			10	6	8	20
10		M10	50	26	22	25	3		12	7	10	25
12	+0.043 0	M12	65	35	24	32			16	9	12	32
16		M16	80	45	30	40	4	+0.010 0	20	11	15	40

表 4.213　导板(摘自 JB/T 8019—1999)　　　　　　　　　　mm

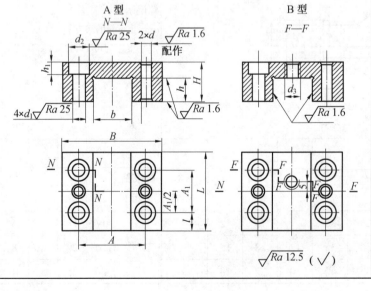

(1) 材料:20 钢，按 GB/T 699—1999 的规定。
(2) 热处理:渗碳深度为 0.8 ~ 1.2 mm,60 ~64HRC。

标记示例:

b = 20 mm 的 A 型导板
导板
A20　JB/T 8019—1999

续表 4.213　　　　　　　　　　　　　　　　　　　　　　　　　　　　　　　　　　　　　mm

b 基本尺寸	b 极限偏差 H7	h 基本尺寸	h 极限偏差 H8	B	L	H	A	A_1	l	h_1	d 基本尺寸	d 极限偏差 H7	d_1	d_2	d_3
18	+0.018 0	10	+0.020 0	50	38	18	34	22	8	6	5	+0.012 0	6.6	11	M8
20	+0.021 0	12		52	40	20	35		9						
25		14	+0.027 0	60	42	25	42	24		8	6		9	15	
34	+0.025 0	16		72	50	28	52	28	11	10	8	+0.015 0	11	18	M10
42				90	60	32	65	34	13						
52	+0.030 0	20	+0.033 0	104	70	35	78	40	15	12	10		11.5	20	M12
65				120	80		90	48	15.5			+0.018 0			
80		25		140	100	40	110	65	17		12				

表 4.214　压入式螺纹衬套(摘自 JB/T 8005.1—1999)

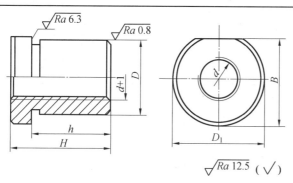

标记示例:
d = M16、H = 32 mm 的压入式螺纹衬套:
衬套 M16 × 32
(JB/T 8005.1—1999)

mm

d 普通螺纹	d 梯形螺纹	D 基本尺寸	D 极限偏差 r6	D_1	H	h	B
M6	—	12	+0.034 +0.023	18	10	8	16
M8		14		20	12	10	18
M10		16		22	16	12	20
M12		20		26	20	16	24
M16	Tr16 × 4 左	25	+0.041 +0.028	32	25	20	30
					32	25	
M20	Tr20 × 4 左	30		38	40	32	36

表4.215　铰链轴(摘自 JB/T 8033—1999)

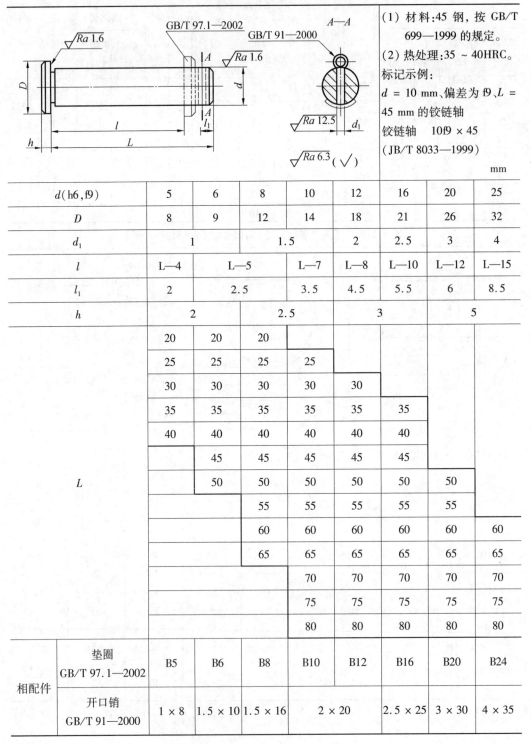

(1) 材料:45 钢,按 GB/T 699—1999 的规定。
(2) 热处理:35 ~ 40HRC。

标记示例：
d = 10 mm、偏差为 f9、L = 45 mm 的铰链轴
铰链轴　10f9 × 45 (JB/T 8033—1999)

mm

d (h6,f9)	5	6	8	10	12	16	20	25
D	8	9	12	14	18	21	26	32
d_1	1	1	1.5	1.5	2	2.5	3	4
l	L—4	L—5	L—5	L—7	L—8	L—10	L—12	L—15
l_1	2	2.5	2.5	3.5	4.5	5.5	6	8.5
h	2	2	2.5	2.5	3	3	5	5
L	20	20	20					
	25	25	25	25				
	30	30	30	30	30			
	35	35	35	35	35	35		
	40	40	40	40	40	40		
		45	45	45	45	45		
			50	50	50	50	50	50
			55	55	55	55	55	
			60	60	60	60	60	60
			65	65	65	65	65	65
				70	70	70	70	70
				75	75	75	75	75
				80	80	80	80	80
相配件	垫圈 GB/T 97.1—2002	B5	B6	B8	B10	B12	B16	B20	B24
	开口销 GB/T 91—2000	1 × 8	1.5 × 10	1.5 × 16	2 × 20	2.5 × 25	3 × 30	4 × 35	

表 4.216　圆柱螺旋压缩弹簧(摘自 GB/T 2089—2009)

d	D	F_n /N	$D_{X_{max}}$ /mm	$D_{T_{min}}$ /mm	n = 4.5 圈				n = 6.5 圈			
					H_0 /mm	f_n /mm	F' /(N·mm^{-1})	m/10^{-3}kg	H_0 /mm	f_n /mm	F' /(N·mm^{-1})	m/10^{-3}kg
2.0	10	215	7	13	20	6.1	35	5.00	28	9.0	24	6.54
	12	179	8	16	24	9.0	20	6.00	32	13	14	7.84
	14	153	10	18	26	12	13	7.00	38	17	8.9	9.15
	16	134	12	20	30	16	8.6	8.00	42	23	5.9	10.46
	18	119	14	22	35	20	6.0	9.00	48	28	4.2	11.77
	20	107	15	25	40	24	4.4	10.00	55	36	3.0	13.07
2.5	12	339	7.5	17	24	6.8	50	9.37	32	10	34	12.26
	14	291	9.5	19	28	9.4	31	10.93	38	13	22	14.30
	16	255	12	21	30	12	21	12.50	40	18	14	16.34
	18	226	14	23	30	15	15	14.06	48	23	10	18.39
	20	204	15	26	38	19	11	15.62	52	28	7.4	20.43
	22	185	17	28	42	23	8.1	17.18	58	33	5.6	22.47
	25	163	20	31	48	30	5.5	19.53	70	43	3.8	25.53
3.5	16	6561	11	22	32	8.3	80	24.49	45	12	56	32.03
	18	587	13	24	35	10	56	27.56	48	15	39	36.03
	20	528	14	27	38	13	41	30.62	50	19	28	40.04
	22	480	16	29	40	15	31	33.68	55	23	21	44.04
	25	423	19	32	45	20	21	38.24	65	28	15	50.05
	28	377	22	35	50	25	15	42.86	70	38	10	56.05
	30	352	24	37	55	29	12	45.93	75	42	8.4	60.06

注:1. d 为材料直径,mm;D 为弹簧中径,mm;F_n 为最大工作负荷,N;F_s 为试验负荷,N;$D_{X_{max}}$ 为大芯轴直径,mm;$D_{T_{min}}$ 为最小套筒芯轴直径,mm;n 为有效圈数;H_0 为自由高度,mm;f_n 为最大工作变形量,mm;F' 为弹簧刚度,N/mm;m 为弹簧单件质量,10^{-3}kg。

标记示例:

YA 型弹簧,材料直径为 1.2 mm,弹簧中径为 8 mm,自由高度为 40 mm,精度等级为 2 级,左旋的两端圈并紧磨平的冷卷压缩弹簧。

标记:YA1.2×8×40 左(GB/T 2089—2009)

第5章

典型零件工艺规程编制及典型夹具设计

5.1 拨叉的工艺规程编制及典型夹具设计

5.1.1 拨叉的工艺分析及生产类型的确定

1. 拨叉零件

拨叉零件所用材料为35钢,质量为4.5 kg,年产量$Q=3\,500$台/年。拨叉的零件图如图5.1所示。

2. 拨叉功用分析

该拨叉用在某机动车变速箱的换挡机构中。拨叉通过插轴孔$\phi30_{0}^{+0.021}$ mm安装在变速叉轴上,销钉经拨叉上的$\phi8$ mm孔与变速叉轴连接做轴向固定,拨叉脚则夹在双联变速齿轮的槽中。当需要变速的时候,操纵变速杆,变速操纵机构就通过拨叉头部的操纵槽带动拨叉与变速叉轴一起在变速箱中滑动,拨叉脚拨动双联变速齿轮在花键轴上滑动以更换挡位,从而改变机动车的行驶速度。

拨叉在改换挡位时要承受弯曲应力和冲击载荷的作用,因此该零件应具有足够的强度、刚度和韧性,以适应拨叉的工作条件。拨叉的主要工作表面为拨叉脚两端面、变速叉轴孔$\phi30_{0}^{+0.021}$ mm(H7)和锁销孔$\phi8_{0}^{+0.015}$ mm(H7),在设计工艺规程时应重点予以保证。

3. 拨叉的结构技术要求和工艺性分析

拨叉属于典型的叉杆类零件,其叉轴孔是主要装配基准,叉轴孔与变速叉轴有配合要求,因此加工精度要求较高。叉脚两端面在工作中需承受冲击载荷,为增强其耐磨性,其表面要求淬火处理,硬度为48~58HRC;为保证拨叉拨动齿轮换挡时叉脚受力均匀,要求叉脚两端面对变速叉轴孔$\phi30_{0}^{+0.021}$ mm的垂直度要求为0.1 mm,叉脚两端面的平面度要求为0.08 mm。为保证拨叉在叉轴上有准确的位置,改换挡位准确,拨叉采用锁销定位,锁销孔的尺寸为$\phi8_{0}^{+0.015}$ mm,锁销孔中心线与叉轴孔中心线的垂直度要求为0.15 mm。

综上所述,该拨叉的各项技术要求设计得比较合理,符合该零件在变速箱中的功用。

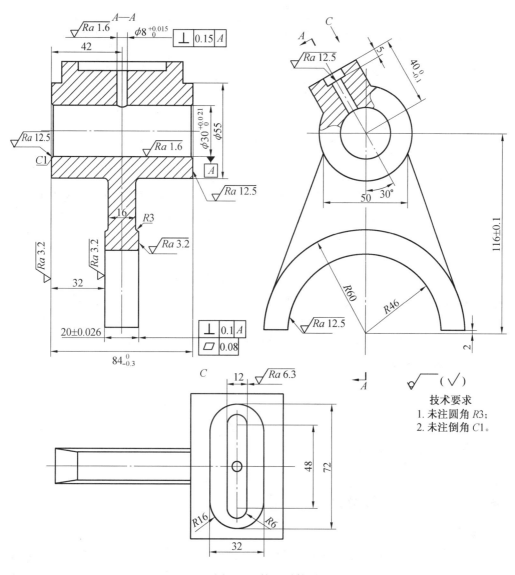

图 5.1 拨叉零件图

该拨叉的主要技术要求见表 5.1。

表 5.1 拨叉的主要技术要求

加工表面	尺寸及公差/mm	精度等级	表面粗糙度 $Ra/\mu m$	形位公差/mm
拨叉头左端面	$84_{-0.3}^{0}$	IT12	3.2	
拨叉头右端面	$84_{-0.3}^{0}$	IT12	3.2	
拨叉头内表面	$R46$	IT13	12.5	
拨叉脚两端面	20 ± 0.026	IT9	3.2	⊥ 0.1 A ▱ 0.08

续表 5.1

加工表面	尺寸及公差/mm	精度等级	表面粗糙度 $Ra/\mu m$	形位公差/mm
$\phi 30$ mm 孔	$\phi 30^{+0.021}_{0}$	IT7	1.6	
$\phi 8$ mm 孔	$\phi 8^{+0.015}_{0}$	IT7	1.6	$\perp$ 0.15 A
操纵槽内侧面	12	IT12	6.3	
操纵槽底面	5	IT13	12.5	

分析拨叉零件图可知,拨叉头两端面和叉脚两端面在轴向方向上均高于相邻表面,这样既减少了加工面积,又提高了换挡时叉脚端面的接触刚度;$\phi 30^{+0.021}_{0}$ 孔和 $\phi 8^{+0.015}_{0}$ 孔的端面均为平面,可以防止加工过程中钻头钻偏,以保证孔的加工精度;另外,该零件除主要工作表面(拨叉脚两端面、变速叉轴孔 $\phi 30^{+0.021}_{0}$ mm 孔和锁销孔 $\phi 8^{+0.015}_{0}$ mm)外,其余表面加工精度均较低,通过铣削、钻削的一次加工就可以达到加工要求;主要工作表面虽然加工精度相对较高,但也可以在正常的生产条件下,采用较经济的方法保质保量地加工出来。为保证拨叉拨动齿轮换挡时插脚受力均匀,要求插脚两端面对变速插轴孔 $\phi 30$ mm 的垂直度要求为 0.1 mm,插脚两端面的平面度要求为 0.08 mm。为保证在插轴上有准确的位置,改换挡位准确,拨叉采用锁销定位锁销孔的尺寸为 $\phi 8^{+0.015}_{0}$ mm,锁销孔中心线与插轴孔中心线的垂直度要求为 0.15 mm。由此可见,该零件的工艺性很好。

4. 确定零件生产类型

由设计题目知:$Q = 3\ 500$ 台/年;结合生产实际,根据第 2.2 节选备品率 a 和废品率 b 分别取为 3% 和 0.5%。代入式(2.1)得

$N = Qm(1+a)(1+b) = 3\ 500 \times 1 \times (1+3\%) \times (1+0.5\%) = 3\ 623$ 件/年

根据拨叉的质量查表 2.2 知,该拨叉属轻型零件;再由表 2.3 可知,该拨叉生产类型为中批生产。

5.1.2 确定毛坯与绘制毛坯简图

1. 选择毛坯

由于拨叉在工作过程中要承受冲击载荷,为增强拨叉的强度和冲击韧度,获得纤维组织,毛坯选用锻件。因为拨叉的轮廓尺寸不大,且生产类型属中批生产,宜选用普通模锻方法制造毛坯。毛坯的拔模斜度为 5°,模锻成形后切边,进行调质,调质硬度为 241 ~ 285HBS,并进行酸洗、喷丸处理。喷丸可以提高表面硬度,增加耐磨性,消除毛坯表面因脱碳而对机械加工带来的不利影响。

2. 确定毛坯的尺寸公差和机械加工余量

根据第 2.1 节确定模锻毛坯的尺寸公差及机械加工余量,查表 4.6 ~ 表 4.9,首先确定如下各项因素。

(1)公差等级。由拨叉的功用和技术要求,确定该零件的公差等级为普通级。

(2)锻件质量。已知该拨叉经机械加工后的质量为 4.5 kg,机械加工前锻件毛坯的质量为 6.1 kg。

(3)锻件形状复杂系数。对拨叉零件图进行分析计算,可大致确定锻件外廓包容体

的长度、宽度和高度,即 $l = 158$ mm, $b = 120$ mm, $h = 90$ mm(见图 5.2);由式(4.3)和式(4.5)可计算出该拨叉锻件的形状复杂系数 S。

$$S = \frac{m_t}{m_n} = \frac{6.1}{lbh\rho} = \frac{6.1}{158 \times 120 \times 90 \times 7.8 \times 10^{-6}} \approx \frac{6.1}{13.3} \approx 0.46$$

由于 0.46 介于 0.32 和 0.63 之间,故该拨叉的形状复杂系数属 S_2 级,即该锻件的复杂程度为一般。

(4)锻件材质系数。由于该拨叉材料为 35 钢,是碳的质量分数小于 0.65% 的碳素钢,故该锻件的材质系数属 M_1 级。

(5)锻件分模线形状。分析该拨叉件的特点,本例选择零件高度方向的对称平面为分模面,属平直分模线,拨叉锻造毛坯简图如图 5.2 所示。

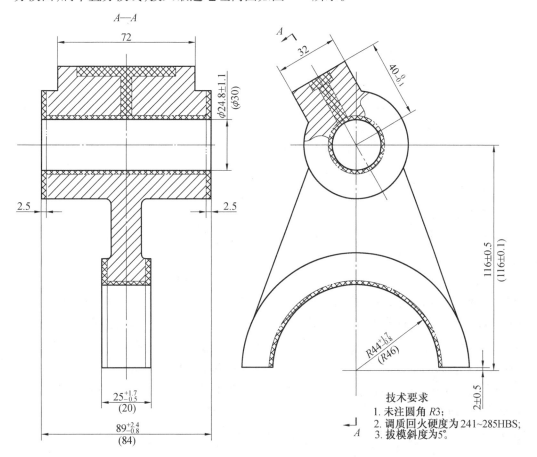

图 5.2 拨叉锻造毛坯图

(6)零件表面粗糙度。由零件图可知,该拨叉各加工表面的粗糙度均大于等于 1.6 μm,即 $Ra \geq 1.6$ μm。

根据上述条件,查表 4.6 ~ 表 4.10,可求得拨叉锻件的毛坯尺寸及公差,进而求得各加工表面的加工余量,所得结果列于表 5.2 中。

表 5.2 拨叉锻造毛坯机械加工总余量及毛坯尺寸

锻件质量 m_t/kg	包容体质量 m_n/kg	形状复杂系数 S	材质系数	公差等级
2.22	6.135	S_2	M_1	普通级
毛坯尺寸/mm	机械加工余量/mm	毛坯基本尺寸	尺寸公差/mm	毛坯尺寸/mm
宽度 48	2~2.5(取2)(查表4.9)	46	$2.5^{+1.7}_{-0.8}$(查表4.6)	$46^{+1.7}_{-0.8}$
厚度 84	2~2.5(两端面均取2.5)(查表4.9)	89	$3.2^{+2.4}_{-0.8}$(查表4.7)	$89^{+2.4}_{-0.8}$
厚度 20	2~2.5(两端面均取2.5)(查表4.9)	25	$2.2^{+1.7}_{-0.5}$(查表4.7)	$25^{+1.7}_{-0.5}$
$\phi30$	2.6(单边)(查表4.10)	24.8	$2.2^{+1.5}_{-0.7}$(查表4.6)	24.8 ± 1.1
中心距 116		116	±0.5(查表4.8)	116 ± 0.5

3. 绘制拨叉锻造毛坯简图

由表 5.2 所得结果,绘制毛坯图如图 5.2 所示。

5.1.3 拟定拨叉工艺路线

1. 定位基准的选择

定位基准有粗基准和精基准之分,通常先确定精基准,然后确定粗基准。

(1)精基准的选择。

根据拨叉零件的技术要求和装配要求,选择拨叉的设计基准叉头左端面、叉轴孔 $\phi30^{+0.021}_{0}$ mm 和叉脚内孔表面作为精基准,符合"基准重合"原则;同时,零件上的很多表面都可以采用该组表面作为精基准,又遵循了"基准统一"原则。叉轴孔 $\phi30^{+0.021}_{0}$ mm 的轴线是设计基准,选用其作为精基准定位加工拨叉脚两端面和锁销孔 $\phi8^{+0.015}_{0}$ mm,有利于保证被加工表面的垂直度;选用拨叉头左端面作为精基准同样是服从了"基准重合"的原则,因为该拨叉在轴向方向上的尺寸多以该端面作为设计基准;另外,由于拨叉刚性差,受力易产生弯曲变形,为了避免在机械加工中产生夹紧变形,选用拨叉头左端面作为精基准,夹紧力可作用在拨叉头的右端面上,夹紧稳定可靠。

(2)粗基准的选择。

作为粗基准的表面应平整,没有飞边、毛刺或其他表面缺欠。本例选择变速叉轴孔 $\phi30$ mm 的外圆面和拨叉头右端面作为粗基准。采用 $\phi30$ mm 外圆面定位加工内孔可保证孔的壁厚均匀;采用拨叉头右端面作为粗基准加工左端面,接着以左端面为基准加工右端面,可以为后续工序准备好精基准。

2. 各表面加工方案的确定

根据拨叉零件图上各加工表面的尺寸精度和表面粗糙度,查表 2.11 和表 2.12,确定各表面加工方案,见表 5.3。

表 5.3 拨叉零件各表面加工方案

加工表面	尺寸及公差/mm	精度等级	表面粗糙度 $Ra/\mu m$	加工方案	备注
拨叉头左端面	$84_{-0.3}^{0}$	IT12	3.2	粗铣－半精铣	表 2.12
拨叉头右端面	$84_{-0.3}^{0}$	IT12	3.2	粗铣	表 2.12
拨叉头内表面	$R46$	IT13	12.5	粗铣	表 2.12
拨叉脚两端面	20 ± 0.026	IT9	3.2	粗铣－精铣－磨削	表 2.12
$\phi 30$ mm 孔	$\phi 30_{0}^{+0.021}$	IT7	1.6	粗扩－精扩－铰	表 2.11
$\phi 8$ mm 孔	$\phi 8_{0}^{+0.015}$	IT7	1.6	钻－粗铰－精铰	表 2.11
操纵槽内侧面	12	IT12	6.3	粗铣	表 2.12
操纵槽底面	5	IT13	12.5	粗铣	表 2.12

3. 加工阶段的划分

在选定拨叉各表面加工方法后,就需进一步确定这些加工方法在工艺路线中的顺序及位置,这就涉及加工阶段划分方面的问题。对于精度要求较高的表面,总是先粗加工后精加工,但工艺过程划分成几个阶段是对整个加工过程而言的,不能拘泥于某一表面的加工。该拨叉加工质量要求较高,可将加工阶段划分成粗加工、半精加工和精加工三个阶段。

在粗加工阶段,首先将精基准(拨叉头左端面和叉轴孔)准备好,使后继工序都可以采用精基准定位加工,保证其他加工表面的精度要求;另外,拨叉头右端面、拨叉脚内表面、拨叉脚两端面的粗铣、槽内侧面和底面的加工也都放在粗加工阶段进行。在半精加工阶段,完成拨叉脚两端面的精铣加工和销轴孔 $\phi 8$ mm 的钻、铰加工。在精加工阶段,进行拨叉脚两端面的磨削加工。

4. 工序顺序的安排

(1) 机械加工工序:

① 遵循"先基准后其他"原则,首先加工出精基准——拨叉头左端面和变速叉轴孔 $\phi 30_{0}^{+0.021}$ mm。

② 遵循"先粗后精"原则,对各加工表面都是先安排粗加工工序,后安排精加工工序。

③ 遵循"先主后次"原则,先加工主要表面——拨叉头左端面和叉轴孔 $\phi 30_{0}^{+0.021}$ mm、拨叉脚两端面;后加工次要表面——槽底面和内侧面。

④ 遵循"先面后孔"原则,先加工拨叉头端面,再加工轴孔 $\phi 30$ mm 孔;先铣槽,再钻销轴孔 $\phi 8$ mm。

(2) 热处理工序。

叉脚两端面在精加工之前进行局部高频淬火,淬火硬度大于 47HRC,有利于提高耐磨性。

(3) 辅助工序。

粗加工拨叉脚两端面和热处理后,安排校直工序;在半精加工后,安排去毛刺、中检工序;精加工后,安排去毛刺、清洗和终检工序。

综上所述,该拨叉工序的安排顺序为:基准加工 → 主要表面粗加工及一些余量大的表面粗加工 → 主要表面半精加工和次要表面加工 → 热处理 → 主要表面精加工,其间穿插一些辅助工序(参见表5.4)。

5. 机床设备及工艺装备的选用

(1) 机床设备的选用。

在中批生产条件下,可以选用通用万能设备和数控机床设备。本例各工序所选机床设备详见表5.4。

(2) 工艺装备的选用。

工艺装备主要包括刀具、夹具、量检具和辅具等。本例各工序所选刀具、量具详见表5.4。夹具均采用专用机床夹具。

6. 确定工艺路线

综合以上考虑,制订了拨叉的工艺路线,详见表5.4。

表5.4 拨叉的工艺路线及设备、工装的选用

工序号	工序名称	机床设备	刀具	量具
5	毛坯			
10	粗铣拨叉头两端面	立式铣床 X51	面铣刀 φ100	游标卡尺
20	半精铣拨叉头左端面	立式铣床 X51	面铣刀 φ100	游标卡尺
30	粗扩、精扩、倒角、铰 φ30 孔	立式钻床 Z535	麻花钻、扩孔钻、铰刀	卡尺、塞规
40	校正拨叉脚	钳工台	手锤	
50	粗铣拨叉脚两端面	卧式铣床 X62	三面刃铣刀 φ200	游标卡尺
60	铣叉爪口内侧面	立式铣床 X5	铣刀	卡规
70	粗铣操纵槽	立式铣床 X51	键槽铣刀	深度游标卡尺
80	精铣拨叉脚两端面	卧式铣床 X62	三面刃铣刀 φ200	游标卡尺
90	钻、倒角、粗铰、精铰 φ8 mm 孔	立式钻床 Z525	复合钻头、铰刀	卡尺、塞规
100	去毛刺	钳工台	平锉	
110	中检			塞规、百分表、卡尺等
120	热处理(拨叉脚两端面局部淬火)	淬火机等		
130	校直拨叉脚	钳工台	手锤	
140	磨削拨叉脚两端面	平面磨床 M7120A	砂轮	游标卡尺
150	清洗	清洗机		
160	终检			塞规、百分表、卡尺等

5.1.4 确定加工余量和工序尺寸

下面以第 10、20、90 三道工序为例,介绍加工余量和工序尺寸的确定。

1. 工序 10 和工序 20(加工拨叉头两端面至设计尺寸)

(1) 第 10 道工序的加工过程:

① 以右端面 B 定位,粗铣左端面,保证工序尺寸 C_1。

② 以左端面定位,粗铣右端面,保证工序尺寸 C_2。

(2) 第 20 道工序的加工过程:

以右端面定位,半精铣左端面,保证工序尺寸 C_3,达到零件图设计尺寸 E 的要求,$E = 84_{-0.3}^{0}$。

2. 查找工序尺寸链,画出加工过程示意图

查找出全部工艺尺寸链,如图 5.3 所示。加工过程示意图如图 5.4 所示。

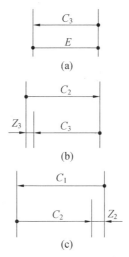

图 5.3 第 10、20 道工序工艺尺寸链图

3. 求解各工序尺寸及公差

(1) 确定工序尺寸 C_3。从图 5.3(a) 知,$C_3 = E = 84_{-0.3}^{0}$ mm。

(2) 确定工序尺寸 C_2。从图 5.3(b) 知,$C_2 = C_3 + Z_3$,其中 Z_3 为半精铣余量,按表 4.29 确定 $Z_3 = 1$ mm,则 $C_2 = (84 + 1)$ mm = 85 mm。由于工序尺寸 C_2 是在粗铣加工中保证的,故查表 2.9 知,粗铣工序的经济加工精度为 IT9 ~ IT13,因此确定该工序尺寸公差为 IT12,按表 4.33 确定其公差值为 0.35 mm,工序尺寸按入体原则标注,由此可初定工序尺寸 $C_2 = 85_{-0.35}^{0}$ mm。

(3) 确定工序尺寸 C_1。从图 5.3(c) 所示工序尺寸链知,$C_1 = C_2 + Z_2$,其中 Z_2 为粗铣余量,由于 B 面的加工余量是经粗铣一次切除的,故 Z_2 应等于 B 面的毛坯机械加工总余量,即 $Z_2 = 2.5$ mm,则 $p_1 = 85$ mm + 2.5 mm = 87.5 mm。查表 2.9 确定该粗铣工序的经济加工精度为 IT13,按表 4.33 确定其公差值为 0.54 mm,工序尺寸按入体原则标注,由此可初定工序尺寸 $C_1 = 87.5_{-0.54}^{0}$ mm。

（4）加工余量的校核。

为验证工序尺寸及公差确定得是否合理，还需对加工余量进行校核。

① 余量 Z_3 的校核。在图 5.3(b) 所示尺寸链中 Z_3 是封闭环，故

$Z_{3\max} = C_{2\max} - C_{3\min} = 85 \text{ mm} + 0 \text{ mm} - (84 \text{ mm} - 0.3 \text{ mm}) = 1.3 \text{ mm}$

$Z_{3\min} = C_{2\min} - C_{3\max} = 85 \text{ mm} - 0.35 \text{ mm} - (84 \text{ mm} + 0 \text{ mm}) = 0.65 \text{ mm}$

校核结果表明，余量 Z_3 的大小合适。

② 余量 Z_2 的校核。在图 5.3(c) 所示尺寸链中 Z_2 是封闭环，故

$Z_{2\max} = C_{1\max} - C_{2\min} = 87.5 \text{ mm} + 0 \text{ mm} - (85 \text{ mm} - 0.35 \text{ mm}) = 2.85 \text{ mm}$

$Z_{2\min} = C_{1\min} - C_{2\max} = 87.5 \text{ mm} - 0.54 \text{ mm} - (85 \text{ mm} + 0 \text{ mm}) = 1.96 \text{ mm}$

校核结果表明，余量 Z_2 的大小合适。

余量校核结果表明，所确定的工序尺寸公差合理。经上述分析计算，可确定各工序尺寸分别为 $C_1 = 87.5_{-0.54}^{0}$ mm，$C_2 = 85_{-0.35}^{0}$ mm，$C_3 = 84_{-0.3}^{0}$ mm。

4. 工序 90——钻、粗铰、精铰 $\phi 8$ 孔

参考表 4.22 查得，精铰余量 $Z_{精铰} = 0.04$ mm；粗铰余量 $Z_{粗铰} = 0.16$ mm；钻孔余量 $Z_{钻} = 7.8$ mm。各工序尺寸按加工经济精度查表 2.9 可依次确定为，精铰孔为 IT7；粗铰孔为 IT10；钻孔为 T12。查标准公差数值表 4.33 可确定各工步的公差值分别为：精铰孔为 0.015 mm；粗铰孔为 0.058 mm；钻孔为 0.15 mm。

综上所述，该工序各工步的工序尺寸及公差分别为：精铰孔工序尺寸 $d = d_3 = \phi 8_{0}^{+0.015}$ mm；粗铰孔工序尺寸 $d_2 = \phi 7.96_{0}^{+0.58}$ mm；钻孔工序尺寸 $d_1 = \phi 7.8_{0}^{+0.15}$ mm，它们的相互关系如图 5.5 所示。

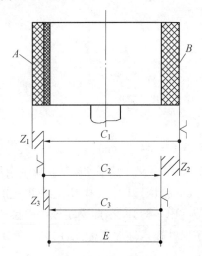

图 5.4　第 10、20 道工序加工过程示意图

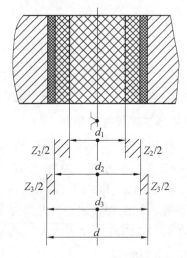

图 5.5　钻－粗铰－精铰 $\phi 8_{0}^{+0.015}$ 孔加工示意图

5.1.5 确定切削用量

下面以第 10、20、90 三道工序为例,通过查表法介绍工序的切削用量的确定。

1. 工序 10(粗铣拨叉头两端面)

工序 10 分两个工步,工步 1 以 B 面定位,粗铣 A 面;工步 2 以 A 面定位,粗铣 B 面。由于这两个工步是在一台机床上经多件夹具装夹一次走刀加工完成的,因此两个工步所选用的切削速度 v 和进给量 f 均相同,而且背吃刀量也相同。

(1)确定背吃刀量。工步 1 的背吃刀量 a_{p1} 取为 Z_1,Z_1 应等于 A 面的毛坯机械加工总余量(见表 5.2)减去工序 20 的余量 Z_3,即 $a_{p1} = Z_1 = 2.5 \text{ mm} - 1 \text{ mm} = 1.5 \text{ mm}$;而工步 2 的背吃刀量取为 Z_2,即 $a_{p2} = Z_2 = 2.5$。

(2)确定进给量。查表 4.110,按机床功率为 5 ~ 10 kW 及工件材料为 35、刀具材料为 YT15 选取,该工序的每齿进给量 f_z 取为 0.13 mm/z。

(3)计算铣削速度。查表 4.113,按 $d_0/z = 100/5$,$f_z = 0.13$ mm/z 的条件选取,铣削速度 $v = 135$ m/min。由公式 $n = 1\,000 \times v/(\pi d)$ 可求得该工序铣刀转速 $n/(\text{r} \cdot \text{min}^{-1}) = 1\,000 \times 135/(3.14 \times 100) \approx 429.9$,查表 4.47 按照该工序所选 X51 型立式铣床的主轴转速系列,取转速 $n = 380$ r/min。再将此转速代入公式 $n = 1\,000 \times v/(\pi d)$,可求出该工序的实际铣削速度 $v/(\text{m} \cdot \text{min}^{-1}) = n\pi d/1\,000 = 380 \times 3.14 \times 100/1\,000 \approx 119.3$。

2. 工序 20(半精铣拨叉头左端面 A)

(1)确定背吃刀量。取 $a_{p3} = Z_3 = 1$ mm。

(2)确定进给量。查表 4.113,半精铣取小值,取 $f_z = 0.09$ mm/z。

(3)计算铣削速度。由表 4.113,按 $d_0/z = 100/5$,$f_z = 0.09$ mm/z 的条件选取,铣削速度 $v = 150$ m/min。由公式 $n = 1\,000 \times v/(\pi d)$ 可求得该工序铣刀转速 $n/(\text{r} \cdot \text{min}^{-1}) = 1\,000 \times 150/(3.14 \times 100) \approx 477$,查表 4.47 按照该工序所选 X51 型立式铣床的主轴转速系列,取转速 $n = 490$ r/min。再将此转速代入公式 $n = 1\,000 \times v/(\pi d)$,可求出该工序的实际铣削速度 $v/(\text{m} \cdot \text{min}^{-1}) = n\pi d/1\,000 = 490 \times 3.14 \times 100/1\,000 = 153.86$。

3. 工序 90(钻、粗铰、精铰 $\phi 8$ 孔)

(1)钻孔工步

① 确定背吃刀量:$a_p = Z_钻/2 = 7.8 \text{ mm}/2 = 3.9 \text{ mm}$。

② 确定进给量:本工序所选机床为立式钻床 Z525,查表 4.123 和表 4.43,取该工步的每转进给量 $f = 0.17$ mm/r。

③ 计算切削速度:查表 4.123,取切削速度 $v = 22$ m/min。由公式 $n = 1\,000 \times v/(\pi d)$ 可求得该工序钻头转速,$n/(\text{r} \cdot \text{min}^{-1}) = \dfrac{1\,000 \times 22}{\pi \times 7.8} = 898.26$,查表 4.43 对照该工序所选 Z525 立式钻床的主轴转速系列,取转速 $n = 960$ r/min。再将此转速代入公式 $n = 1\,000 \times v/(\pi d)$,可求出该工序的实际钻削速度 $v/(\text{m} \cdot \text{min}^{-1}) = n\pi d/1\,000 = 960 \times 3.14 \times \dfrac{7.8}{1\,000} = 23.52$。

(2) 粗铰工步。

① 确定背吃刀量：$a_p = z_{粗铰}/2 = 0.16$ mm$/2 = 0.08$ mm。

② 确定进给量：查表 4.132 和表 4.43，取该工步的每转进给量：$f = 0.22$ mm/r。

③ 计算切削速度：查表 4.132，切削速度 $v = 10$ m/min。由公式 $n = 1\,000 \times v/(\pi d)$ 可求得该工序钻头转速，$n/(r \cdot \min^{-1}) = \dfrac{1\,000 \times 10}{\pi \times 7.96} \approx 400.1$，查表 4.43 对照该工序所选 Z525 立式钻床的主轴转速系列，取转速 $n = 392$ r/min。再将此转速代入公式 $n = 1\,000 \times v/(\pi d)$，可求出该工序的实际钻削速度 $v/(m \cdot \min^{-1}) = n\pi d/1\,000 = 392 \times 3.14 \times \dfrac{7.96}{1\,000} \approx 9.8$。

(3) 精铰工步

① 确定背吃刀量：$a_p = z_{精铰}/2 = 0.04$ mm$/2 = 0.02$ mm。

② 确定进给量：查表 4.132 和表 4.43，取该工步的每转进给量：$f = 0.17$ mm/r。

③ 计算切削速度：查表 4.132，切削速度 $v = 7$ m/min。由公式 $n = 1\,000 \times v/(\pi d)$ 可求得该工序钻头转速，$n/(r \cdot \min^{-1}) = \dfrac{1\,000 \times 7}{\pi \times 8} = 278.6$，查表 4.43 对照该工序所选 Z525 立式钻床的主轴转速系列，取转速 $n = 272$ r/min。再将此转速代入公式 $n = 1\,000 \times v/(\pi d)$，可求出该工序的实际钻削速度 $v/(m \cdot \min^{-1}) = n\pi d/1\,000 = 272 \times 3.14 \times \dfrac{8 \text{ mm}}{1\,000} = 6.83$。

5.1.6 确定时间定额的计算

下面以第 10、20、90 三道工序作为示例，介绍工序的时间定额的计算方法。

1. 基本时间 t_j 的计算

(1) 工序 10（粗铣拨叉头两端面）。根据表 4.147 中面铣刀铣平面（对称铣削、主偏角 $\kappa_r = 90°$）的基本时间计算公式 $t_j = (l + l_1 + l_2)/f_{Mz}$ 可求出该工序的基本时间。由于该工序包括两个工步，即两个工件同时加工，故式中 $l = 2 \times 55$ mm $= 110$ mm，取 l_2 为 1 mm，l_1/mm $= 0.5(d - \sqrt{d^2 - a_e^2}) + (1 \sim 3) = 0.5 \times (100 - \sqrt{100^2 - 55^2}) + 1 = 9.25$，$f_{Mz}/(\text{mm} \cdot \min^{-1}) = fn = f_z \times z \times n = 0.13 \times 5 \times 380 = 247$。

将上述结果代入公式 $t_j = (l + l_1 + l_2)/f_{Mz}$，则该工序的基本时 $t_j/s = (110 + 9.25 + 1)/247 \times 60 \approx 29.4$。

(2) 工序 20（精铣拨叉头左端面）。根据表 4.147 中面铣刀铣平面（对称铣削、主偏角 $\kappa_r = 90°$）的基本时间计算公式 $t_j = (l + l_1 + l_2)/f_{Mz}$ 可求出该工序的基本时间。式中 $l = 55$ mm，$l_1 = 9.25$ mm，取 l_2 为 1 mm；$f_{Mz}/(\text{mm} \cdot \min^{-1}) = fn = f_z zn = 0.09 \times 5 \times 490 = 220.5$。

将上述结果代入公式，则该工序基本时间 $t_j/s = (55 + 9.25 + 1)/220.5 \times 60 \approx 18$。

(3) 工序 90(钻、粗铰、精铰 $\phi 8$ 孔)

① 钻孔工步。根据表 4.145,钻孔的基本时间可由公式 $t_j = (l + l_1 + l_2)/(fn)$ 求得。式中 $l = 20$ mm,取 l_2 为 1 mm,$l_1/\text{mm} = \dfrac{D}{2}\cot \kappa_r + (1 \sim 2) = \dfrac{7.8}{2} \times \cot 54° + 1 \approx 3.8$,$f = 0.17$ mm/r,$n = 960$ r/min。将上述结果代入公式,则该工序的基本时间 $t_j/\text{s} = \dfrac{20 + 3.8 + 1}{0.17 \times 960} \times 60 \approx 9.6$。

② 粗铰工步。根据表 4.145,铰圆柱孔的基本时间可由公式 $t_j = (l + l_1 + l_2)/(fn)$ 求得。查表 4.146,按 $\kappa_r = 15°$、$a_p/\text{mm} = (D - d)/2 = (7.96 - 7.8)/2 = 0.08$ 的条件查得 $l_1 = 0.37$ mm、$l_2 = 15$ mm,已知 $l = 20$ mm,$f = 0.17$ mm/r,$n = 392$ r/min。将上述结果代入公式,则该工序的基本时间 $t_j/\text{s} = \dfrac{(20 + 0.37 + 15)}{0.22 \times 392} \times 60 \approx 24.6$。

③ 精铰工步。根据表 4.145,铰圆柱孔的基本时间可由公式 $t_j = (l + l_1 + l_2)/(fn)$ 求得。查表 4.146,按 $\kappa_r = 15°$、$a_p/\text{mm} = (D - d)/2 = (8 - 7.96)/2 = 0.02$ 的条件查得 $l_1 = 0.19$ mm、$l_2 = 13$ mm,已知 $l = 20$ mm,$f = 0.17$ mm/r,$n = 275$ r/min。将上述结果代入公式,则该工序的基本时间 $t_j/\text{s} = \dfrac{20 + 0.19 + 13}{0.17 \times 272} \times 60 \approx 42.6$。

2. 辅助时间 t_f 的计算

根据第 4.8 节所述,辅助时间 t_f 与基本时间 t_j 之间的关系为 $t_f = (0.15 \sim 0.2)t_j$,则各工序的辅助时间分别为:

工序 10 的辅助时间:
$$t_f/\text{s} = 0.2 t_j = 0.2 \times 29.4 = 5.88$$

工序 20 的辅助时间:
$$t_f/\text{s} = 0.2 t_j = 0.2 \times 18 = 3.6$$

工序 90 钻孔工步的辅助时间:
$$t_f/\text{s} = 0.2 t_j = 0.2 \times 9.6 = 1.92$$

工序 90 粗铰工步的辅助时间:
$$t_f/\text{s} = 0.2 t_j = 0.2 \times 24.6 = 4.92$$

工序 90 精铰工步的辅助时间:
$$t_f/\text{s} = 0.2 t_j = 0.2 \times 42.6 = 8.52$$

3. 其他时间的计算

除了作业时间(基本时间与辅助时间之和)以外,每道工序的单件时间还包括布置工作地时间、休息与生理需要时间和准备与终结时间。由于本例中拨叉的生产类型为中批生产,需要考虑各工序的准备与终结时间。t_z/m 为作业时间的 3% ~ 5%;而布置工作地

时间 t_b 是作业时间的2%～7%，休息与生理需要时间 t_x 是作业时间的2%～4%，本例均取为3%，则各工序的其他时间 $t_b + t_x + (t_z/m)$ 应按关系式 $(3\% + 3\% + 3\%) \times t_j + t_f$ 计算，它们分别为

工序10的其他时间：
$$t_b + t_x + (t_z/m) = 9\% \times (29.4 \text{ s} + 5.88 \text{ s}) = 3.18 \text{ s}$$

工序20的其他时间：
$$t_b + t_x + (t_z/m) = 9\% \times (18 \text{ s} + 3.6 \text{ s}) = 1.94 \text{ s}$$

工序90钻孔工步的其他时间：
$$t_b + t_x + (t_z/m) = 9\% \times (9.6 \text{ s} + 1.92 \text{ s}) = 1.04 \text{ s}$$

工序90粗铰工步的其他时间：
$$t_b + t_x + (t_z/m) = 9\% \times (24.6 \text{ s} + 4.92 \text{ s}) = 2.66 \text{ s}$$

工序90精铰工步的其他时间：
$$t_b + t_x + (t_z/m) = 9\% \times (42.6 \text{ s} + 8.52 \text{ s}) = 4.60 \text{ s}$$

4. 单件时间定额 t_{dj} 的计算

根据公式，本例中单件时间 $t_{dj} = t_j + t_f + t_b + t_x + (t_z/m)$，则各工序的单件时间分别为：

工序10的单件计算时间：
$$t_{dj}/\text{s} = 29.4 + 5.88 + 3.18 = 38.46$$

工序20的单件计算时间：
$$t_{dj}/\text{s} = 18 + 3.6 + 1.94 = 23.54$$

工序90的单件计算时间 t_{dj} 应按三个工步分别计算之后再求和，则

钻孔工步
$$t_{dj钻}/\text{s} = 9.6 + 1.92 + 1.04 = 12.56$$

粗铰工步
$$t_{dj粗铰}/\text{s} = 24.6 + 4.92 + 2.66 = 32.18$$

精铰工步
$$t_{dj精铰}/\text{s} = 42.6 + 8.52 + 4.60 = 55.72$$

因此，工序90的单件计算时间
$$t_{dj}/\text{s} = t_{dj钻} + t_{dj粗铰} + t_{dj精铰} = 12.56 + 32.18 + 55.72 = 100.46$$

5.1.7 拨叉的简易机械加工艺规程

按5.1.4～5.1.6小节的方法同样算出其他工序的加工余量、工序尺寸、切削用量和时间定额等内容，将确定的上述各项内容填入工艺卡片中，拨叉的机械加工工艺过程卡片见表5.5，拨叉的主要工序的机械加工工艺见表5.6。

表 5.5　拨叉的机械加工工艺过程卡片

(单位)		机械加工工艺过程卡片		产品型号	BSQBC-01	共1页	零件号码	BSQBC-01-001	
				单台数量	1	第1页	零件名称	拨叉	
材料牌号	35	毛坯类型	锻件	毛坯或毛料外形尺寸	158×120×90		材料消耗定额/kg		
工序号	工序名称	工序内容	工序图号页数	设备		工艺装备		车间	备注
5	毛坯		1						
10	粗铣拨叉头两端面	粗铣拨叉头两端面：以B面加工A面，再以A面加工B面	2	X51 铣床		专用夹具，面铣刀，卡尺			
20	半精铣拨叉头端面	半精铣拨叉头左端面：以B面加工A面至 $84_{-0.30}^{0}$	3	X51 铣床		专用夹具，面铣刀，卡尺			
30	扩、铰 φ30 mm 孔	扩、铰 $\phi 30_{0}^{+0.021}$ mm 孔	4	Z525 钻床		通用扩孔钻，铰刀，塞规			
40	校正拨叉脚	校正拨叉脚		钳工工作台		手锤			
50	粗铣拨叉脚两端面	粗铣拨叉脚两端面 22	5	X62 铣床		专用夹具，面铣刀，卡尺			
60	铣爪口内侧面	铣爪口内侧面 R46	6	X51 铣床		专用夹具，面铣刀，卡尺			
70	粗铣操纵槽	粗铣操纵槽底面和内侧面 12	7	X51 铣床		专用夹具，面铣刀，卡尺			
80	粗铣拨叉脚两端面	粗铣拨叉脚两端面 21.5	8	X62 铣床		专用夹具，面铣刀，卡尺			
90	钻、铰 φ8 mm 孔	钻、铰 $\phi 8_{0}^{+0.015}$ mm 孔	9	Z525 铣床		钻头，铰刀，内径千分尺			
100	去毛刺	去毛刺		钳工工作台		平锉			
110	中检					塞规，百分表，卡尺等			
120	热处理	热处理（拨叉脚两端面局部淬火，低温回火）	10	淬火机等					
130	校正拨叉脚	校正拨叉脚				手锤			
140	磨削拨叉脚两端面	磨削拨叉脚两端面 20±0.026	11	M7120A 磨床		砂轮，游标卡尺			
150	清洗	清洗							
160	终检	终检				塞规，百分表，卡尺等			
标记	更改单号	签名	日期		校对	工艺员	日期	标准	日期	审定	日期

表5.6 拨叉主要工序的机械加工工艺

工序号	工序名称	工序内容	工序图	工艺装备
10	粗铣拨叉头两端面	以B面定位粗加工A面至$87.5_{-0.54}^{0}$ mm, $Ra6.3$; 再以A面定位加工B面至$85_{-0.35}^{0}$ mm, $Ra12.5$	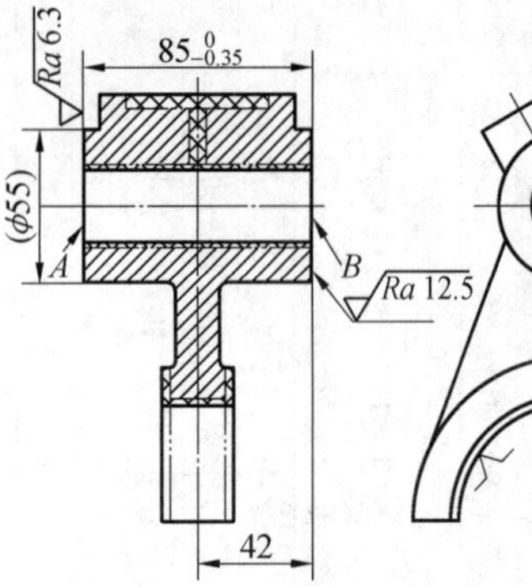	YT15硬质合金面铣刀$\phi100$、游标卡尺
20	半精铣拨叉头左端面	半精铣拨叉头左端面$84_{-0.30}^{0}$, $Ra3.2$	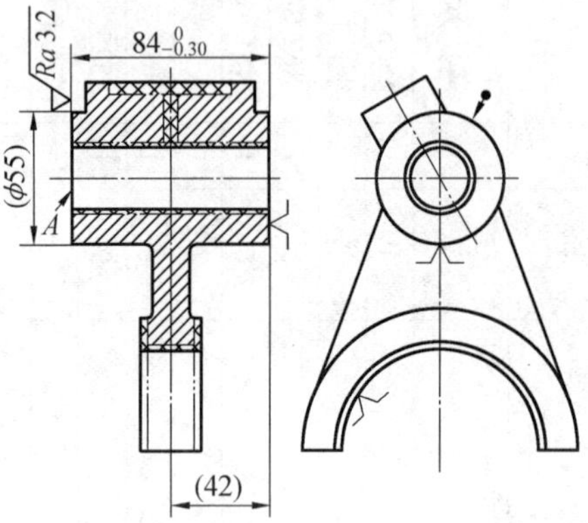	YT15硬质合金面铣刀$\phi100$、游标卡尺
30	扩孔、倒角、铰$\phi30$孔	扩孔$\phi29.6_{0}^{+0.20}$、倒角$1\times45°$、粗铰$\phi29.8_{0}^{+0.08}$,精铰$\phi30_{0}^{+0.021}$	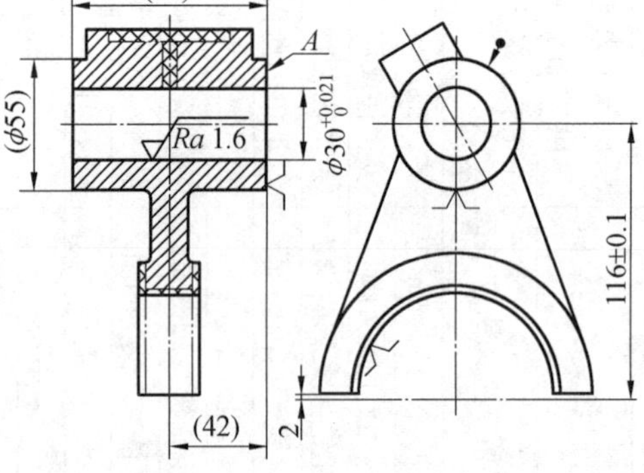	卡尺、扩孔钻$\phi29.6$、粗铰刀$\phi29.8$、精铰刀$\phi30$、塞规$\phi29.8$、塞规$\phi30$

续表 5.6

工序号	工序名称	工序内容	工序图	工艺装备
50	粗铣拨叉脚两端面	粗铣拨叉脚两端面 22，Ra6.3，并保证对称在 0.1 mm 之内	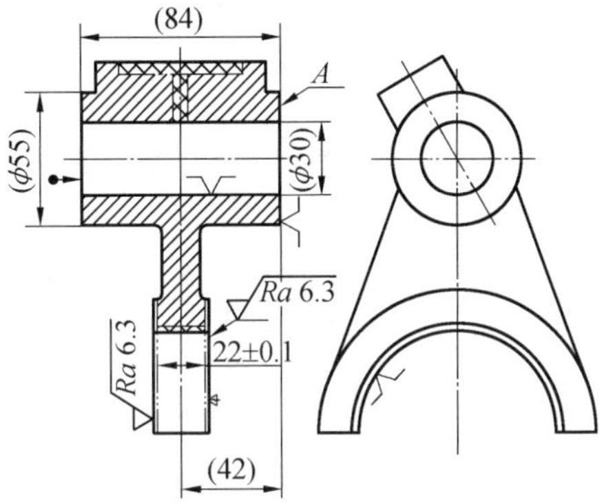	三面刃铣刀、游标卡尺
60	铣叉爪口内侧面	铣叉爪口内侧面 R46，Ra12.5，并保证左右对称在 0.08 mm 之内	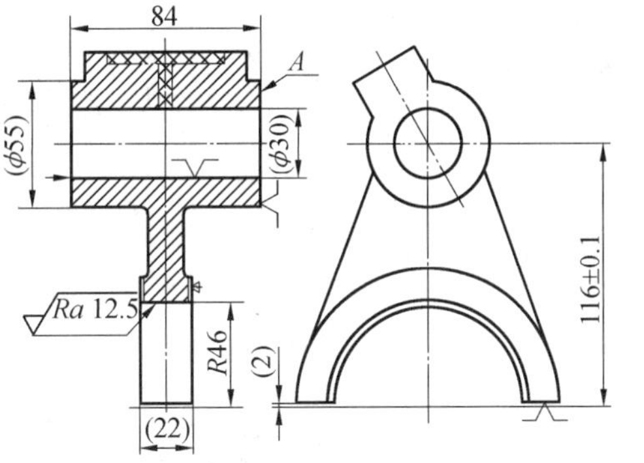	三面刃铣刀、专用量具
70	粗铣操纵键槽	粗铣操纵键槽 12	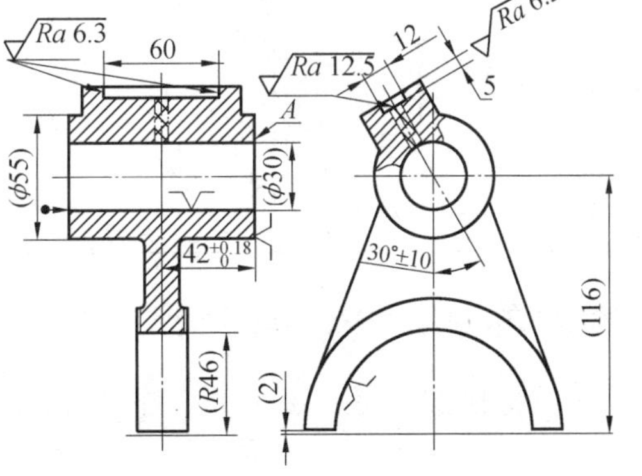	键槽铣刀、深度游标卡尺、卡规

续表 5.6

工序号	工序名称	工序内容	工序图	工艺装备
80	精铣拨叉脚两端面	精铣拨叉脚两端面 20.5，Ra3.2，并保证对称在 0.1 mm 之内	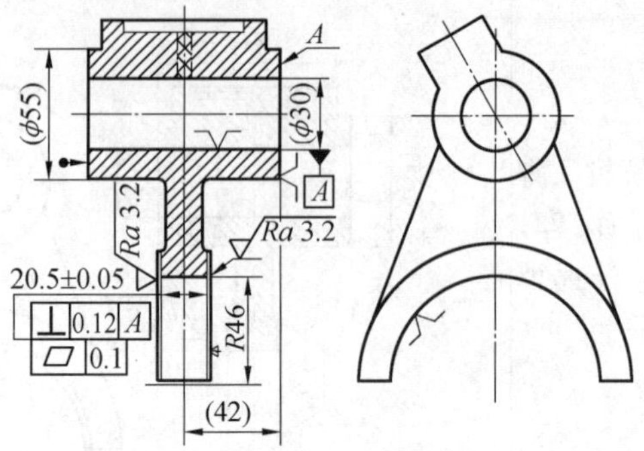	三面刃铣刀、游标卡尺
90	钻、倒角、粗铰、精铰	钻 ϕ7.8、倒角 1×45°、粗铰 ϕ7.96、精铰 ϕ8 mm 孔	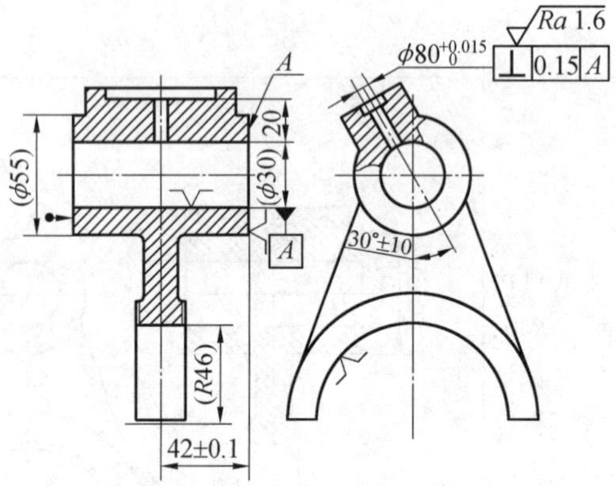	通用麻花钻 ϕ7.8、铰刀 ϕ7.96、铰刀 ϕ8 内径千分尺、塞规
140	磨削拨叉脚两端面	精铣拨叉脚两端面 20，Ra3.2，并保证对称在 0.06 mm 之内	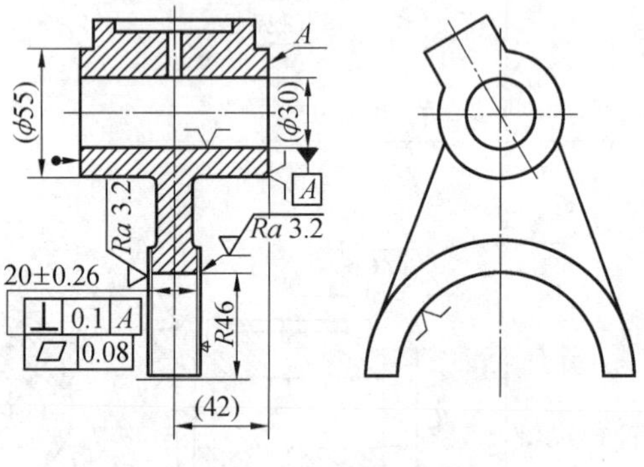	砂轮、千分尺

5.1.8 工序 90 的专用钻床夹具设计

根据表 5.6 拨叉的机械加工参考工艺的工序 90 的工序简图。为该工序设计钻床夹具。

（1）确定定位元件。根据工序简图规定的定位基准，需要限制 6 个自由度，选用一面两销定位方案(图 5.6(b)),长定位销与工件定位孔配合,限制四个自由度,长定位销轴肩小环短平面与工件定位端面接触,限制一个自由度,削边销与工件的叉口接触限制一个自由度,实现工件正确定位。定位孔与定位销的配合尺寸取为 $\phi30H7/f6$(在夹具上标出定位销配合尺寸 $\phi30f6$)。对于工序 $42_0^{+0.18}$ mm 而言,定位基准与工序基准重合,定位误差 $\Delta_{dw}(42)=0$;对于加工孔 $\phi8_0^{+0.015}$ mm 的位置度公差要求,定位基准与工序基准重合 $\Delta_{dw}(\oplus \phi8)=0$;加工孔径 $\phi8_0^{+0.015}$ mm 由刀具直接保证,$\Delta_{dw}(\phi8)=0$。由上述分析可知,该定位方案合理、可行。

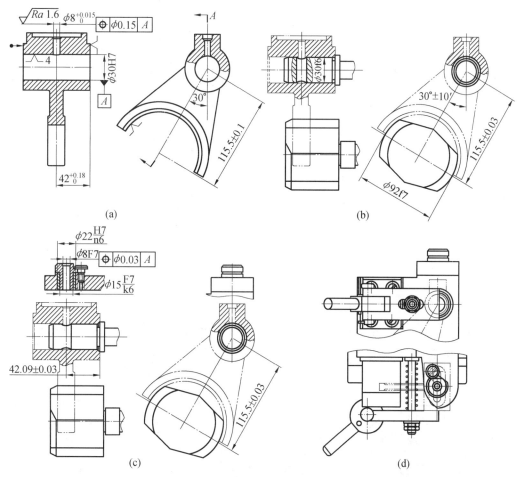

图 5.6 加工拨叉锁销孔夹具方案设计

(2)确定导向装置。本工序要求对被加工孔依次进行钻、扩、铰等 3 个工步的加工,最终达到工序简图上规定的加工要求,夹具选用快换钻套作为刀具的导向元件,如图 5.6(c)所示,快换钻套查表 4.171,钻套用衬套查表 4.172,钻套螺钉查表 4.173。导向元件相对定位元件位置尺寸取工件相应尺寸 $42_0^{+0.18}$ 的平均尺寸作为基本尺寸,即基本尺寸为 42.09,其公差取为工件相应尺寸公差的 $\frac{1}{5} \sim \frac{1}{2}$,本例取 $0.18/3=0.06$,按照偏差对称分布即可确定该尺寸为 42.09 ± 0.03。钻套位置度公差值取为工件相应公差值的 1/5,即为 0.03 mm(标注见图 5.6(c))。

查表 4.174，确定钻套高度 $H/\text{mm} = 3d = 3 \times 8 = 24$，排屑空间 $h = d = 8$ mm。

(3) 确定夹紧机构。针对成批生产的工艺特征，此夹具选用偏心螺旋压板夹紧机构，如图 5.6(d) 所示。偏心螺旋压板夹紧机构中的各零件均采用标准夹具元件，参照表 3.4 中图 4 并查表 4.204 与表 4.205 确定。

(4) 画夹具装配图(图 5.7)。

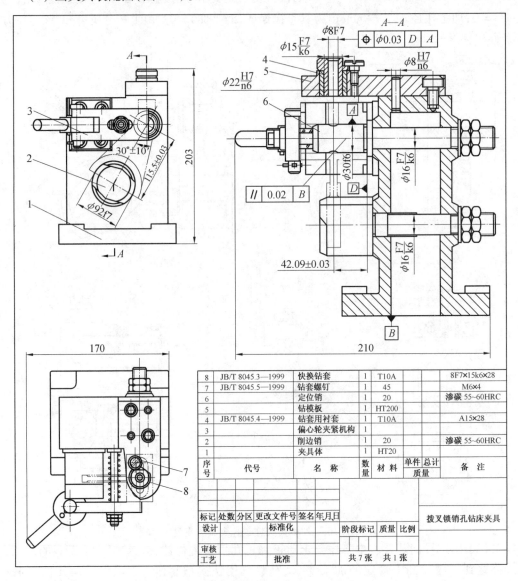

图 5.7　加工拨叉锁销孔钻床夹具装配图

(5) 在夹具装配图上标注尺寸、配合及技术要求：

① 确定定位元件之间的尺寸，定位销与削边销中心距尺寸公差取工件相应尺寸公差的 1/3，偏差对称标注，标注尺寸 115.5 ± 003。

② 根据工序简图上规定的被加工孔的加工要求，确定钻套中心线与定位销定位环面

(轴肩)之间的尺寸取为(42.09 ± 0.03) mm(其基本尺寸取为零件相应尺寸 $42_0^{+0.18}$ mm 的平均尺寸;其公差值取为零件相应尺寸 $42_0^{+0.18}$ mm 的公差值的 1/3,偏差对称标注)。

③ 钻套中心线对定位销中心线的位置度公差取工件相应位置度公差值的 1/3,即取为 0.03 mm。

④ 定位销中心线与夹具底面的平行度公差取为 0.02 mm。

⑤ 关键件的配合尺寸分别为:$\phi 8F7$、$\phi 30f6$、$\phi 57f7$、$\phi 15F7/k6$、$\phi 22H7/n6$、$\phi 8H7/n6$ 和 $\phi 16H7/k6$。以上各标注如图 5.7 所示。

⑥ 工序所用机床为 Z525 钻床,查表 4.43 得 Z525 钻床的主轴中心距 T 形槽距离为 $A - B = 250 - 155 = 45$ mm,即 U 形槽的中心线与加工孔 $\phi 8$ 的中心距离为 45 mm、查表 4.40 得 Z525 钻床的 T 形槽距离为 200 mm 即夹具体的 U 形的间距为 200 mm,如图 5.8 所示。

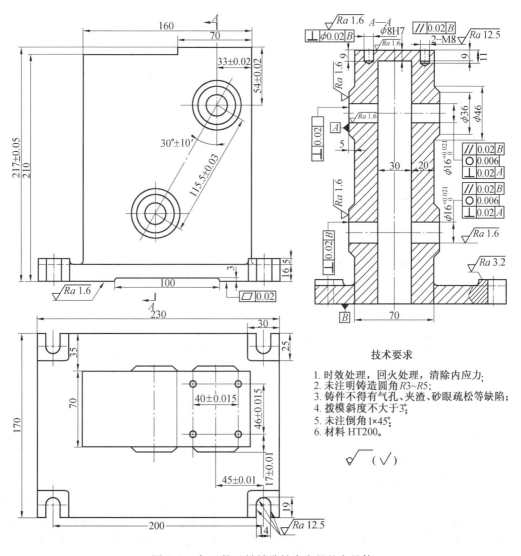

图 5.8 加工拨叉锁销孔钻床夹具的夹具体

5.2 离合齿轮的工艺规程编制及典型夹具设计

5.2.1 离合齿轮的工艺分析及生产类型的确定

1. 离合齿轮零件

离合齿轮零件所用材料为45钢,质量为1.36 kg,年产量$Q = 2\,000$台/年。离合齿轮零件图如图5.9所示。

2. 离合齿轮的功用分析

离合齿轮是CA6140车床主轴箱中运动输入Ⅰ轴上的一个离合齿轮,它位于输入Ⅰ轴的右端,用于接通或断开主轴的反转传动路线,与其他零件一起组成摩擦片正反转离合器。它借助两个滚动轴承空套在Ⅰ轴上,只有当装在Ⅰ轴上的内摩擦片和装在该轴上的外摩擦片压紧时,Ⅰ轴才能带动该齿轮转动。该零件的$\phi68K7$ mm孔与两个滚动轴承的外圈相配合,$\phi72$ mm沟槽为弹簧挡圈卡槽,$\phi94$ mm孔容纳其他零件,通过4个16 mm槽口控制齿轮转动,6×1.5 mm沟槽和$4 \times \phi5$ mm孔用于通入冷却润滑油。

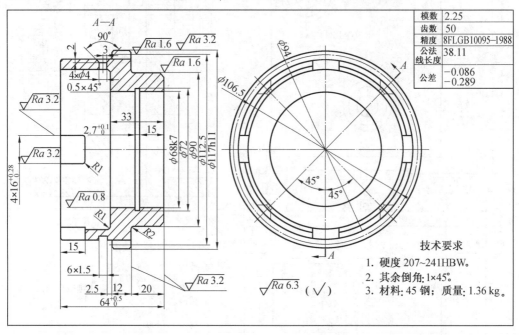

图5.9 离合齿轮零件图

3. 离合齿轮的工艺分析

离合齿轮属盘套类回转体零件,它的所有表面均需切削加工,各表面的加工精度和表面粗糙度都不难获得。4个16 mm槽口相对$\phi68K7$ mm孔的轴线互成90°垂直分布,其径向设计基准是$\phi68K7$mm孔的轴线,轴向设计基准是$\phi90$ mm外圆柱的右端平面。$4 \times \phi4$ mm孔在6×1.5 mm沟槽内,孔中心线距沟槽一侧面的距离为3 mm,由于加工时不能选用沟槽的侧面为定位基准,要精确地保证上述要求则比较困难,但这些小孔为油孔,位置要求不高,只要钻到沟槽之内接通油路即可,加工不成问题。但基准孔中 ϕ68K7 mm 要求 $Ra = 0.8$ μm,有些偏高。一般 8 级精度的齿轮,其基准孔要求 $Ra = 1.6$ μm 即可。总体上说,这个零件的工艺性较好。

4. 零件的生产类型

零件年产量 $Q = 2\,000$ 台/年,$m = 1$ 件/台;结合生产实际,备用率 a 和废品率 b 分别取为 4% 和 0.3%。代入公式得该零件的生产量为

$$N = Qm(1+a)(1+b) = 2\,000 \times 1 \times (1+4\%) \times (1+0.3\%) \approx 2\,086 \text{ 件/年}$$

零件是机床上的齿轮,质量为 1.36 kg,查表 2.2 知,属轻型零件,再由表 2.3 可知,该齿轮的生产类型为中批生产。

5.2.2 选择毛坯、确定毛坯尺寸及设计毛坯图

1. 选择毛坯

该零件材料为 45 钢。考虑到车床在车削螺纹工作中经常要正、反向旋转,该零件在工作过程中经常承受交变载荷及冲击性载荷,因此应该选用锻件,使金属纤维尽量不被切断,保证零件工作可靠。由于零件年产量为 2 086 件,属批量生产,而且零件的轮廓尺寸不大,可采用模锻成形。

2. 锻件机械加工余量、毛坯尺寸和公差的确定

钢质模锻件的公差及机械加工余量按 GB/T 12362—2003 确定。要确定毛坯的尺寸公差及机械加工余量,查表 4.6~表 4.9,首先确定如下各项因素:

(1) 锻件公差等级。由该零件的功用和技术要求,确定其锻件公差为普通级。

(2) 锻件质量 m_t。根据零件成品质量为 1.36 kg,估算 $m_t = 2.2$ kg。

(3) 锻件形状复杂系数 S。

该锻件为圆形,假设其最大直径为 ϕ121 mm,长 68 mm,可计算出锻件外轮廓包容体质量为

$$m_N/\text{kg} = \frac{\pi}{4} \times 121^2 \times 68 \times 7.85 \times 10^{-6} = 6.135$$

由式(4.3)和式(4.4)可计算出该拨叉锻件的形状复杂系数

$$S = \frac{m_t}{m_N} = \frac{2.2}{6.135} \approx 0.358$$

查锻件形状复杂系数 S 分级表,由于 0.358 介于 0.32~0.63 之间,得到该零件的形状复杂系数 S 属 S_2 级。

(4) 锻件材质系数 M。由于该零件材料为 45 钢,是碳的质量分数小于 0.65% 的碳素钢,查工艺手册可知该锻件的材质系数属 M_1 级。

(5) 零件表面粗糙度。由零件图知,除 ϕ68K7 mm 孔为 $Ra = 0.8$ μm 以外,其余各加工表面 $Ra \geq 1.6$ μm。

3. 确定锻件机械加工余量

根据锻件质量、零件表面粗糙度和形状复杂系数查表 4.9,可查得锻件单边余量在厚

度方向为 1.7～2.2 mm，水平方向亦为 1.7～2.2 mm，即锻件各外径的单面余量为 1.7～2.2 mm，各轴向尺寸的单面余量亦为 1.7～2.2 mm。查表 4.10 得锻件中心两孔的单面余量按表查得为 2.5 mm。

4. 确定锻件毛坯尺寸

上面查得的加工余量适用于机械加工表面粗糙度 $Ra \geq 1.6\ \mu m$。$Ra < 1.6\ \mu m$ 的表面，余量要适当增大。分析本零件，除 φ68K7 mm 孔为 $Ra = 0.8\ \mu m$ 以外，其余各加工表面为 $Ra \geq 1.6\ \mu m$，φ68K7 mm 孔需精加工达到 $Ra = 0.8\ \mu m$，需粗镗、半精镗、精镗及磨孔参考磨孔余量（见表 4.24，表 4.26）确定精镗孔单面余量为 0.25 mm，磨孔单面余量为 0.25 mm。

综上所述，确定的毛坯尺寸见表 5.7。

表 5.7　齿轮毛坯(锻件)尺寸　　　　　　　　　　　　　　　　　　　　mm

零件尺寸	单边加工余量	锻件尺寸	零件尺寸	单边加工余量	锻件尺寸
φ117h11	2	φ121	64	2 及 1.7	67.7
φ106.5	1.75	φ110	20	2 及 2	20
φ90	2	φ94	12	2 及 1.7	15.7
φ94	2.5	φ89	φ94 孔深 31	1.7 及 1.7	31
φ68K7	3	φ62			

5. 确定锻件毛坯尺寸公差

根据上述条件，锻件毛坯尺寸公差根据锻件质量、材质系数和形状复杂系数，查表 4.6～表 4.10，可求得拨叉锻件的毛坯尺寸及公差，进而求得各加工表面的加工余量，本零件毛坯尺寸允许偏差见表 5.8。

表 5.8　齿轮毛坯尺寸允许偏差　　　　　　　　　　　　　　　　　　　mm

锻件质量 m_t/kg	包容体质量 m_n/kg	形状复杂系数 S	材质系数	公差等级
2.22	6.135	S_2	M_1	普通级
零件尺寸	机械加工余量/mm	毛坯基本尺寸	尺寸公差	毛坯尺寸公差
φ117	1.7～2.2 取 2(查表 4.9)	φ121	$2.5^{+1.7}_{-0.8}$(查表 4.6)	$\varphi 121^{+1.7}_{-0.8}$
φ106.5	1.7～2.2 取 1.75(查表 4.9)	φ110	$2.2^{+1.5}_{-0.7}$(查表 4.6)	$\varphi 110^{+1.5}_{-0.7}$
φ90	1.7～2.2 取 2(查表 4.9)	φ94	$2.2^{+1.5}_{-0.7}$(查表 4.6)	$\varphi 94^{+1.5}_{-0.7}$
φ94	2.5(查表 4.10)	φ89	$2.2^{+1.5}_{-0.7}$(查表 4.6)	$\varphi 89^{+1.5}_{-0.7}$
φ68	3(查表 4.10 和表 4.26)	φ62	$2.2^{+1.5}_{-0.7}$(查表 4.6)	$\varphi 62^{+1.5}_{-0.7}$
64	2 及 1.7(查表 4.9)	67.7	$2.2^{+1.7}_{-0.5}$(查表 4.7)	$67.7^{+1.7}_{-0.5}$
20	2 及 2(查表 4.9)	20	$1.8^{+1.2}_{-0.6}$(查表 4.6)	20 ± 0.9
12	2 及 1.7(查表 4.9)	15.7	$1.6^{+1.2}_{-0.4}$(查表 4.7)	$15.7^{+1.2}_{-0.4}$
31(φ94 孔深)	1.7 及 1.7(查表 4.9)	31	$2.0^{+1.3}_{-0.7}$(查表 4.6)	31 ± 1.0

6. 设计毛坯图

(1) 确定圆角半径。锻件的内外圆角半径查表 4.12 可确定。本锻件各部分的 $H/B < 2$,为简化起见,本锻件的内、外圆角半径分别取相同数值,以台阶高度 $H = 16 \sim 25$ mm 进行确定。结果如下:外圆角半径 $r = 6$ mm,内圆角半径 $R = 3$ mm。以上所取的圆角半径数值能保证各表面的加工余量。

(2) 确定模锻斜度。本锻件由于上、下模镗深度不相等,模锻斜度应以模镗较深的一侧计算。

$$\frac{L}{B} = \frac{110}{110} = 1, \quad \frac{H}{B} = \frac{32}{110} = 0.291$$

查阅表 4.11 相关内容可确定外模锻斜度 $\alpha = 5°$,内模锻斜度加大,取 $\beta = 7°$。

(3) 确定分模位置。由于毛坯是 $H < D$ 的圆盘类锻件,应采取轴向分模,这样可冲内孔,使材料利用率得到提高。为了便于起模及便于发现上、下模在模锻过程中错移,选择最大直径即齿轮处的对称平面为分模面,分模线为直线,属平直分模线。

(4) 确定毛坯的热处理方式。钢质齿轮毛坯经锻造后应安排正火,以消除残余的锻造应力,使不均匀的金相组织通过重新结晶而得到细化、均匀的组织,从而改善加工性。本零件的毛坯图如图 5.10 所示。

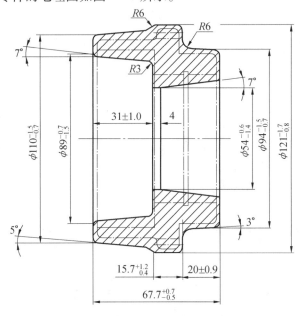

图 5.10 离合齿轮毛坯图

技术要求
1. 正火,硬度 207~241HBS。
2. 未注圆角 R2.5。
3. 外模锻斜度 5°。

材料:45 钢
质量:2.2 kg

5.2.3 加工方法的选择及工艺路线的制定

1. 定位基准的选择

本零件是带孔的盘状齿轮,孔是设计基准(亦是装配基准和测量基准),为避免由于基准不重合而产生的误差,应选孔为定位基准,即遵循"基准重合"的原则。即选 $\phi 68K7$ mm 孔及一端面作为精基准。

由于本齿轮全部表面都需加工,而孔作为精基准应先进行加工,因此应选毛坯的外圆 $\phi110$ 及其端面为粗基准。最大毛坯的外圆 $\phi121$ 上有分模面,表面不平整、有飞边等缺陷,定位不可靠,故不能选为粗基准。

2. 零件表面加工方法的选择

本零件的加工面有外圆、内孔、端面、齿面、槽及小孔等,材料为45钢。根据公差等级和表面粗糙度要求,查阅工艺手册中零件表面加工方法、加工经济精度与表面粗糙度相关内容,其加工方法选择如下:

(1)$\phi90$ mm 外圆面。为未注公差尺寸,根据GB 1800—79规定其公差等级按IT14,表面粗糙度 $Ra = 3.2$ μm,需进行粗车和半精车。

(2)齿圈外圆面。公差等级为IT11,表面粗糙度 $Ra = 3.2$ μm,需粗车和半精车。

(3)$\phi106_{-0.4}^{0}$ mm 外圆面。公差等级为IT12,表面粗糙度 $Ra = 6.3$ μm,粗车即可。

(4)$\phi68K7$ mm 内孔。公差等级为IT7,表面粗糙度 $Ra = 0.8$ μm,毛坯孔已锻出,为未淬火钢,加工方法可采取粗镗、半精镗,之后用精镗、拉孔或磨孔都能满足加工要求。由于拉孔适用于大批量生产,磨孔适用于单件小批量生产,故本零件宜采用粗镗、半精镗和精镗。

(5)$\phi94$ mm 内孔。为未注公差尺寸,公差等级按IT14,表面粗糙度 $Ra = 6.3$ μm,毛坯孔已锻出,只需粗镗即可。

(6)端面。本零件的端面为回转体端面,尺寸精度要求不高,表面粗糙度有 $Ra = 3.2$ μm 及 $Ra = 6.3$ μm 两种要求。要求 $Ra = 3.2$ μm 的端面可粗车和半精车,要求 $Ra = 6.3$ μm 的端面粗车即可。

(7)齿面。齿轮模数为2.25,齿数为50,精度为8FL,表面粗糙度 $Ra = 1.6$ μm,采用A级单头滚刀滚齿即能达到要求。

(8)槽。槽宽和槽深的公差等级分别为IT13和IT14,表面粗糙度分别为 $Ra = 3.2$ μm 和 $Ra = 6.3$ μm,需采用三面刃铣刀,粗铣、半精铣。

(9)$\phi5$ mm 小孔。采用复合钻头一次钻出即可。

3. 选择加工设备与工艺装备

(1)选择机床。根据不同的工序选择机床,相关内容参考工艺手册中常用金属切削机床的技术参数部分。

①工序10、20、30是粗车和半精车。各工序的工步数不多,成批生产不要求很高的生产率,故选用卧式车床就能满足要求。本零件外廓尺寸不大,精度要求不是很高,选用最常用的C620-1型卧式车床即可。

②工序40为精镗孔。由于加工的零件外廓尺寸不大,又是回转体,宜在车床上镗孔。由于要求的精度较高,表面粗糙度值较小,需选用较精密的车床才能满足要求,因此选用C616A型卧式车床。

③工序50为滚齿。从加工要求及尺寸大小考虑,选Y3150型滚齿机较合适。

④工序60和70是用三面刃铣刀粗铣及半精铣槽,应选卧式铣床。考虑本零件属于成批生产,所选机床使用范围较广为宜,选常用的X62型铣床能满足加工要求。

⑤工序80是钻4个 $\phi5$ mm的小孔,可采用专用的分度夹具在立式钻床上加工,故选

Z525 型立式钻床。

（2）选择夹具。本零件除粗铣、半精铣槽和钻小孔工序需要专用夹具外,其他各工序使用通用夹具即可。前 4 道车床工序用三爪自定心卡盘,滚齿工序用心轴。

（3）选择刀具。根据不同的工序选择刀具,相关内容查阅工艺手册中金属切削刀具部分。

① 在车床上加工的工序,一般都选用硬质合金车刀和镗刀。加工钢质零件采用 YT 类硬质合金,粗加工用 YT5,半精车用 YT15,精加工用 YT30。为提高生产率及经济性,应选用可转位车刀（GB/T 5343.1—2007,GB/T 5343.2—2007）。切槽刀宜选用高速钢。

② 关于滚齿,查阅工艺手册中齿轮加工的经济精度部分,采用 A 级单头滚刀能达到 8 级精度。滚刀选择可查阅工艺手册中齿轮滚刀部分,这里选模数为 2.25 mm 的 Ⅱ 型 A 级精度滚刀（GB/T 6083—2001）。

③ 铣刀选镶齿三面刃铣刀（JB/T 7953—2010）。零件要求铣切深度为 15 mm,查表 4.92,铣刀直径选择部分,可知铣刀的直径应为 $\phi100 \sim 160$ mm。因此所选铣刀:半精铣工序铣刀直径 $d = 125$ mm,宽 $L = 16$ mm,孔径 $D = 32$ mm,齿数 $Z = 14$;粗铣由于留有双面余量 3 mm（查表4.32）,槽宽加工到 13 mm,该标准铣刀无此宽度需特殊订制,铣刀规格为 $d = 125$ mm,$L = 13$ mm,$D = 32$ mm,$Z = 20$。

④ 钻 $\phi5$ mm 小孔,由于带有 90° 的倒角,可采用复合钻一次钻出。

4. 制订工艺路线

齿轮的加工工艺路线一般是先进行齿坯的加工,再进行齿面加工。齿坯加工包括各圆柱表面及端面的加工。按照先加工基准面及先粗后精的原则,综合以上考虑,制订了该零件加工的工艺路线,详见表 5.9。

表5.9 离合齿轮的工艺路线及设备、工装的选用

工序号	工序名称	机床设备	刀具	量具
5	毛坯及正火处理			
10	粗车右端面及内孔	卧式车床 C620—1	YT5 的 90° 偏刀 45° 外圆车刀和 YT5 的镗刀、高速钢切槽刀	游标卡尺及内径百分尺表
20	粗车左端面	卧式车床 C620—1	YT5 的 90° 偏刀和 YT5 的镗刀	游标卡尺及内径百分尺表
30	半精车右端面及内孔	卧式车床 C620—1	YT15 的 90° 偏刀、倒角刀和 YT15 的镗刀	游标卡尺及内径百分表、深度卡尺
40	精镗内孔	卧式车床 C616A	高速钢切槽刀、YT30 精镗刀、倒角刀	圆柱塞规
50	滚齿	滚齿机 Y3150	齿轮滚刀 $m = 2.25$	公法线百分尺

续表 5.9

工序号	工序名称	机床设备	刀具	量具
60	粗铣4个槽	卧式铣床 X62	高速钢错齿三面刃铣刀 $\phi125$	游标卡尺
70	半精铣4个槽	卧式铣床 X62	高速钢错齿三面刃铣刀 $\phi125$	游标卡尺
80	钻4个小孔	立式钻床 Z525	复合钻 $\phi5$ 及 90°角	
90	去毛刺	钳工台	平锉	
100	终检			

5. 确定工序尺寸

(1) 确定圆柱面的工序尺寸。圆柱表面多次加工的工序尺寸与加工余量有关。前面已确定各圆柱面的总加工余量(毛坯余量),应将毛坯余量分为各工序加工余量,然后由后往前计算工序尺寸。中间工序尺寸的公差按加工方法的经济精度确定。

查表4.13、表4.24和表4.26得到本零件各圆柱表面的工序加工余量、工序尺寸、公差和表面粗糙度,结果见表5.10。

表 5.10 圆柱表面的工序加工余量、工序尺寸、公差和表面粗糙度   mm

加工表面	工序双边余量			工序尺寸公差			表面粗糙度/μm		
	粗	半精	精	粗	半精	精	粗	半精	精
$\phi117h11$ 外圆	2.5	1.5	—	$\phi118.5_{-0.54}^{0}$	$\phi117_{-0.22}^{0}$	—	$Ra6.3$	$Ra3.2$	
$\phi106.5_{-0.4}^{0}$ 外圆	3.5	—	—	$\phi106.5_{-0.4}^{0}$			$Ra6.3$		
$\phi90$ 外圆	2.5	1.5		$\phi91.5$	$\phi90$	—	$Ra6.3$	$Ra3.2$	
$\phi94$ 孔	5			$\phi94$			$Ra6.3$		
$\phi68K7$ 孔	3	2	1	$\phi65_{0}^{+0.19}$	$\phi67_{0}^{+0.074}$	$\phi68_{-0.021}^{+0.009}$	$Ra6.3$	$Ra1.6$	$Ra0.8$

(2) 确定轴向工序尺寸。本零件各工序的轴向尺寸如图 5.11 所示。

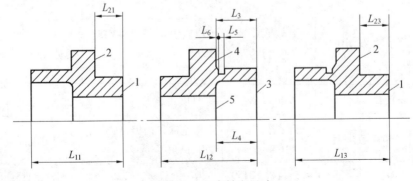

图 5.11 工序轴向尺寸

① 确定各加工表面的工序加工余量。查表4.16~表4.18得到本零件各端面的工序

加工余量见表 5.11。

表 5.11　各端面的工序加工余量　　　　　　　　　　　　　　　mm

工序	加工表面	总加工余量	工序加工余量
10	1	2	$Z_{11} = 1.3$
	2	2	$Z_{21} = 1.3$
20	3	1.7	$Z_{32} = 1.7$
	4	1.7	$Z_{42} = 1.7$
	5	1.7	$Z_{52} = 1.7$
30	1	2	$Z_{13} = 0.7$
	2	2	$Z_{23} = 0.7$

② 确定工序尺寸 L_{13}、L_{23}、L_5 及 L_6。该尺寸在工序中应达到零件图样的要求，$L_{13} = 64_0^{+0.5}$ mm（尺寸公差暂定），$L_{23} = 20$ mm，$L_5 = 6$ mm，$L_6 = 2.5$ mm。

③ 确定工序尺寸 L_{12}、L_{11} 及 L_{21}。该尺寸只与加工余量有关，$L_{12} = L_{13} + Z_{13} = 64$ mm $+ 0.7$ mm $= 64.7$ mm，$L_{11} = L_{12} + Z_{32} = 64.7$ mm $+ 1.7$ mm $= 66.4$ mm，$L_{21} = L_{23} + Z_{13} - Z_{23} = 20$ mm $+ 0.7$ mm $- 0.7$ mm $= 20$ mm。

④ 确定工序尺寸 L_3。尺寸 L_3 需解工艺尺寸链才能确定。工艺尺寸链如图 5.12 所示。图 5.12 中 L_7 为零件图样上要求保证的尺寸 12 mm。L_7 为未注公差尺寸，其公差等级按 IT14，查公差表 4.33 得公差值为 0.43 mm，则 $L_7 = 12_{-0.43}^{0}$ mm。

根据尺寸链计算公式：

$$L_7 = L_{13} - L_{23} - L_3$$

$$L_3 = L_{13} - L_{23} - L_7 = 64 \text{ mm} - 20 \text{ mm} - 12 \text{ mm} = 32 \text{ mm}$$

$$T_7 = T_{13} + T_{23} + T_3$$

按前面所定的公差 $T_{13} = 0.5$ mm，而 $T_7 = 0.43$ mm，不能满足尺寸公差的关系式，必须缩小 T_{13} 的数值。现按加工方法的经济精度确定：

$$T_{13} = 0.1 \text{ mm}, \quad T_{23} = 0.08 \text{ mm}, \quad T_3 = 0.25 \text{ mm}$$

则　　　　$T_{13} + T_{23} + T_3 = 0.1$ mm $+ 0.08$ mm $+ 0.25$ mm $= 0.43$ mm $= T_7$

决定组成环的极限偏差时，留 L_3 作为调整尺寸，L_{13} 按外表面、L_{23} 按内表面决定其极限偏差，则

$$L_{13} = 64_{-0.1}^{0} \text{ mm}, \quad L_{23} = 20_0^{+0.08} \text{ mm}$$

L_7、L_{13}、及 L_{23} 的中间偏差为

$$\Delta_7 = -0.215 \text{ mm}, \quad \Delta_{13} = -0.05 \text{ mm}, \quad \Delta_{23} = +0.04 \text{ mm}$$

L_3 的中间偏差为

$$\Delta_3 = \Delta_{13} - \Delta_{23} - \Delta_7 = -0.05 \text{ mm} - (+0.04 \text{ mm}) - (-0.215 \text{ mm}) = +0.125 \text{ mm}$$

$$ESL_3 = \Delta_{13} + \frac{T_3}{2} = 0.125 \text{ mm} + \frac{0.25 \text{ mm}}{2} = +0.25 \text{ mm}$$

$$EIL_3 = \Delta_{13} - \frac{T_3}{2} = 0.125 \text{ mm} - \frac{0.25 \text{ mm}}{2} = 0 \text{ mm}$$

$$L_3 = 32^{+0.25}_{0} \text{ mm}$$

⑤ 确定工序尺寸 L_4。工序尺寸 L_4 也需解工艺尺寸链才能确定。工序尺寸链如图 5.13 所示。

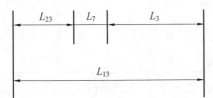

图 5.12 含尺寸 L_3 的工艺尺寸链

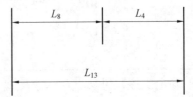

图 5.13 含尺寸 L_4 的工艺尺寸链

图 5.13 中 L_8 为零件图样上要求保证的尺寸 33 mm。其公差等级按 IT14，查表为 0.62 mm，则 $L_8 = 33^{0}_{-0.62}$ mm。解工艺尺寸链得 $L_4 = 31^{+0.52}_{0}$ mm。

⑥ 确定工序尺寸 L_{11}、L_{12} 及 L_{21}。按加工方法的经济精度及偏差入体原则，得

$$L_{11} = 66.4^{0}_{-0.34} \text{ mm}, \quad L_{12} = 64.7^{0}_{-0.34} \text{ mm}, \quad L_{21} = 20^{+0.21}_{0} \text{ mm}$$

⑦ 确定铣槽的工序尺寸。半精铣可达到零件图样的要求，则该工序尺寸：槽宽为 $16^{+0.28}_{0}$ mm，槽深为 15 mm。粗铣时，为半精铣留有加工余量：槽宽双边余量为 3 mm，槽深余量为 2 mm。则粗铣工序的尺寸：槽宽为 13 mm，槽深为 13 mm。

5.2.4 切削用量及基本时间的确定

切削用量包括背吃刀量 a_p、进给量 f 和切削速度 v。确定顺序是先确定 a_p、f，再确定 v。

选工序 10、工序 40、工序 50、工序 60 作为示例，通过公式法确定切削用量。

1. 工序 10 切削用量及基本时间的确定

（1）切削用量。

本工序为粗车（车端面、外圆及镗孔）。已知加工材料为 45 钢，$\sigma_b = 670$ MPa，锻件，有外皮；机床为 C620 – 1 型卧式车床，工件装卡在三爪自定心卡盘中。

① 确定粗车外圆 $\phi 118.5^{0}_{-0.54}$ mm 的切削用量。所选刀具为 YT5 硬质合金可转位车刀。C620 – 1 车床（查表 4.34），故选刀杆尺寸 $B \times H = 16 \text{ mm} \times 25 \text{ mm}$，刀片厚度为 4.5 mm（根据表 4.98）。选择车刀几何形状为卷屑槽倒棱型前刀面，前角 $\gamma_0 = 12°$，后角 $\alpha_0 = 6°$，主偏角 $\kappa_r = 90°$，副偏角 $\kappa_r' = 10°$，刃倾角 $\lambda_s = 0°$，刀尖圆弧半径 $\gamma_\varepsilon = 0.8$ mm。

a. 确定背吃刀量 a_p。粗车外圆双边余量为 2.5 mm，显然 a_p 为单边余量，$a_p = \frac{2.5 \text{ mm}}{2} = 1.25$ mm。

b. 确定进给量 f。查表 4.100 中硬质合金及高速钢车刀粗车外圆和端面的进给量内容,在粗车钢料、刀杆尺寸为 16 mm × 25 mm、$a_p ⩽ 3$ mm、工件直径为 100 ~ 400 mm 时,$f = 0.6 ~ 1.2$ mm/r,按 C620 - 1 车床的进给量(查阅表 4.100),选择 $f = 0.65$ mm/r。

确定的进给量需满足车床进给机构强度的要求,故需进行校验。

根据表 4.34 中卧式车床的主要技术参数,C620 - 1 车床进给机构允许的进给力 $F_{max} = 3\ 530$ N。

根据工艺手册中硬质合金车削钢料时的进给力相关内容,当钢料 $\sigma_b = 570 ~ 670$ MPa、$a_p ⩽ 2$ mm、$f ⩽ 0.75$ mm/r、$\kappa_\alpha = 45°$、$v = 65$ m/min(预计)时,进给力 $F_f = 760$ N。

F_f 的修正系数为 $k_{\gamma_0 F_f} = 1.0, k_{\lambda_s F_f} = 1.0, k_{\kappa_\gamma F_f} = 1.17$(查阅工艺手册中加工钢及铸铁时刀具几何参数改变时切削力的修正系数相关内容),故实际进给力为

$$F_f = 760\ N × 1.17 = 889.2\ N$$

$F_f < F_{max}$,所选的进给量 $f = 0.65$ mm/r 可用。

c. 选择车刀磨钝标准及耐用度。根据工艺手册中刀具的磨钝标准及寿命,车刀后刀面最大磨损量取为 1 mm,可转位车刀耐用度 $T = 30$ min。

d. 确定切削速度 v。根据工艺手册中 YT15 硬质合金车刀车削碳钢、铬钢、镍铬钢及铸钢时的切削速度相关内容,当用 YT15 硬质合金车刀加工 $\sigma_b = 600 ~ 700$ MPa 钢料、$a_p ⩽ 3$ mm、$f ⩽ 0.75$ mm/r 时,切削速度 $v = 109$ m/min。

切削速度的修正系数为 $k_{sv} = 0.8, k_{tv} = 0.65, k_{kT_v} = 0.81, k_{T_v} = 1.15, k_{M_v} = k_{kv} = 1.0$(查阅工艺手册中车削过程使用条件改变时的修正系数相关内容),故

$$v/(\text{m}·\text{min}^{-1}) = 109 × 0.8 × 0.65 × 0.81 × 1.15 ≈ 52.8$$

$$n/(\text{r}·\text{min}^{-1}) = \frac{1\ 000v}{\pi d} = \frac{1\ 000 × 52.5}{3.14 × 121} ≈ 138.9$$

按 C620 - 1 车床的转速(表 4.35),选择 $n = 120$ r/min $= 2$ r/s,则实际切削速度 $v = 45.6$ m/min。

e. 校验机床功率。查阅工艺设计手册中硬质合金车刀切削钢时消耗的功率相关内容,当 $\sigma_b = 580 ~ 970$ MPa、HBW $= 166 ~ 277$、$a_p ⩽ 2$ mm、$f ⩽ 0.75$ mm/r、$v = 46$ m/min 时,$P_c = 1.7$ kW。

切削功率的修正系数为 $k_{\kappa_r P_c} = 1.17, k_{\gamma_0 P_c} = k_{MP_c} = k_{\gamma P_c} = 1.0, k_{T_r P_c} = 1.13, k_{sP_c} = 0.8, k_{tP_c} = 0.65$,故实际切削时的功率为 $P_c = 0.72$ kW。

根据工艺设计手册中 C620 - 1 型卧式车床主轴各级转速的力学性能参数相关内容,当 $n = 120$ r/min 时,机床主轴允许功率 $P_E = 5.9$ kW。$P_c < P_E$,故所选切削用量可在 C620 - 1 车床上进行。

最后的切削用量为

$$a_p = 1.25\ \text{mm}, \quad f = 0.65\ \text{mm/r}, \quad n = 120\ \text{r/min}, \quad v = 45.6\ \text{m/min}$$

② 确定粗车外圆 $\phi 91.5$ mm、端面及台阶面的切削用量。采用车外圆 $\phi 118.5$ mm 的刀具加工这些表面。加工余量皆可一次走刀切除,车外圆 $\phi 91.5$ mm 的 $a_p = 1.25$ mm,端面及台阶面的 $a_p = 1.3$ mm。车外圆 $\phi 91.5$ mm 的 $f = 0.65$ mm/r,车端面及台阶面的 $f =$

0.52 mm/r。主轴转速与车外圆 ϕ118.5 mm 相同。

③ 确定粗镗 $\phi65^{+0.19}_{0}$ mm 孔的切削用量。所选刀具为 YT5 硬质合金、直径为 20 mm 的圆形镗刀。

a. 确定背吃刀量 a_p。双边余量为 3 mm，显然 a_p 为单边余量，$a_p = 1.5$ mm。

b. 确定进给量 f。查阅工艺手册中硬质合金及高速钢镗刀镗孔的进给量内容，当粗镗钢料、镗刀直径为 20 mm、$a_p \leq 2$ mm、镗刀伸出长度为 100 mm 时，$f = 0.15 \sim 0.30$ mm/r，按 C620 - 1 车床的进给量（查表 4.101），选 $f = 0.20$ mm/r。

c. 确定切削速度 v。查阅工艺设计手册中车削时切削速度的计算内容，按公式计算切削速度为

$$v = \frac{C_v}{T^m a_p^{x_v} f^{y_v}} k_v$$

式中，$C_v = 291, m = 0.2, x_v = 0.15, y_v = 0.2, T = 60$ min，$k_v = 0.9 \times 0.8 \times 0.65 = 0.468$，则

$$v/(\text{m} \cdot \text{min}^{-1}) = \frac{291}{60^{0.2} \times 1.5^{0.15} \times 0.2^{0.2}} \times 0.468 \approx 78$$

$$n/(\text{r} \cdot \text{min}^{-1}) = \frac{1\ 000 v}{\pi d} = \frac{1000 \times 78}{\pi \times 65} \approx 382$$

按 C620 - 1 车床的转速查表 4.35，选择 $n = 370$ r/min。

(2) 基本时间。

① 确定粗车外圆 ϕ91.5 mm 的基本时间。根据工艺手册中车削和镗削机动时间计算公式，查表 4.143，车外圆基本时间为

$$T_{j1} = \frac{L}{fn} i = \frac{l + l_1 + l_2 + l_3}{fn} i$$

式中，$l = 20$ mm，$l_1 = \frac{a_p}{\tan \kappa_r} + (2 \sim 3)$，$\kappa_r = 90°$，$l_1 = 2$ mm，$l_2 = 0, l_3 = 0, f = 0.65$ r/min，$n = 2.0$ r/s，$i = 1$，则

$$T_{j1}/\text{s} = \frac{20 + 2}{0.65 \times 2} \approx 17$$

② 粗车外圆 $\phi118.5^{\ 0}_{-0.54}$ mm 的基本时间为

$$T_{j2} = \frac{L}{fn} i = \frac{l + l_1 + l_2 + l_3}{fn} i$$

式中，$l = 14.4$ mm，$l_1 = 0$ mm，$l_2 = 4$ mm，$l_3 = 0, f = 0.65$ r/min，$n = 2.0$ r/s，$i = 1$，则

$$T_{j2}/\text{s} = \frac{14.4 + 4}{0.65 \times 2} \approx 15$$

③ 粗车端面的基本时间（查表 4.143）为

$$T_{j3} = \frac{L}{fn} i, \quad L = \frac{d - d_1}{2} + l_1 + l_2 + l_3$$

式中，$d = 94$ mm，$d_1 = 62$ mm，$l_1 = 2$ mm，$l_2 = 4$ mm，$l_3 = 0, f = 0.52$ r/min，$n = 2.0$ r/s，$i = 1$，则

$$T_{j3}/\text{s} = \frac{16 + 2 + 4}{0.52 \times 2} \approx 22$$

④ 粗车台阶面的基本时间为

$$T_{j4} = \frac{L}{fn}i, \quad L = \frac{d - d_1}{2} + l_1 + l_2 + l_3$$

式中,$d = 121$ mm,$d_1 = 91.5$ mm,$l_1 = 0$,$l_2 = 4$ mm,$l_3 = 0$,$f = 0.52$ r/min,$n = 2.0$ r/s,$i = 1$,则

$$T_{j4}/s = \frac{14.75 + 4}{0.52 \times 2} = 18$$

⑤ 选镗刀的主偏角 $\kappa_r = 45°$,粗镗 $\phi 65_{0}^{+0.19}$ mm 孔的基本时间为

$$T_{j5} = \frac{l + l_1 + l_2 + l_3}{fn}i$$

式中,$l = 35.4$ mm,$l_1 = 3.5$ mm,$l_2 = 4$ mm,$l_3 = 0$,$f = 0.2$ r/min,$n = 6.17$ r/s,$i = 1$,则

$$T_{j5}/s = \frac{35.4 + 3.5 + 4}{0.2 \times 6.17} \approx 35$$

⑥ 确定工序的基本时间为

$$T_j/s = \sum_{i=1}^{5} T_{ji} = 17 + 15 + 22 + 18 + 35 = 107$$

2. 工序 40 切削用量及基本时间的确定

(1) 切削用量。本工序为精镗 $\phi 68_{-0.021}^{+0.009}$ mm 孔、镗沟槽及倒角。

① 确定精镗 $\phi 68$ mm 孔的切削用量。所选刀具为 YT30 硬质合金、主偏角 $\kappa_r = 45°$、直径为 20 mm 的圆形镗刀。其耐用度 $T = 60$ min。

a. $a_p/\text{mm} = \frac{68 - 67}{2} = 0.5$。

b. $f = 0.04$ mm/r。

c. $v/(\text{m} \cdot \text{min}^{-1}) = \frac{291}{60^{0.2} \times 0.5^{0.15} \times 0.04^{0.2}} \times 0.9 \times 1.4 \approx 5.52$

$$n/(\text{r} \cdot \text{min}^{-1}) = \frac{1\,000 \times 5.52}{\pi \times 68} \approx 1\,598.6$$

根据 C616A 车床的转速表(查表 4.35),选择 $n = 1\,400$ r/min ≈ 23.3 r/s,则实际切削速度 $v = 4.98$ m/s。

② 确定镗沟槽的切削用量。选用高速钢切槽刀,采用手动进给,主轴转速 $n = 40$ r/min ≈ 0.67 r/s,切削速度 $v = 0.14$ m/s。

(2) 基本时间。精镗 $\phi 68$ mm 孔的基本时间为

$$T_j/s = \frac{l + l_1 + l_2}{fn} = \frac{33 + 3.5 + 4}{0.04 \times 23.3} \approx 44$$

3. 工序 50 切削用量及基本时间的确定

(1) 切削用量。本工序为滚齿,选用标准的高速钢单头滚刀,模数 $m = 2.25$ nm,直径 $\phi 63$ mm,可以采用一次走刀切至全深。工件齿面要求表面粗糙度为 Ra 1.6 μm,根据工艺手册中滚齿进给量相关内容,选择工件每转滚刀轴向进给量 $f_a = 0.8$ mm/r ~ 1.0 mm/r。按 Y3150 型滚齿机进给量(查表 4.60) 选定 $f_a = 0.83$ mm/r。

查阅工艺设计手册中齿轮刀具切削速度计算公式相关内容,齿轮滚刀的切削速度为

$$v = \frac{C_v}{T^{m_v} f_a^{y_v} m^{x_v}} k_v$$

式中,$C_v = 364$,$T = 240$ min,$m_v = 0.5$,$f_a = 0.83$ mm/r,$m = 2.25$ mm,$y_v = 0.85$,$x_v = -0.5$,$k_v = 0.8 \times 0.8 = 0.64$,则

$$v/(\text{m} \cdot \text{min}^{-1}) = \frac{364}{240^{0.5} \times 0.83^{0.85} \times 2.25^{-0.5}} \times 0.64 \approx 26.4$$

$$n/(\text{r} \cdot \text{min}^{-1}) = \frac{1\,000v}{\pi d} = \frac{1\,000 \times 26.4}{\pi \times 63} \approx 133$$

根据 Y3150 型滚齿机主轴转速(查表 4.60),选 $n = 135$ r/min $= 2.25$ r/s。实际切削速度为 $v = 0.45$ m/s。

加工时的切削功率为(参见工艺手册中齿轮加工时切削功率的计算相关内容)

$$P_c = \frac{C_{P_c} f^{y_{P_c}} m^{x_{P_c}} d^{u_{P_c}} z^{q_{P_c}} v}{10^3} k_{P_c}$$

式中,$C_{P_c} = 124$,$y_{P_c} = 0.9$,$x_{P_c} = 1.7$,$u_{P_c} = -1.0$,$q_{P_c} = 1.2$,$f = 0.83$ mm/r,$m = 2.25$ mm,$d = 63$ mm,$z = 50$,$v = 26.7$ m/min,则

$$P_c/\text{kW} = \frac{124 \times 0.83^{0.9} \times 2.25^{1.7} \times 63^{-1.0} \times 50^0 \times 26.7}{10^3} \times 1.2 \approx 0.21$$

Y3150 型滚齿机的主电动机功率 $P_E = 3$ kW(参见工艺设计手册中滚齿机型号与主要技术参数相关内容)。因 $P_c < P_E$,故所选择的切削用量可在该机床上使用。

(2)基本时间。根据表 4.144 查用滚刀滚圆柱齿轮的基本时间为

$$T_j = \frac{\left(\dfrac{B}{\cos\beta} + l_1 + l_2\right) z}{q n f_a}$$

式中,$B = 12$ mm,$\beta = 0°$,$z = 50$,$q = 1$,$n = 1.72$ r/s,$f_a = 0.83$ mm/r,$l_2 = 3$ mm,l_1/mm $= \sqrt{h(d-h)} + (2 \sim 3) = \sqrt{5.06 \times (63 - 5.06)} + 2 \approx 19$。

则

$$T_j/\text{s} = \frac{(12 + 19 + 3) \times 50}{1.72 \times 0.83} \approx 1\,191$$

4. 工序 60 切削用量及基本时间的确定

(1)切削用量。本工序为粗铣槽,所选刀具为高速钢三面刃铣刀。铣刀直径 $d = 125$ mm,宽度 $L = 13$ mm,齿数 $Z = 20$,根据工艺手册的相关内容选择铣刀的基本形状。由于加工钢料的 $\sigma_b = 600 \sim 700$ MPa,故选前角 $\gamma_0 = 15°$,后角 $\alpha_0 = 12°$(周齿),$\alpha_0 = 6°$(端齿)。已知铣削宽度 $a_e = 13$ mm,铣削深度 $a_p = 13$ mm。机床选用 X62 型卧式铣床,共铣 4 个槽。

① 确定每齿进给量 f_z。查阅工艺手册中高速钢端铣刀、圆柱铣刀和盘铣刀加工时进给量相关内容,X62 型卧式铣床的功率为 7.5 kW(查表 4.48),工艺系统钢性为中等,细齿盘铣刀加工钢料,查得每齿进给量 $f_z = 0.06 \sim 0.1$ mm/z。现取 $f_z = 0.07$ mm/z。

② 选择铣刀磨钝标准及耐用度。查阅工艺手册中铣刀磨钝标准相关内容,用高速钢盘铣刀粗加工钢料,铣刀刀齿后刀面最大磨损量为 0.6 mm;铣刀直径 $d = 125$ mm,耐用度 $T = 120$ min(查表 4.107)。

③ 确定切削速度和工作台每分钟进给量 f_{Mz}。根据公式(参见工艺手册中铣削时切削速度的计算相关内容)计算切削速度为

$$v = \frac{C_v d^{q_v}}{T^m a_p^{x_v} f_z^{y_v} a_e^{u_v} z^{P_v}} k_v$$

式中,$C_v = 48$,$q_v = 0.25$,$x_v = 0.1$,$y_v = 0.2$,$u_v = 0.3$,$P_v = 0.1$,$m = 0.2$,$T = 120$ min,$a_p = 13$ mm,$f_z = 0.07$ mm/z,$a_e = 13$ mm,$z = 20$,$d = 125$ mm,$k_v = 1.0$,则

$$v/(\text{m} \cdot \text{min}^{-1}) = \frac{48 \times 125^{0.25}}{120^{0.2} \times 13^{0.1} \times 0.07^{0.2} \times 13^{0.3} \times 20^{0.1}} \approx 27.86$$

$$n/(\text{r} \cdot \text{min}^{-1}) = \frac{1\,000 \times 27.86}{\pi \times 125} \approx 70.9$$

根据 X62 型卧式铣床主轴转速表(查表 4.49),选择 $n = 60$ r/min $= 1$ r/s,则实际切削速度 $v = 0.39$ m/s,工作台每分钟进给量为

$$f_{Mz}/(\text{mm} \cdot \text{min}^{-1}) = 0.07 \times 20 \times 60 = 84$$

根据 X62 型卧式铣床工作台进给量表(查表 4.49),$f_{Mz} = 75$ mm/min,则实际的每齿进给量 $f_z = 0.063$ mm/z。

④ 校验机床功率。根据计算公式(参见工艺手册中铣削时切削力、转矩和功率的计算相关内容),铣削时的功率(kW)为

$$P_c = \frac{F_c v}{1\,000},\quad F_c = \frac{C_F a_p^{x_F} f_z^{y_F} a_e^{u_F} z}{d^{q_F} n^{w_F}} k_{F_c}$$

式中,$C_F = 650$,$x_F = 0.10$,$y_F = 0.72$,$u_F = 0.86$,$w_F = 0$,$q_F = 0.86$,$a_p = 13$ mm,$f_z = 0.063$ mm/z,$a_e = 13$ mm,$z = 20$,$d = 125$ mm,$n = 60$ r/min,$f_{F_c} = 0.63$(切削条件改变时,切削力修正系数),则

$$F_c/\text{N} = \frac{650 \times 13^{1.0} \times 0.063^{0.72} \times 13^{0.86} \times 20}{125^{0.86} \times 60^0} \times 0.63 \approx 2\,076.8$$

$$v = 0.39 \text{ m/s}$$

$$P_c/\text{kW} = \frac{2\,076.8 \times 0.39}{1\,000} \approx 0.81$$

X62 铣床主电动机的功率为 7.5 kW,故所选切削用量可以采用。所确定的切削用量 $f_z = 0.063$ mm,$f_{Mz} = 75$ mm/min,$n = 60$ r/min,$v = 0.39$ m/s。

(2)基本时间。根据表 4.147 查铣削机动时间公式,三面刃铣刀铣槽的基本时间为

$$T_j = \frac{l + l_1 + l_2}{f_{Mz}}$$

式中,$l = 7.5$ mm,$l_1 = \sqrt{a_e(d - a_e)} + (1 \sim 3)$,$a_e = 13$ mm,$d = 125$ mm,$l_1 = 40$ mm,$l_2 = 4$ mm,$f_{Mz} = 75$ mm/min,$i = 4$,则

$$T_j/\text{s} = \frac{7.5 + 40 + 4}{75} \times 460 \approx 165$$

5.2.5 工艺过程卡和简易工序卡

按 5.2.4 ~ 5.2.4 小节的方法同样算出其他工序的加工余量、工序尺寸、切削用量和时间定额等内容,将确定的上述各项内容填入工艺卡片中,离合齿轮机械加工工艺过程卡片见表 5.12,离合齿轮主要工序的机械加工工艺见表 5.13。

表5.12 离合齿轮机械加工工艺过程卡片

机械加工工艺过程卡片		产品型号	CA6140	零(部件)图号	LHCL-001			
		产品名称	车床	零(部件)名称	离合齿轮	共1页 第1页		
材料牌号	毛坯种类	毛坯外形尺寸		每毛坯可制件数	1	每件台数	1	备注
45钢	模锻件	φ121 mm×68 mm						
工序号	工序名称	工序内容	车间工段	设备	工艺设备		工时/s	
							准终	单件
10	粗车	粗车小端面,外圆φ90 mm,φ117 mm及台阶面,粗镗孔φ68 mm		C620-1卧式车床	三爪自定心卡盘			107
20	粗车	粗车大端面,外圆φ106.5 mm及台阶面,沟槽,粗镗φ94 mm孔,倒角		C620-1卧式车床	三爪自定心卡盘			118
30	半精车	半精车小端面,外圆φ90 mm,φ117 mm及台阶面,半精镗孔φ68 mm,倒角		C620-1卧式车床	三爪自定心卡盘			74
40	精镗	精镗孔φ68 mm,镗沟槽φ72 mm,倒角0.5×45°		C616A卧式车床	三爪自定心卡盘			44
50	滚齿	滚齿达图样要求		Y3150滚齿机	心轴			1 191
60	粗铣	粗铣4个槽口		X62卧式铣床	专用夹具			165
70	半精铣	半精铣4个槽口		X62卧式铣床	专用夹具			138
80	钻孔	钻4×φ5 mm孔		Z525立式钻床	专用夹具			
90	去毛刺	去除全部毛刺		钳工台				
100	终检	按零件图样要求全面检查						
			设计(日期)	审核(日期)	标准化(日期)	会签(日期)		
标记	处数	更改文件号	签字日期 标记处数 更改文件号 签字日期					

表 5.13　离合齿轮主要工序的机械加工工艺

工序号	工序名称	工序内容	工序图	工艺装备
10	粗车	粗车小端面，保证 $66.4_{-0.34}^{0}$、粗车外圆 $\phi 91.5$、$\phi 118.5_{-0.54}^{0}$ 及车台阶面保证尺寸 $20_{0}^{+0.21}$，粗镗孔 $\phi 65_{0}^{+0.19}$ mm	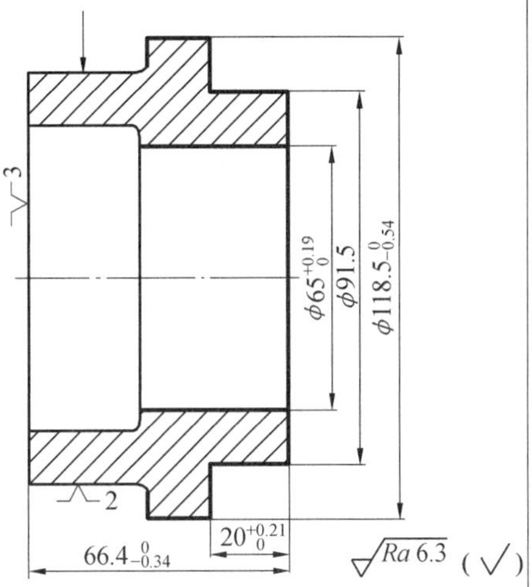	YT5 90°偏刀、YT5 镗刀、游标卡尺、内径百分尺
20	粗车	粗车大端面 $64.7_{-0.34}^{0}$、外圆 $\phi 106.56_{-0.40}^{0}$ 及台阶面 $32_{0}^{+0.25}$、沟槽 2.5 及 6×1.5，粗镗 $\phi 94$ mm 孔及台阶面 $31_{0}^{+0.25}$，倒角 $1\times 45°$	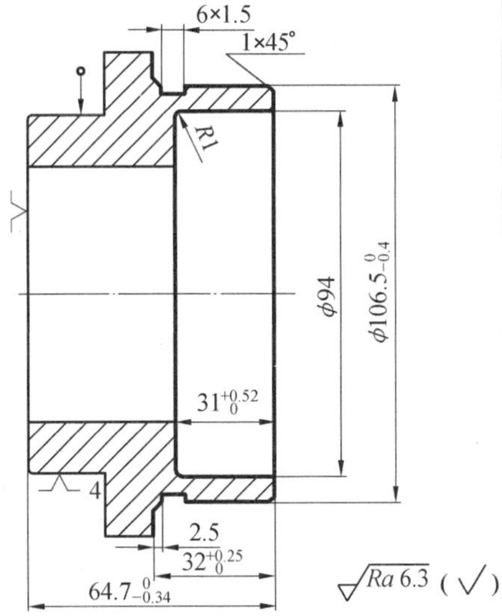	YT5 90°偏刀、45°外圆车刀、YT5 镗刀、高速钢切槽刀、游标卡尺

续表 5.13

工序号	工序名称	工序内容	工序图	工艺装备
30	半精车	半精车小端面 $64_{-0.1}^{0}$、外圆 $\phi 90$、$\phi 117_{-0.22}^{0}$ 及台阶面 $20_{0}^{+0.08}$，半精镗孔 $\phi 67_{0}^{+0.074}$，倒角 $1\times 45°$	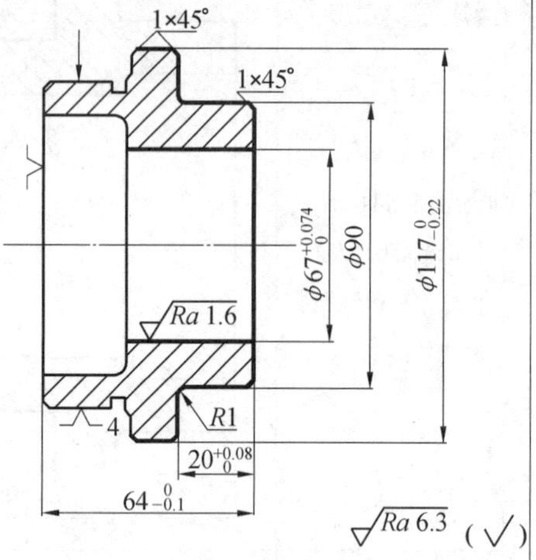	YT15 90°偏刀、倒角刀、YT15镗刀、游标卡尺、内径百分表、外径百分尺、深度百分尺
40	精镗	精镗孔 $\phi 68_{-0.021}^{+0.009}$，镗沟槽 $\phi 72$ 保证 $2.7_{0}^{+0.1}$，倒角 $0.5\times 45°$	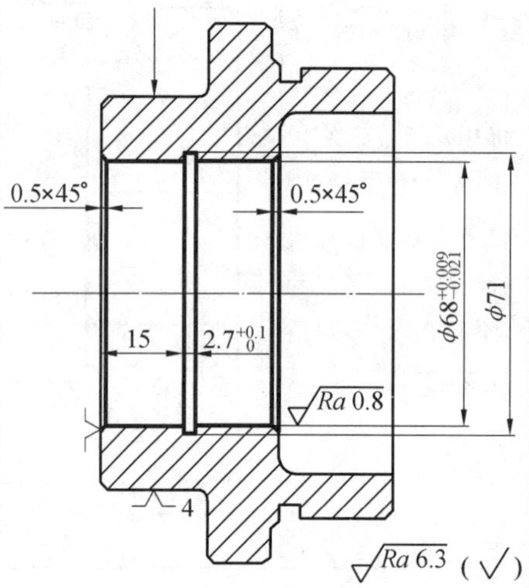	YT30高速钢切槽刀、精镗刀、倒角刀、圆柱塞规

续表 5.13

工序号	工序名称	工序内容	工序图	工艺装备
50	滚齿	滚齿达图样要求	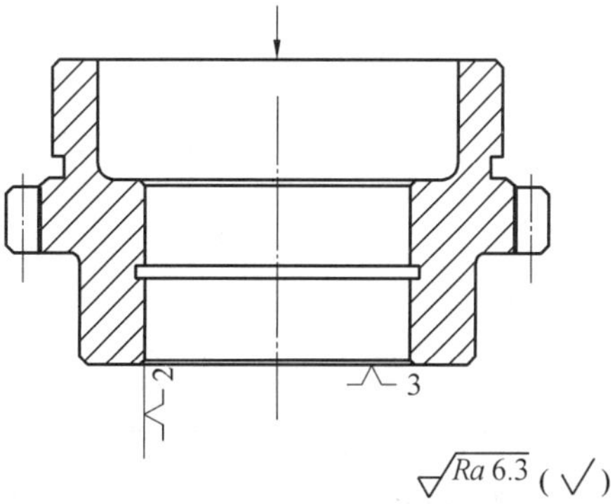	齿轮滚刀 $m = 2.25$、公法线百分尺
60	粗铣	在四个工位上铣槽，保证槽宽 13 mm、深 13 mm	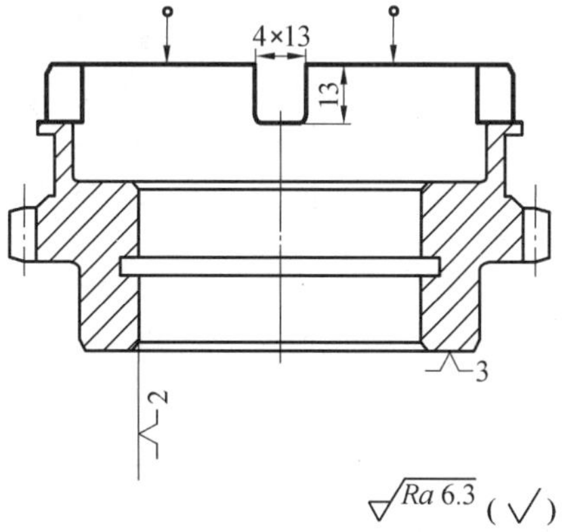	键槽铣刀、深度游标卡尺、卡规

续表 5.13

工序号	工序名称	工序内容	工序图	工艺装备
70	半精铣	半精铣 4 个槽口，保证 $16_{\ 0}^{+0.28}$，深 15 mm	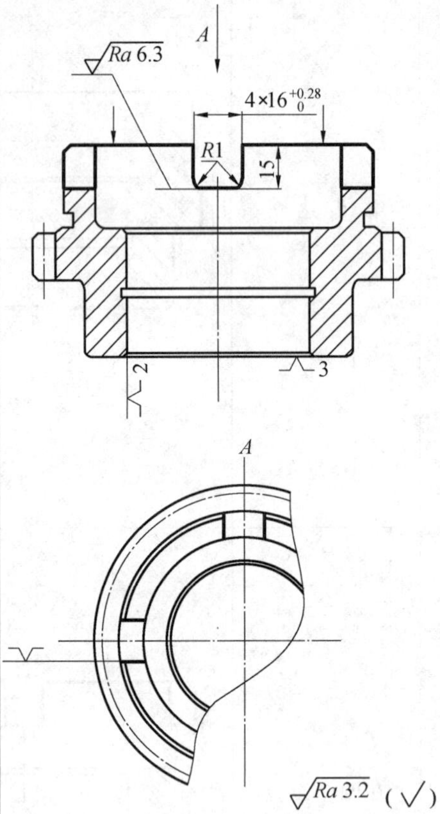	高速钢三面刃盘铣刀 $\phi125$ mm，游标卡尺

续表 5.13

工序号	工序名称	工序内容	工序图	工艺装备
80	钻孔	钻 4×φ5 mm 孔	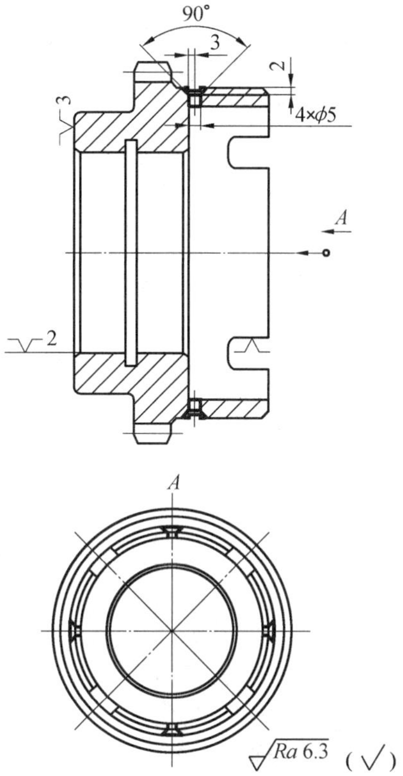	复合钻头 φ5 mm 及 90°角

5.2.6　工序 60 铣床夹具设计

工序 60 用三面刃铣刀纵向进给粗铣 4×16 mm 槽口的专用夹具,在 X62W 卧式铣床上加工离合齿轮一个端面上的两条互成 90°的十字槽。铣槽夹具装配图如图 5.14 所示,铣槽夹具装配图的零件明细表见表 5.14。

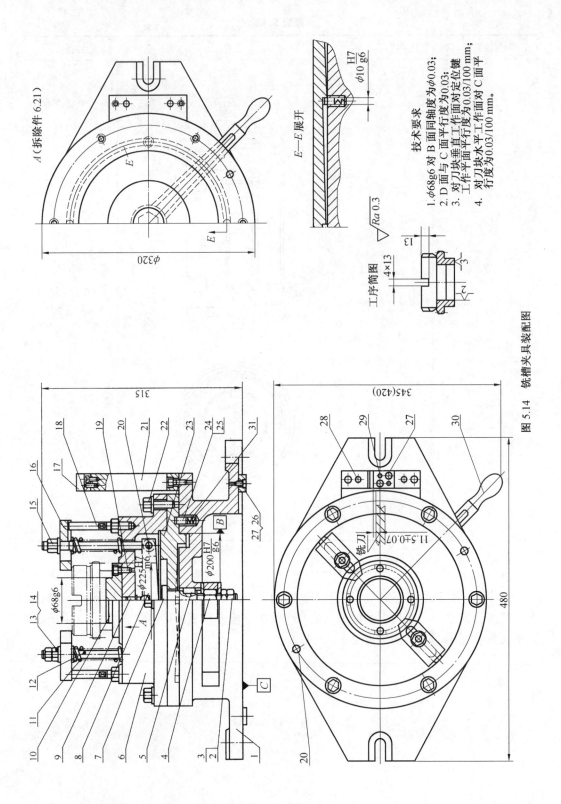

图 5.14 铣槽夹具装配图

表 5.14 铣槽夹具零件明细

序号	名称	件数	材料	备注
31	衬套	1	45 钢	40HRC ~ 45HRC
30	扳手	1	ZG45	
29	圆柱销	2		5 × 16GB119—86
28	圆柱销	2		8 × 35GB119—86
27	螺钉	4		M6 × 16GB/T 65—2000
26	定位键	2		A18h8JB/T 8016—1999
25	压缩弹簧	1	65Mn	
24	对定销	1	T7 钢	50 ~ 55HRC
23	分度盘	1	45 钢	40 ~ 45HRC
22	六角头螺栓	6		M12 × 35GB5780—86
21	对刀块座	1	HT200	
20	圆柱销	4		10 × 35GB119—86
19	内六角圆柱头螺钉	6		M8 × 20GB70—85
18	支撑螺杆	2	45 钢	35 ~ 40HRC
17	直角对刀块	1		JB/T 8031.3—1999
16	压板	2	45 钢	35 ~ 40HRC
15	带肩六角螺母	1	45 钢	M12JB/T 8004.1—1999
14	平垫圈	9		12GB95—85
13	六角螺母	4		M12GB6170—86
12	铰链螺栓	2	45 钢	35 ~ 40HRC
11	压缩弹簧	2	65Mn	
10	定位盘	1	45 钢	45 ~ 50HRC
9	球头轴	1	45 钢	35 ~ 40HRC
8	杠杆	1	45 钢	35 ~ 40HRC
7	中心轴	1	45 钢	调质 28 ~ 32HRC
6	连接座	1	HT200	
5	平键	1		8 × 18GB1096—79
4	六角螺母	1		M20GB6170—86
3	大垫圈	2		20GB96—85
2	螺母	2		M20GB6172—86
1	夹具体	1	HT200	
序号	名称	件数	材料	备注

离合齿轮铣槽夹具	比例	1:1	(图号)	
	件数			
设计		(日期)	质量	共 1 张	第 1 张
审核				(单位名称)	
批准					

1. 定位方案

工件以另一端面及 ϕ68K7 孔为定位基准,采用平面与定位销组合定位方案,在定位盘 10 的短圆柱面及台阶面上定位,其中台阶平面限制三个自由度,短圆柱面限制两个自由度,共限制了 5 个自由度。槽口在圆周上无位置要求,该自由度不需限制。

2. 夹紧机构

根据生产率要求,运用手动夹紧可以满足。采用二位螺旋压板联动夹紧机构,通过拧紧右侧夹紧螺母 15 使一对压板同时压紧工件,实现夹紧,有效提高了工作效率。压板夹紧力主要作用是防止工件在铣削力作用下产生倾覆和振动,手动螺旋夹紧是可靠的,可免除夹紧力计算。

3. 对刀装置

采用直角对刀块及平面塞尺对刀。查表 4.159 及表 4.161(JB/T 8031.3—1999),直角对刀块 17 通过对刀块座 21 固定在夹具体上,保证对刀块工作面始终处在平行于走刀路线的方向上,这样便不受工件转位的影响。确定对刀块的对刀面与定位元件定位表面之间的尺寸,水平方向尺寸为 13 mm/2(槽宽 1/2 尺寸) + 5 mm(塞尺厚度) = 11.5 mm,其公差取工件相应尺寸公差的 1/3。由于槽宽尺寸为自由公差,查标准公差表 IT14 级公差值为 0.43 mm,则水平尺寸公差取 0.43 mm × 1/3 ≈ 0.14 mm,对称标注为 (11.5 ± 0.07) mm,同理确定垂直方向的尺寸为 (44 ± 0.1) mm(塞尺厚度亦为 5 mm)。

4. 夹具与机床连接元件

采用两个标准定位键 A18h8(JB/T 8016—1999) 固定在夹具体底面的同一直线位置的键槽中,用于确定铣床夹具相对于机床进给方向的正确位置,并保证定位键的宽度与机床工作台 T 形槽相匹配的要求。

5. 夹具体

工件的定位元件和夹紧元件由连接座 6 连接起来,连接座定位固定在分度盘 23 上,而分度装置和对刀装置均定位固定在夹具体 1 上,这样该夹具便有机连接起来,实现定位、夹紧、对刀和分度等功能。夹具体零件图如图 5.15 所示。

第5章 典型零件工艺规程编制及典型夹具设计

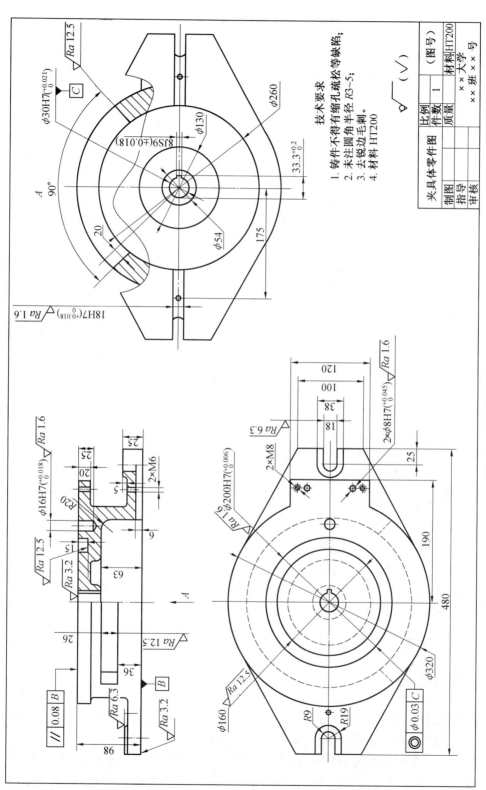

图 5.15 夹具体零件图

5.3 法兰盘工艺规程编制及典型夹具设计

5.3.1 法兰盘零件的工艺分析

1. 法兰盘零件

法兰盘零件所用材料为 HT150。质量为 1.34 kg，年产量 $Q = 3500$ 台/年。法兰盘的零件图如图 5.16 所示。

2. 法兰盘的功用分析

法兰盘是可用于连接其他零件或可用于增加其他零件强度的一种零件。本法兰盘是回转面和平面的结合，内部由阶梯孔和螺纹孔组成，要求其有较高的耐磨性、较高的强度和回转稳定性。

3. 法兰盘的结构技术要求和工艺分析

法兰盘属于典型的盘套类零件，盘套类零件主要由端面、外圆、内孔等组成，一般零件直径大于零件的轴向尺寸。法兰盘由回转面和平面组成，由零件图可知，该零件结构较为简单，但零件精度要求高，零件选用材料 HT150，该材料用于强度要求不高的一般铸件，不用人工时效，有良好的减振性，铸造性能好。对法兰盘的基本要求是高强度、高韧性、高耐磨性和回转平稳性，因而安排法兰盘加工过程应考虑到这些特点。

法兰盘的外圆 $\phi 80_{-0.19}^{+0.01}$ 尺寸公差等级为 IT11，表面粗糙度 Ra 为 1.6 μm，$\phi 52_{-0.029}^{-0.01}$ 尺寸公差等级为 IT6，表面粗糙度 Ra 为 1.6 μm，$\phi 120 \pm 1$ 尺寸公差等级为 IT14，表面粗糙度 Ra 为 3.2 μm，内孔 $\phi 62 \pm 0.015$ 尺寸公差等级为 IT7，$\phi 36_{-0}^{+0.02}$ 尺寸公差等级为 IT6，$\phi 65$ 表面粗糙度 Ra 为 1.6 μm，距离 $\phi 36_{-0}^{+0.02}$ 为 $34.5_{-0.8}^{-0.3}$ 的平面公差等级为 IT13。

法兰盘的位置精度，内孔 $\phi 62 \pm 0.015$ 相对于基准面 A、B 的跳动量要求为 0.04。

4. 确定零件生产类型

由设计题目知：$Q = 3500$ 台/年；结合生产实际，根据第 2.2 节将备品率 a 和废品率 b 分别取为 3% 和 0.5%。代入公式(2.1) 得

$N = Qm(1 + a)(1 + b) = 3500 \times 1 \times (1 + 3\%) \times (1 + 0.5\%) = 3623$ 件/年

根据法兰盘的质量查表 2.2 知，该法兰盘属轻型零件；再由表 2.3 可知，该法兰盘生产类型为中批生产。

5.3.2 确定毛坯与绘制毛坯简图

1. 毛坯选择

盘套类零件常采用钢、铸铁、青铜或黄铜制成。孔径小的盘一般选择热轧或冷拔棒料，根据不同材料，也可选择实心铸件，孔径较大时，可做预孔。若生产批量较大，可选冷挤压等先进毛坯制造工艺，既提高生产率，又节约材料。

根据法兰盘零件材料为 HT150 确定毛坯为铸件，由于要加工与 $\phi 36_{-0}^{+0.02}$ 的孔中心线距离分别为 54 和 $34.5_{-0.8}^{-0.3}$ 的两平面，若毛坯外型铸成 $\phi 120$ 的外圆，材料浪费太严重，因此

第 5 章 典型零件工艺规程编制及典型夹具设计

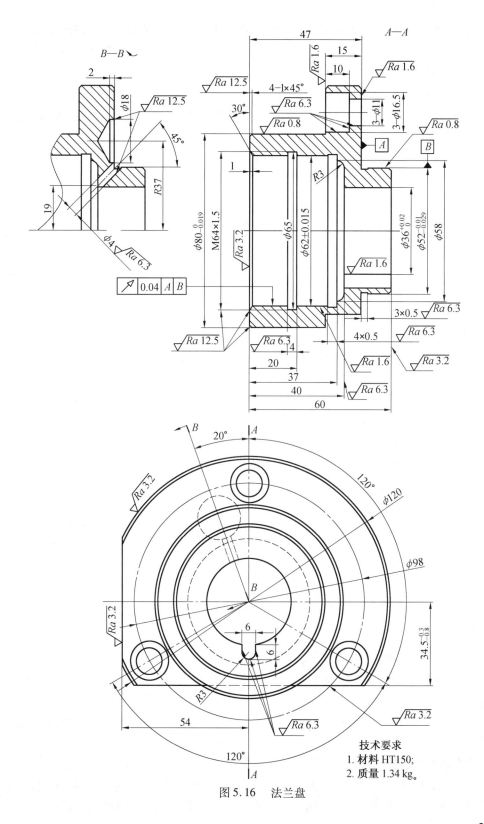

图 5.16 法兰盘

将两平面直接铸出。且 3 - φ11 和 3 - φ16.5 的内孔不铸出,均在钻床上钻出后加工。

由于本零件要求生产批量为中批量生产,毛坯铸造方法选用金属型铸造,铸造的毛坯尺寸公差等级为 8 级,选择错型值为 0.7。

2. 确定毛坯的尺寸公差和机械加工余量

根据第 2.1 节确定模锻毛坯的尺寸公差及机械加工余量,查表 4.6 ~ 表 4.9,首先确定如下各项因素。

(1) 公差等级。由法兰盘的功用和技术要求,确定该零件的公差等级为普通级。

(2) 锻件质量。已知该法兰盘经机械加工后的质量为 1.34 kg,机械加工前锻件毛坯的质量为 1.85 kg。

(3) 锻件形状复杂系数。对法兰盘零件图进行分析计算,该锻件为圆形,假设其最大直径为 φ125 mm,长 65 mm,可计算出锻件外轮廓包容体质量为

$$m_N/kg = \frac{\pi}{4} \times 125^2 \times 65 \times 7.0 \times 10^{-6} \approx 5.58$$

由式(4.3)和式(4.5)可计算出该拨叉锻件的形状复杂系数 S。

$$S = \frac{m_f}{m_N} = \frac{1.85}{5.58} \approx 0.33$$

由于 0.33 介于 0.32 ~ 0.63 之间,故该法兰盘的形状复杂系数属 S_2 级,即该锻件的复杂程度为一般。

(4) 锻件材质系数。由于该法兰盘材料为 HT150,是碳的质量分数大于 0.65% 的碳素钢,故该锻件的材质系数属 M_2 级。

(5) 锻件分模线形状。分析该法兰盘件的特点,本例选择零件高度方向的对称平面为分模面,属平直分模线。

(6) 零件表面粗糙度。由零件图可知,该法兰盘各加工表面的粗糙度均大于等于 1.6 μm,即 $Ra \geq 1.6$ μm。

根据上述条件,查表 4.6 ~ 表 4.10,可求得法兰盘锻件的毛坯尺寸及公差,进而求得各加工表面的加工余量。对于批量生产的铸件加工余量,初步将本零件的加工余量定为 5 mm,毛坯尺寸偏差为 ±1.8。绘制毛坯简图如图 5.17 所示。

5.3.3 拟定机加工工艺路线

1. 基准选择

该法兰盘以设计基准 $\phi 80^{+0}_{-0.19}$ 作为粗基准,符合"基准统一"原则,即以 $\phi 80^{+0}_{-0.19}$ 加工 $\phi 52^{-0.01}_{-0.029}$ 的外圆、长度方向为 15 的右端面和 $\phi 120 \pm 1$ 的外圆,再以 $\phi 52^{-0.01}_{-0.029}$ 的外圆,长度方向为 15 的右端面为精基准加工左端部分,符合"互为基准"原则,再以外圆定位加工内孔和螺纹,符合"基准重合"原则,以 $\phi 36^{+0.02}_{0}$ 的内孔、6×6 的半圆槽和长度为 60 的右端面定位钻孔、扩孔。

2. 各表面加工方案的确定

零件上回转面的粗、半精加工仍以车为主,精加工则根据零件材料、加工要求、生产批量大小等因素选择磨削、精车、拉削或其他。零件上非回转面加工,则根据表面形状选择

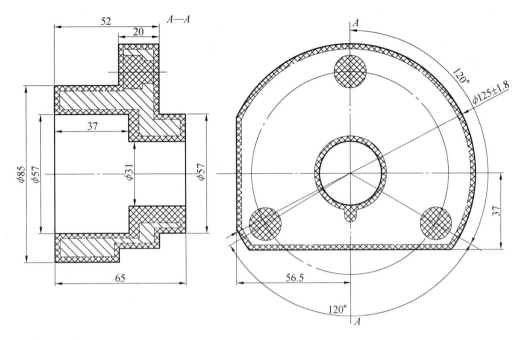

图 5.17 法兰盘锻造毛坯简图

恰当的加工方法,一般安排于零件的半精加工阶段。该零件是法兰盘,中批量生产。由于此零件较为简单,但精度要求较高,为保证加工精度和表面粗糙度的要求,应尽量减少装夹次数,统一定位基准,由于该法兰盘是由回转面和平面组成,根据具体需要初步确定的加工方法有车、铣、磨、镗、钻等。

根据零件图上各加工表面的尺寸精度和表面粗糙度,查表 2.10 ~ 表 2.12,确定各表面加工方案,见表 5.15。

表 5.15 法兰盘零件各表面加工方案

加工表面	尺寸及公差 /mm	精度等级	表面粗糙度 Ra /μm	加工方案	备注
右外圆柱面	$\phi 52_{-0.029}^{-0.01}$	IT7	0.8	粗车 – 半精车 – 磨削	表 2.10
左外圆柱面	$\phi 80_{-0.19}^{+0}$	IT7	0.8	粗车 – 半精车 – 磨削	表 2.10
中间外圆柱面	$\phi 120$	IT11	3.2	粗车 – 半精车	表 2.10
左内孔	$\phi 62 \pm 0.015$	IT9	1.6	粗车 – 半精车 – 精镗	表 2.12
左内孔让刀槽	$\phi 65$	IT11	6.3	粗镗 – 半精镗	表 2.12
右侧内孔	$\phi 36_{-0}^{+0.02}$	IT9	1.6	粗镗 – 半精镗 – 精镗	表 2.12
左右端面	60	IT9	1.6	粗车 – 半精车 – 磨削	表 2.10
法兰盘安装孔	$\phi 11$	IT10	3.2	钻	表 2.11
法兰盘安装孔	$\phi 16.5$	IT10	3.2	钻 – 扩	表 2.11
B – B 沉孔	$\phi 18$	IT12	6.3	钻	表 2.11
B – B 油路孔	$\phi 4$	IT12	6.3	钻	表 2.11

3. 加工阶段的划分

加工阶段分为：粗加工阶段、半精加工阶段、精加工阶段。

4. 加工顺序的安排

（1）机械加工工序。

① 遵循"先基准后其他"原则，首先加工出精基准——先以外圆 $\phi 80_{-0.19}^{0}$ 为粗基准粗车 $\phi 52_{-0.029}^{-0.01}$ 的外圆、长度方向为 15 的右端面、长度方向为 60 的右端面和 $\phi 120 \pm 1$ 的外圆。

② 遵循"先粗后精"原则，对各加工表面都是先安排粗加工工序，后安排精加工工序。例如 $\phi 52_{-0.029}^{-0.01}$ 的外圆表面及长度尺寸。

③ 遵循"先主后次"原则，先加工主要表面—— $\phi 80_{-0.19}^{0}$、$\phi 52_{-0.029}^{-0.01}$ 和 $\phi 36_{0}^{+0.02}$；后加工次要表面—— 4×0.5 的槽底面及 6×6 的半圆槽。

④ 遵循"互为基准"原则，以 $\phi 52_{-0.029}^{-0.01}$ 的外圆、长度方向为 15 的右端面为基准粗车 $\phi 80_{-0.19}^{0}$ 的外圆、长度方向为 60 的左端面和长度方向为 15 的左端面，再以粗车后的外圆 $\phi 80_{-0.19}^{0}$ 为精基准半精车 $\phi 52_{-0.029}^{-0.01}$ 的外圆和 $\phi 120 \pm 1$ 的外圆粗镗，半精镗 $\phi 36_{0}^{+0.02}$ 的内孔。

⑤ 遵循"先面后孔"原则，先加工 $\phi 11$ 和 $\phi 16.5$ 孔两端面再加工 $\phi 11$ 和 $\phi 16.5$ 孔。

（2）热处理工序。

去除材料的内应力，降低材料的硬度为了消除残余内应力，在粗加工之前正火处理，以防止变形和开裂在精加工之后退火处理。

（3）辅助工序。

粗加工前安排热处理；在精加工后，安排去毛刺、清洗和终检工序。

5. 设备及其工艺装备确定

所用的设备有：CA6140、立式铣床、摇臂钻床、清洗机、检验台、外圆磨床。

夹具有：三爪卡盘、虎钳、钻直孔专用夹具、钻斜孔专用夹具、磨床专用夹具。

刀具有：90°车刀、车用镗刀、铣刀、$\phi 11$、$\phi 4$、$\phi 18$、$\phi 16.5$ 钻头、砂轮、切断刀。

量具有：千分尺、游标卡尺、专用卡规、专用通规、止规。

6. 确定工艺路线

与轴相比，盘套零件的工艺的不同主要在于安装方式的体现，当然，随零件组成表面的变化，涉及的加工方法亦会有所不同。因此，主要在于理解基础上的灵活运用，而不能死搬硬套。

5.3.4　工序尺寸及其公差确定

工序尺寸及其公差见表 5.16。

表 5.16　工序尺寸及其公差

加工尺寸	工艺路线	基本尺寸	工序余量	工序精度	工序尺寸
$\phi 52_{-0.029}^{-0.01}$	铸	$\phi 57$		±1.8	$\phi 57 \pm 1.8$
	粗车	$\phi 54.2$	2.8	0.21	$\phi 54.2_{-0.21}^{0}$
	半精车	$\phi 52.4$	1.8	0.046	$\phi 52.4_{-0.046}^{0}$
	磨削	$\phi 52$	0.4	0.019	$\phi 52_{-0.029}^{-0.01}$
$\phi 80_{-0.19}^{0}$	铸	$\phi 85$		±1.8	$\phi 85 \pm 1.8$
	粗车	$\phi 82$	3.0	0.22	$\phi 82_{-0.22}^{0}$
	半精车	$\phi 80.4$	1.6	0.05	$\phi 80.4_{-0.05}^{0}$
	磨削	$\phi 80$	0.4	0.019	$\phi 80_{-0.049}^{0}$
$\phi 120_{-0.16}^{0}$	铸	$\phi 125$		±1.8	$\phi 125 \pm 1.8$
	粗车	$\phi 121.5$	3.5	0.40	$\phi 121.5_{-0.40}^{0}$
	半精车	$\phi 120$	1.5	0.16	$\phi 120_{-0.16}^{0}$
$\phi 62 \pm 0.015$	铸	$\phi 57$		±1.8	$\phi 57 \pm 1.8$
	粗镗	$\phi 60$	3	0.19	$\phi 60_{0}^{+0.19}$
	半精镗	$\phi 61.5$	1.5	0.074	$\phi 61.5_{0}^{+0.074}$
	精镗	$\phi 62$	0.5	0.03	$\phi 62 \pm 0.015$
$\phi 36_{-0}^{+0.02}$	铸	$\phi 31$		±1.8	$\phi 31 \pm 1.8$
	粗镗	$\phi 34.2$	3.2	0.1	$\phi 34.2_{0}^{+0.1}$
	半精镗	$\phi 35.6$	1.4	0.039	$\phi 35.6_{0}^{+0.039}$
	精镗	$\phi 36$	0.4	0.02	$\phi 36_{0}^{+0.02}$
$\phi 65$	铸	$\phi 57$		$_{-0.7}^{+1.5}$	$\phi 57 \pm 1.1$
	粗镗	$\phi 64$	7	+0.30	$\phi 64_{0}^{+0.30}$
	半精镗	$\phi 65$	1	+0.19	$\phi 65_{0}^{+0.19}$
15	铸	20		$_{-0.5}^{+1.5}$	$20_{-0.5}^{+1.5}$
	粗车	16.7	3.3	−0.21	$16.7_{-0.21}^{0}$
	半精车	15.5	1.2	−0.13	$15.5_{-0.13}^{0}$
	磨削	15	0.5	0.084	$15_{-0.084}^{0}$
60	铸	65		$_{-0.6}^{+1.9}$	$65_{-0.6}^{+1.9}$
	粗车	61.2	3.8	−0.21	$61.2_{-0.21}^{0}$
	半精车	60	1.2	−0.074	$60_{-0.074}^{0}$
$\phi 11$	钻	$\phi 11$	11	+0.11	$\phi 11_{0}^{+0.11}$

续表 5.16

加工尺寸	工艺路线	基本尺寸	工序余量	工序精度	工序尺寸
$\phi16.5$	钻	$\phi11$	11	+0.11	$\phi11^{+0.11}_{0}$
	扩	$\phi16.5$	5.5	+0.07	$\phi16.5^{+0.07}_{0}$
$\phi18$	钻	$\phi18$	18	+0.18	$\phi18^{+0.18}_{0}$
$\phi4$	钻	$\phi4$	4	+0.12	$\phi4^{+0.12}_{0}$

5.3.5 确定切削用量

下面以第 10、30、50 三道工序作为示例,通过查表法介绍工序的切削用量计算。

(1)工序 10(粗车)。以粗车 $\phi52^{-0.01}_{-0.029}$ 的外圆、长度方向为 15 的右端面为示例(选硬质合金车刀且刀杆尺寸 $B \times H$ 取 25 mm × 25 mm)。

粗车毛坯表面 $\phi57 \sim \phi54.2$ 的切削用量:加工材料为 HT150、切削深度 $a_p = 2.8$ mm(双边),查表 4.100,进给量取 $f = 0.9$ mm/r,查表 4.104 取 $v = 46$ m/min,由公式 $n = 1\ 000 \times v/(\pi d)$ 可求得该工序车床转速 $n/(\text{r} \cdot \text{min}^{-1}) = \frac{1\ 000v}{\pi d} = \frac{46 \times 1\ 000}{3.14 \times 57} = 257.01 \approx 257$,查表 4.35 对照 CA6140 车床转速系列,取转速 $n = 250$ r/min。再将此转速代入公式 $n = 1\ 000 \times v/(\pi d)$,可求出该工序的实际车床速度 $v/(\text{m} \cdot \text{min}^{-1}) = n\pi d/1\ 000 = 250 \times 3.14 \times \frac{57}{1\ 000} \approx 44.75$。

(2)工序 30(半精车)。以半精车 $\phi52^{-0.01}_{-0.029}$ 的外圆表面及粗镗及半精镗 $\phi36^{+0.02}_{-0}$ 为示例(选硬质合金车刀且刀杆尺寸 $B \times H$ 取 25 mm × 25 mm)。

半精车 $\phi54.2 \sim \phi52.4$ 的切削用量:加工材料为 HT150,刀尖圆弧半径取 0.5,切削深度 $a_p = 1.8$ mm(双边),加工粗糙度为 $Ra = 3.2$,查表 4.102 则进给量取 $f = 0.15$ mm/r,查表 4.104 取 $v = 90$ m/min,由公式 $n = 1\ 000 \times v/(\pi d)$ 可求得该工序车床转速 $n/(\text{r} \cdot \text{min}^{-1}) = \frac{1\ 000v}{\pi d} = \frac{90 \times 1\ 000}{3.14 \times 52.7} = 543.88 \approx 544$,查表 4.35 对照 CA6140 车床转速系列,取转速 $n = 560$ r/min。再将此转速代入公式 $n = 1\ 000 \times v/(\pi d)$,可求出该工序的实际车床速度 $v/(\text{m} \cdot \text{min}^{-1}) = n\pi d/1\ 000 = 560 \times 3.14 \times \frac{54.2}{1\ 000} \approx 95.31$。

(3)工序 50(粗镗、半精镗)。

① 粗镗 $\phi36^{+0.02}_{0}$ 的内孔。粗镗毛坯内孔 $\phi31 \sim \phi34.2$ 的切削用量:加工材料为 HT150,切削深度 $a_p = 3.2$ mm(双边),选硬质合金车刀且刀杆尺寸取 $\phi20$。查表 4.101 则进给量取 $f = 0.3$ mm/r,查表 4.104 取 $v = 46$ m/min,由公式 $n = 1\ 000 \times v/(\pi d)$ 可求得该工序车床转速 $n/(\text{r} \cdot \text{min}^{-1}) = \frac{1\ 000v}{\pi d} = \frac{46 \times 1\ 000}{3.14 \times 34.2} = 428.35 \approx 428$,查表 4.35 对照 CA6140 车床转速系列,取转速 $n = 450$ r/min,再将此转速代入公式 $n = 1\ 000 \times v/(\pi d)$,可求出该工序的实际车床速度 $v/(\text{m} \cdot \text{min}^{-1}) = n\pi d/1\ 000 = 450 \times 3.14 \times \frac{34.2}{1\ 000} \approx 48.32$。

② 半精镗 $\phi36^{+0.02}_{0}$ 的内孔。半镗内孔 $\phi34.2 \sim \phi35.6$ 的切削用量:加工材料为 HT150、切削深度 $a_p = 1.4$ mm(双边),选硬质合金车刀且刀杆尺寸取 $\phi20$,加工粗糙度为

$Ra = 3.2$,参考表 4.101 则进给量取 $f = 0.15$ mm/r,查表 4.104 取 $v = 86$ m/min,由公式 $n = 1\,000 \times v/(\pi d)$ 可求得该工序车床转速 $n/(\text{r} \cdot \text{min}^{-1}) = \dfrac{1\,000v}{\pi d} = \dfrac{86 \times 1\,000}{3.14 \times 35.6} = 769.34 \approx 769$,查表 4.35 对照 CA6140 车床转速系列,取转速 $n = 710$ r/min,再将此转速代入公式 $n = 1\,000 \times v/(\pi d)$,可求出该工序的实际车床速度 $v/(\text{m} \cdot \text{min}^{-1}) = n\pi d/1\,000 = 710 \times 3.14 \times \dfrac{35.6}{1\,000} \approx 79.37$。

5.3.6 确定时间定额

下面以第 10、30、50 三道工序作为示例,通过查表法介绍工序的时间定额计算。

(1) 工序 10(粗车 $\phi 57$ 至 $\phi 54.2$)

① 基本时间 t_j 的计算。根据表 4.143 中车外圆表面的基本时间计算公式 $t_j = \dfrac{L}{fn}i = \dfrac{l + l_1 + l_2 + l_3}{fn}i$ 可求出该工序的基本时间。切削深度 $a_p = 2.8$ mm(双边),$l = 15.5$ mm,$i = 1$,$f = 0.9$ mm/r,$l_1/\text{mm} = \dfrac{a_p}{\tan \kappa_r} + (2 \sim 3) = \dfrac{1.4}{\tan 90°} + 3 = 3$,$l_2 = 4$ mm,$l_3 = 0$,将上述结果代入公式 $t_j = \dfrac{l + l_1 + l_2 + l_3}{fn}i$,则该工序的基本时间为

$$t_j/\text{s} = (15.5 + 3 + 4)/(0.9 \times 250) \times 60 = 6$$

② 辅助时间 t_f 的计算。根据第 4.8 节所述,辅助时间 t_f 与基本时间 t_j 之间的关系为 $t_f = (0.15 \sim 0.2)t_j$,取 $t_f = 0.2 \times t_j$,则 $t_f/\text{s} = 0.2 \times 6 = 1.2$。

③ 其他时间的计算。除了作业时间(基本时间与辅助时间之和)以外,每道工序的单件时间还包括布置工作地时间、休息与生理需要时间和准备与终结时间。由于本例中法兰盘的生产类型为中批生产,需要考虑各工序的准备与终结时间,t_z/m 为作业时间的 3%～5%,而布置工作地时间 t_b 是作业时间的 2%～7%,休息与生理需要时间 t_x 是作业时间的 2%～4%,本例均取为 3%,则各工序的其他时间 $t_b + t_x + (t_z/m)$ 应按关系式 $(3\% + 3\% + 3\%) \times t_j + t_f$ 计算,它们分别为:工序 30 的其他时间 $t_b + t_x + (t_z/m) = 9\% \times (6\,\text{s} + 1.2\,\text{s}) \approx 0.66\,\text{s}$。

④ 单件时间定额 t_{dj} 的计算。根据公式,本例中单件时间 $t_{dj} = t_j + t_f + t_b + t_x + (t_z/m)$,则各工序的单件时间为 $t_{dj} = t_j + t_f + t_b + t_x + (t_z/m) = 6\,\text{s} + 1.2\,\text{s} + 0.66\,\text{s} = 7.86\,\text{s}$。

(2) 工序 30(半精车)

半精车 $\phi 52_{-0.029}^{-0.01}$ 的外圆表面。

基本时间 t_j 的计算:半精车 $\phi 54.2 \sim \phi 52.4$,加工材料为 HT150,切削深度 $a_p = 1.8$ mm(双边),根据表 4.143 中车外圆的基本时间计算公式 $t_j = \dfrac{L}{fn}i = \dfrac{l + l_1 + l_2 + l_3}{fn}i$ 可求出该工序的基本时间。$l = 15.5$ mm,$i = 1$,$f = 0.15$ mm/r,$l_2 = 4$,$l_3 = 0$ $l_1/\text{mm} = \dfrac{a_p}{\tan \kappa_r} +$

$(2 \sim 3) = \dfrac{0.9}{\tan 90°} + 3 = 3$,将上述结果代入公式 $t_j = \dfrac{l + l_1 + l_2 + l_3}{fn}i$,则该工序的基本时间 $t_j/\text{s} = (15.5 + 3 + 4)/(0.15 \times 560) \times 60 = 16.2$;

辅助时间:$t_f/\text{s} = 0.2 \times 16.2 = 3.24$;

其他时间的计算:$t_b + t_x + (t_z/m) = 9\% \times (16.2\text{ s} + 3.24\text{ s}) = 1.75\text{ s}$;

单件时间定额:$t_{dj半精车}/\text{s} = t_j + t_f + t_b + t_x + (t_z/m) = 16.2 + 3.24 + 1.75 = 21.19$。

(3) 工序 50(粗镗、半精镗)

① 粗镗 $\phi36_0^{+0.02}$ 的内孔。

基本时间 t_j 的计算:粗镗内孔 $\phi31 \sim \phi34.2$,切削深度 $a_p = 3.2$ mm(双边),$f = 0.3$ mm/r,根据表 4.143 中镗孔表面的基本时间计算公式 $t_j = \dfrac{L}{fn}i = \dfrac{l + l_1 + l_2 + l_3}{fn}i$ 可求出该工序的基本时间。$l = 25$ mm,$i = 1$,$l_1/\text{mm} = \dfrac{a_p}{\tan \kappa_r} + (2 \sim 3) = \dfrac{1.6}{\tan 75°} + 3 = 3.43$,$l_2 = 5$ mm,$l_3 = 0$,将上述结果代入公式 $t_j = \dfrac{l + l_1 + l_2 + l_3}{fn}i$,则该工序的基本时间为

$$t_j/\text{s} = (25 + 3.43 + 5)/(0.3 \times 450) \times 60 = 15$$

辅助时间:$t_f = 0.2 \times 15\text{ s} = 3\text{ s}$;

其他时间的计算:$t_b + t_x + (t_z/m) = 9\% \times (15\text{ s} + 3\text{ s}) = 1.62\text{ s}$;

单件时间定额:$t_{dj粗镗} = t_j + t_f + t_b + t_x + (t_z/m) = 15\text{ s} + 3\text{ s} + 1.62\text{ s} = 19.62\text{ s}$。

② 半精镗 $\phi36_0^{+0.02}$ 的内孔。

基本时间 t_j 的计算:粗镗 $\phi34.2 \sim \phi35.6$,切削深度 $a_p = 1.4$ mm(双边),$f = 0.15$ mm/r,根据表 4.143 中镗孔表面的基本时间计算公式 $t_j = \dfrac{L}{fn}i = \dfrac{l + l_1 + l_2 + l_3}{fn}i$ 可求出该工序的基本时间。$l = 25$ mm,$i = 1$,$l_1/\text{mm} = \dfrac{a_p}{\tan \kappa_r} + (2 \sim 3) = \dfrac{0.70}{\tan 90°} + 3 = 3$,$l_2 = 5$ mm,$l_3 = 0$,将上述结果代入公式 $t_j = \dfrac{l + l_1 + l_2 + l_3}{fn}i$,则该工序的基本时间为

$$t_j/\text{s} = (25 + 3 + 5)/(0.15 \times 710) \times 60 = 18.60$$

辅助时间:$t_f/\text{s} = 0.2 \times 18.60 = 3.72$;

其他时间的计算:$t_b + t_x + (t_z/m) = 9\% \times (18.60\text{ s} + 3.72\text{ s}) = 2.01\text{ s}$;

单件时间定额:$t_{dj半精镗} = t_j + t_f + t_b + t_x + (t_z/m) = 18.6\text{ s} + 3.72\text{ s} + 2.01\text{ s} = 24.33\text{ s}$。

因此,工序 40 的单件计算时间为

$$t_{dj}/\text{s} = t_{dj半精车} + t_{dj粗镗} + t_{dj半精镗} = 21.19 + 19.36 + 24.33 = 64.88$$

5.3.7　法兰盘的机械加工工艺规程

按 5.3.2 ~ 5.3.6 小节的方法同样算出其他工序的加工余量、工序尺寸、切削用量和时间定额等内容,将确定的上述各项内容填入工艺卡片中,法兰盘机械加工工艺过程卡见表 5.17,法兰盘主要工序的机械加工工艺见表 5.18。

表 5.17 法兰盘机械加工工艺过程卡

(单位)		机械加工工艺过程卡片		产品型号	FLP-01	共1页	零件号码	FLP-01-001	
				单台数量	1	第1页	零件名称	法兰盘	
材料牌号	HT150	毛坯或毛料类型	铸件	毛坯或毛料外形尺寸	$\phi125\times65$		材料消耗定额/kg		车间备注
工序号	工序名称	工序内容	工序图号页数	设备			工艺装备		
5	毛坯及正火处理								
10	粗车	粗车 $\phi52_{-0.029}^{-0.01}$ 外圆,15 右端面,60 右端面,$\phi120_{-0.16}^{0}$ 外圆	2	CA6140 卧式车床			夹具,游标卡尺,车刀		
20	粗车	粗车 $\phi80_{-0.19}^{0}$ 外圆,60 左端面,15 左端面	3	CA6140 卧式车床			夹具,游标卡尺,车刀		
30	半精车	半精车 $\phi50_{-0.029}^{-0.01}$ 外圆,$\phi120_{-0.16}^{0}$ 外圆,15 右端面,3×0.5 槽,倒角	4	CA6140 卧式车床			夹具,游标卡尺,车刀,千分尺		
40	半精车	半精车 $\phi80_{-0.19}^{0}$ 外圆,60 左端面,15 左端面	5	CA6140 卧式车床			夹具,游标卡尺,车刀,千分尺		
50	粗镗及半精镗	粗镗 $\phi36_{0}^{+0.02}$ 内孔,半精镗 $\phi36_{0}^{+0.02}$ 内孔	5	CA6140 卧式车床			夹具,游标卡尺,车刀,千分尺		
60	粗镗及半精镗	粗镗 $\phi62.4$,$\phi62\pm0.015$,$\phi65$ 及 4×0.5 槽 $\phi58$ 内孔,半精镗 $\phi65$,$\phi62\pm0.015$ 及 4×0.5 槽,$M64\times1.5$ 螺纹	6	CA6140 卧式车床			夹具,游标卡尺,车刀,千分尺		
70	粗铣	粗铣 54 和 $34.5_{-0.8}^{-0.3}$ 的两端面	7	铣床 X52K			夹具,游标卡尺,铣刀		
80	铣槽	铣 6×6 的槽	8	铣床 X52K			夹具,游标卡尺,铣刀		
90	钻	钻 $3-\phi11$ 的孔,扩 $3-\phi16.5$ 的孔	9	摇臂钻床 Z3025			夹具,游标卡尺,$\phi11$,$\phi16.5$ 钻头		
100	钻	钻 $\phi18$ 孔	10	钻床 Z525			夹具,游标卡尺,$\phi18$ 钻头		
110	钻	钻 $\phi4$ 孔	11	钻床 Z525			夹具,游标卡尺,$\phi4$ 钻头		
120	热处理	退火,表面淬火							
130	磨	磨 $\phi80_{-0.19}^{0}$ 外圆和 60,15 左端面,磨 $\phi52_{-0.029}^{-0.01}$ 外圆	12	外圆磨床			夹具,千分尺,砂轮,卡规		
140	精镗	精镗 $\phi62\pm0.015$,$\phi36_{0}^{+0.02}$ 的内孔	13	镗床			游标卡尺,千分尺,镗刀		
150	钳工			钳工台			锉刀		
160	最终检验			检验台			游标卡尺,千分尺,塞规,卡规		
标记	更改单号	签名	日期	工艺员	日期	校对	日期	标准	审定 日期

表 5.18 法兰盘主要工序的机械加工工艺

工序号	工序名称	工序图	工艺装备
10	粗车	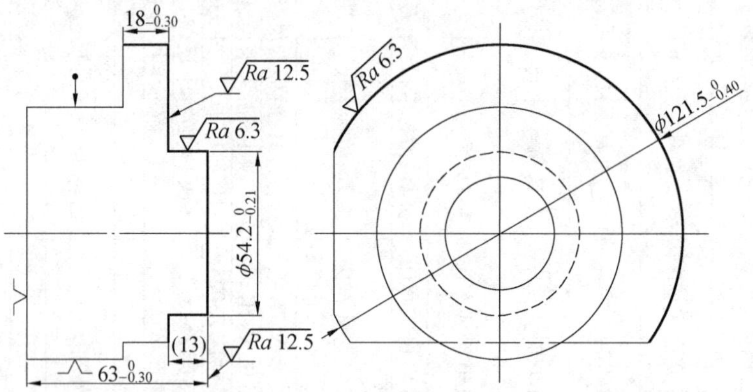 $18_{-0.30}^{0}$，$\phi 54.2_{-0.21}^{0}$，$\phi 121.5_{-0.40}^{0}$，$63_{-0.30}^{0}$，(13)，Ra 12.5，Ra 6.3	YT5 90°偏刀、游标卡尺
20	粗车	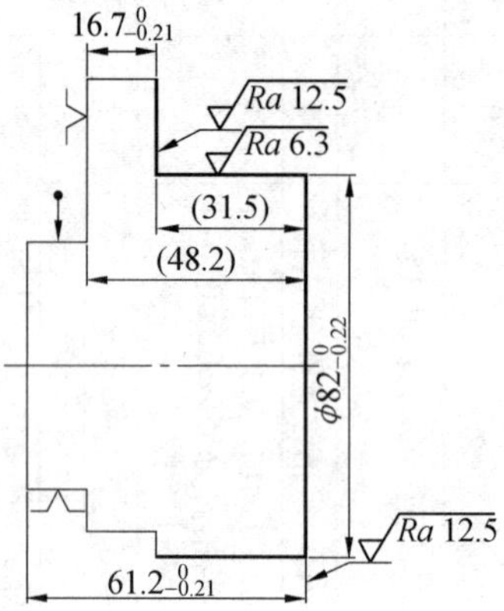 $16.7_{-0.21}^{0}$，(31.5)，(48.2)，$\phi 82_{-0.22}^{0}$，$61.2_{-0.21}^{0}$，Ra 12.5，Ra 6.3	YT5 90°偏刀游标卡尺

续表 5.18

工序号	工序名称	工序图	工艺装备
30	半精车	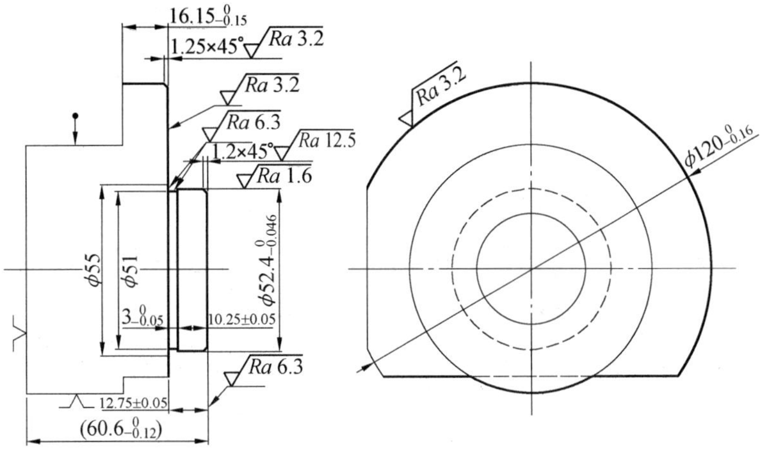	YT15 90°偏刀、倒角刀、车槽刀、游标卡尺、千分尺
40	半精车	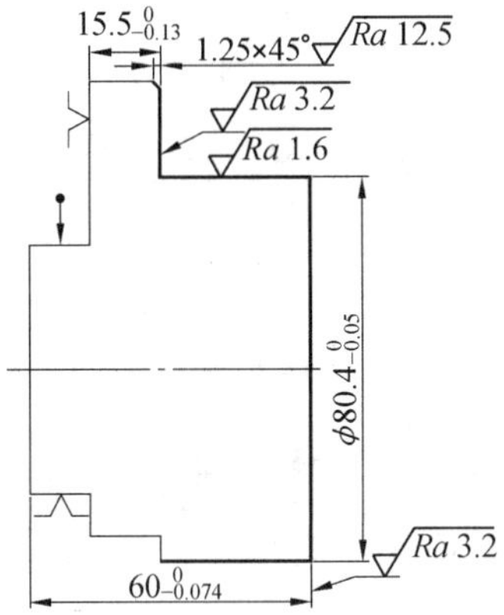	YT15 90°偏刀、倒角刀、游标卡尺、千分尺

续表 5.18

工序号	工序名称	工序图	工艺装备
50	粗镗及半精镗	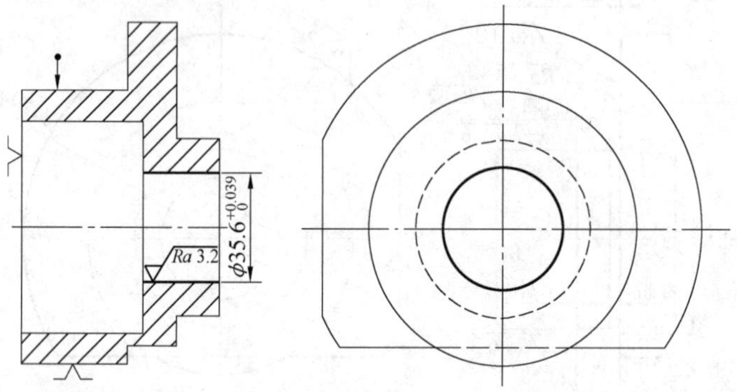 $\phi 35.6^{+0.039}_{0}$，Ra 3.2	内径镗刀、内径千分尺表
60	粗镗及半精镗	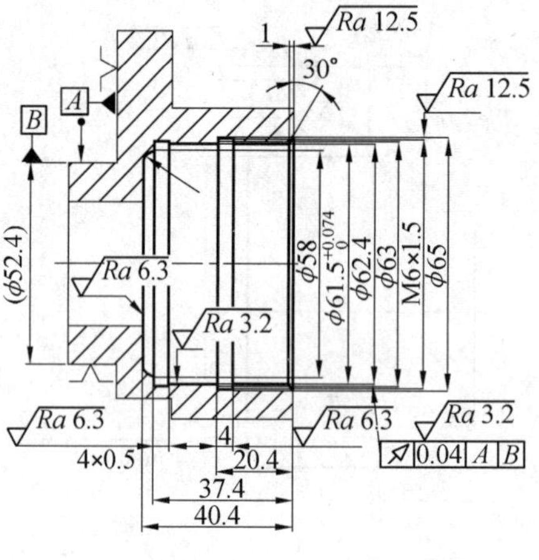 ($\phi 52.4$），$\phi 58$，$\phi 61.5^{+0.074}_{0}$，$\phi 62.4$，$\phi 63$，M6×1.5，$\phi 65$，Ra 12.5、Ra 6.3、Ra 3.2，30°，4×0.5，4，20.4，37.4，40.4，⌢ 0.04 A B	内径镗刀、车槽刀、成形车刀、深度游标卡尺、游标卡尺、千分尺表

续表 5.18

工序号	工序名称	工序图	工艺装备
70	粗铣	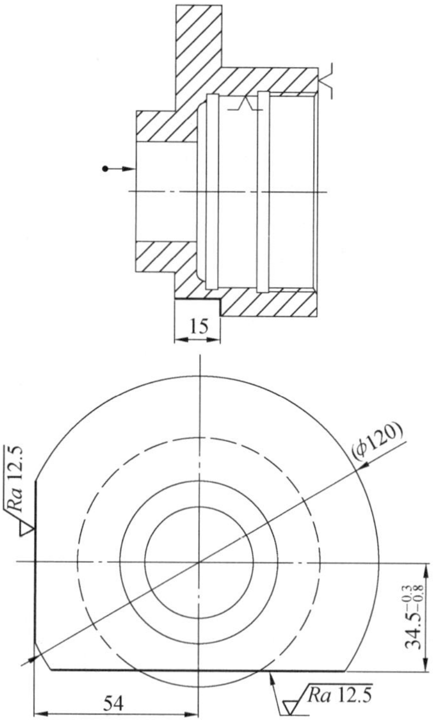	圆柱铣刀 $\phi 35$ mm，游标卡尺
80	铣槽	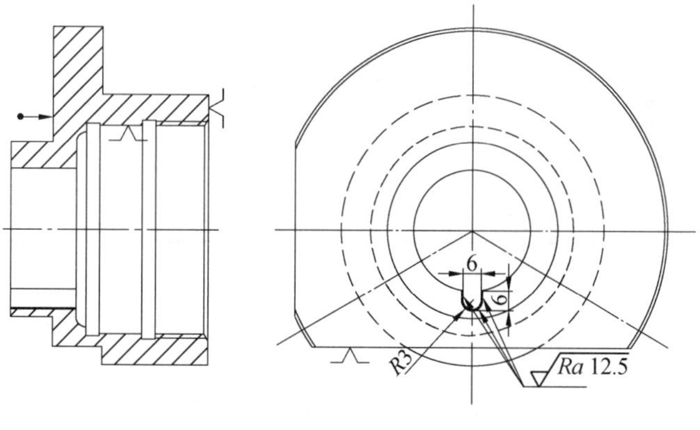	槽铣刀 $\phi 6$ mm

续表 5.18

工序号	工序名称	工序图	工艺装备
90	钻孔	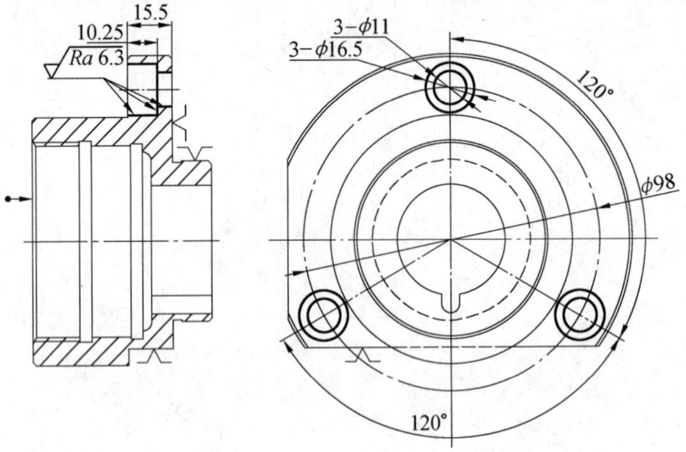	φ11 钻头 φ16.5 扩孔钻
100	钻孔	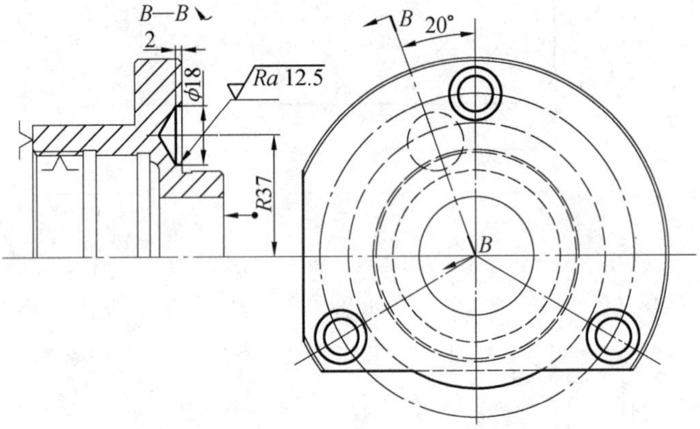	φ18 钻头

续表 5.18

工序号	工序名称	工序图	工艺装备
110	钻孔	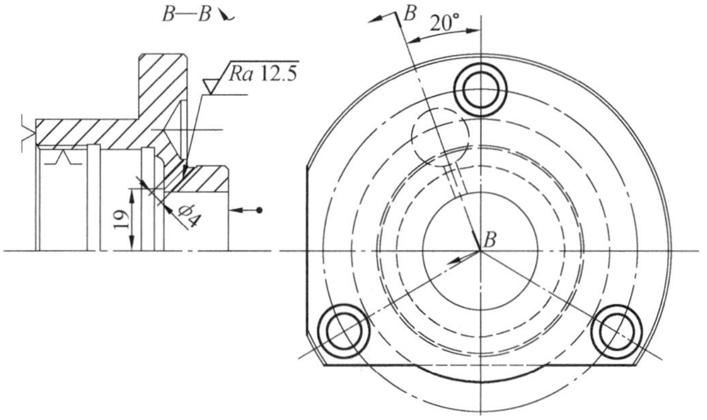	φ4 钻头
130	磨	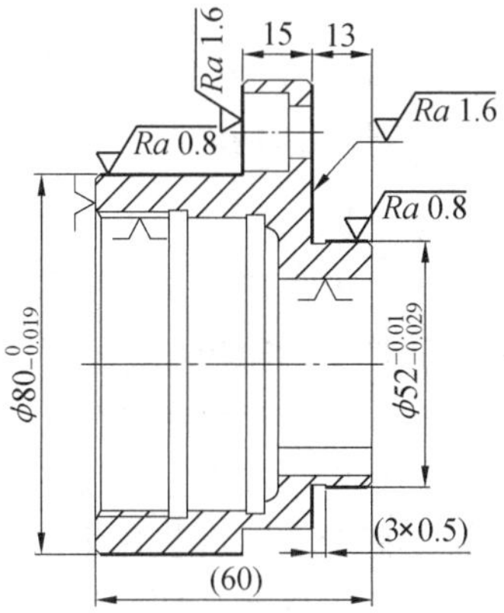	砂轮、游标卡尺、千分尺表

续表 5.18

工序号	工序名称	工序图	工艺装备
140	精镗	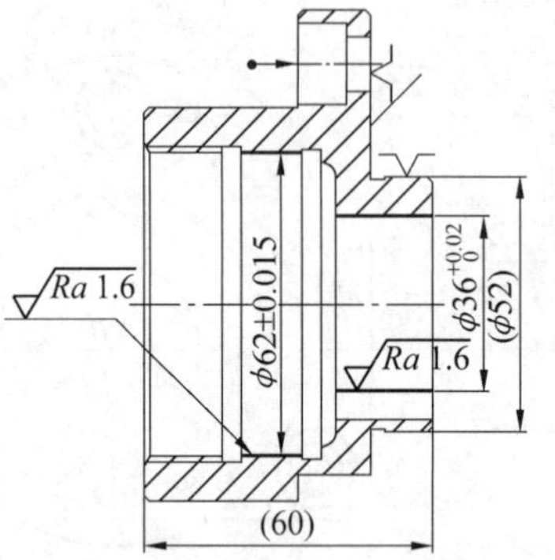 $\phi 62 \pm 0.015$　$\phi 36^{+0.02}_{0}$　$(\phi 52)$　$Ra\,1.6$　(60)	内镗刀、千分尺表

5.3.8　工序 90 的钻模夹具设计

（1）工序尺寸精度分析：该工序在摇臂钻床上加工，夹具装配图如图 5.18 所示。

（2）定位方案确定：根据该工件的加工要求可知该工序必须限制工件五个自由度，即 X、Y、$\hat{X}$、$\hat{Y}$、$\hat{Z}$，但为了方便地控制刀具的走刀位置，还应限制 Z 一个自由度，因而工件的 6 个自由度都被限制，由分析可知要使定位基准与设计基准重合。选以 $\phi 36^{+0.02}_{0}$ 的内孔和长度为 60 的右端面及长度为 34.5 的平面为定位基准。

（3）底板的确定：根据工件的实际情况，底板的长度选为 134.5 mm，宽度为 134.5 mm，高度为 70 mm。根据钻床 T 形槽的宽度，决定选用 GB/T 2206—1991 宽度 B = 14，公差带为 h6 的 A 型两个定位键来确定夹具在机床上的位置。夹具选用灰铸铁的铸造夹具体，其基本厚度选为 20 mm，并在夹具体底部两端设计出供 T 形槽用螺栓紧固夹具用的 U 形槽，如图 5.19 所示。

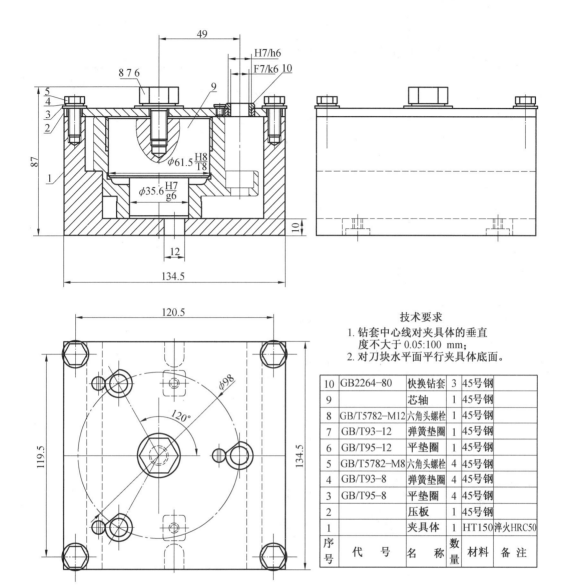

图 5.18 夹具装配图

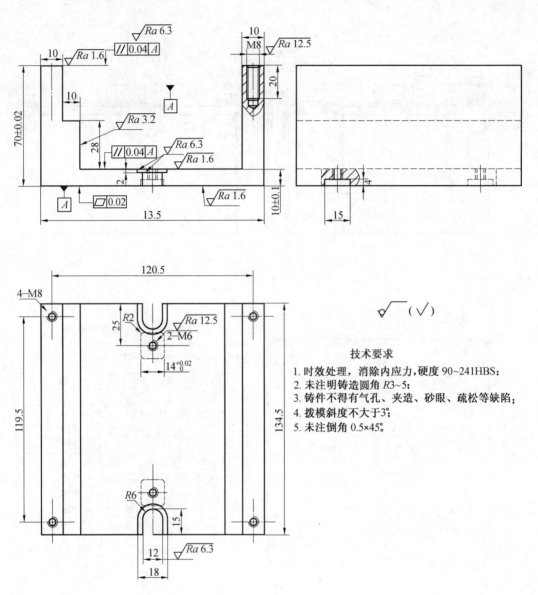

图 5.19　钻模夹具体零件图

附录　课程设计题目选编

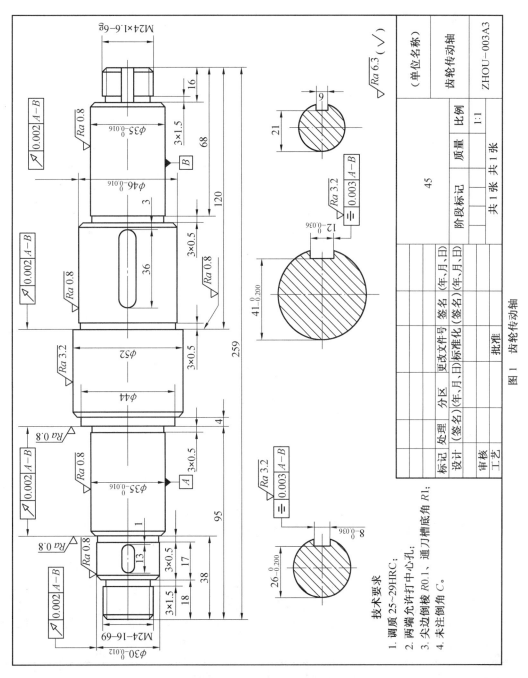

图 1　齿轮传动轴

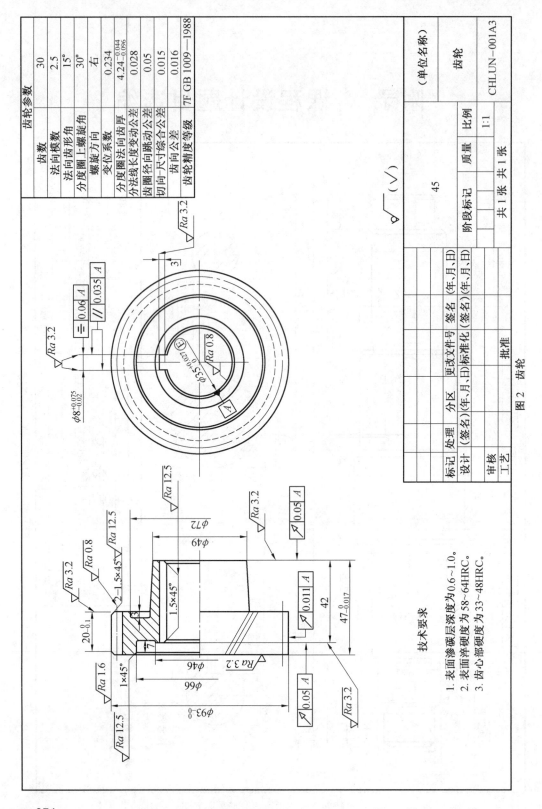

图 2 齿轮

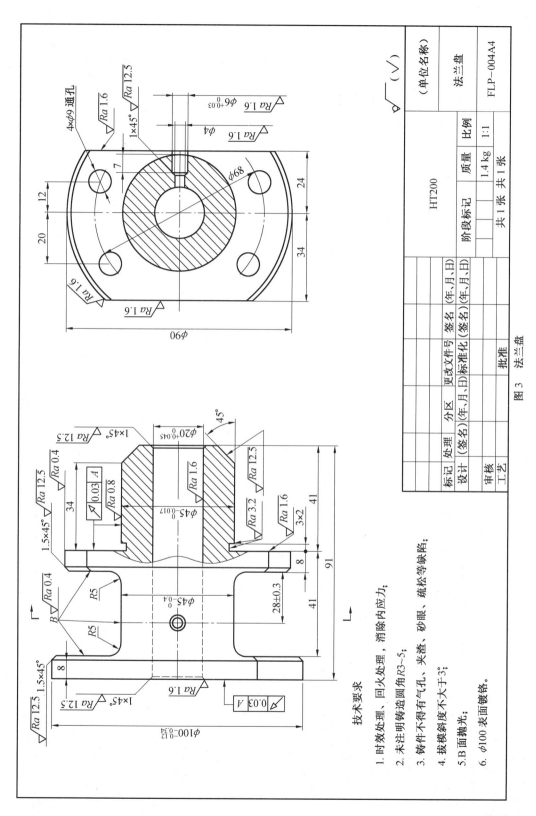

图 3 法兰盘

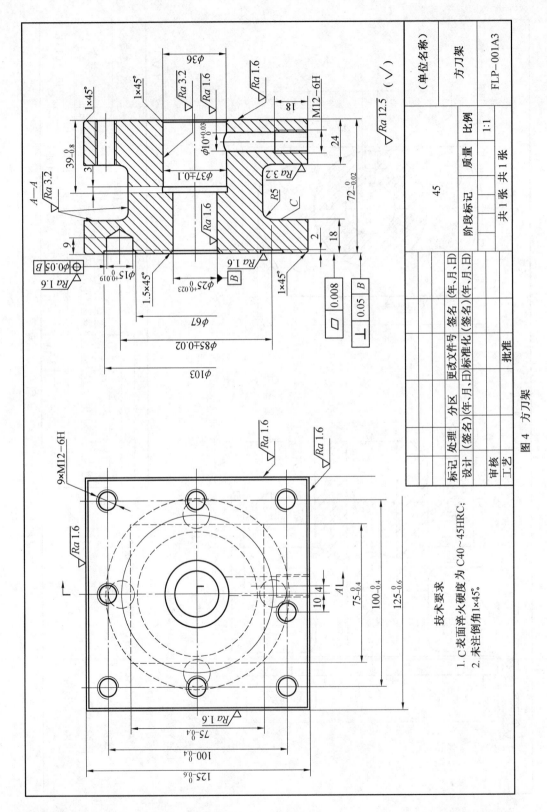

图 4 方刀架

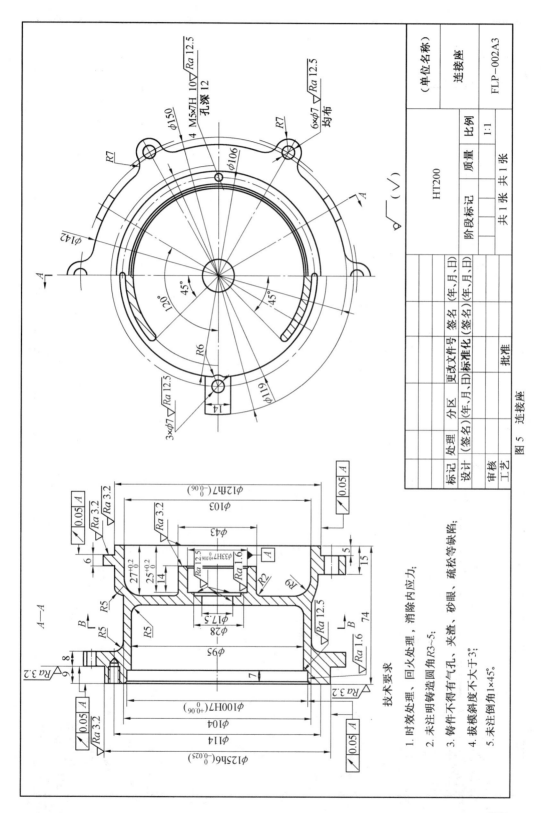

图 5 连接座

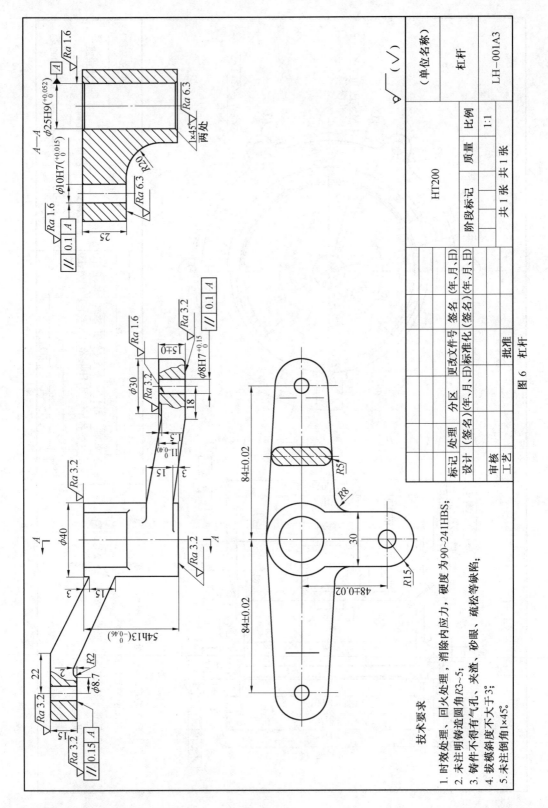

图 6 杠杆

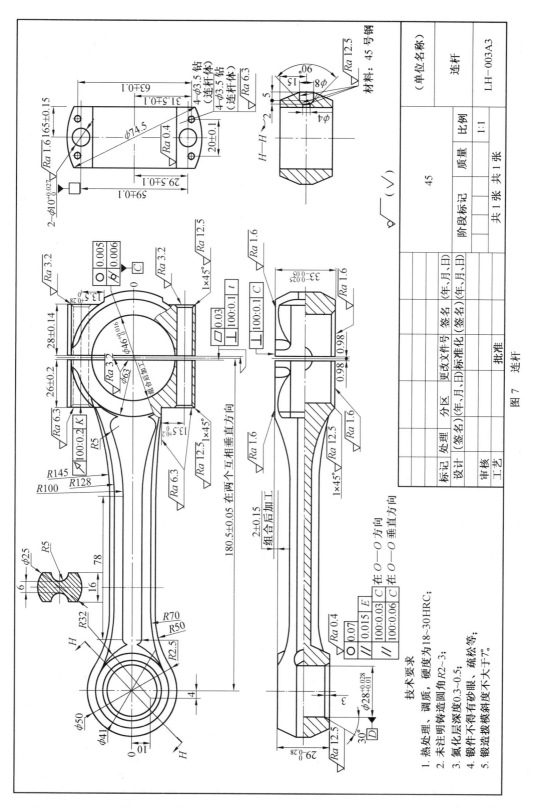

图 7 连杆

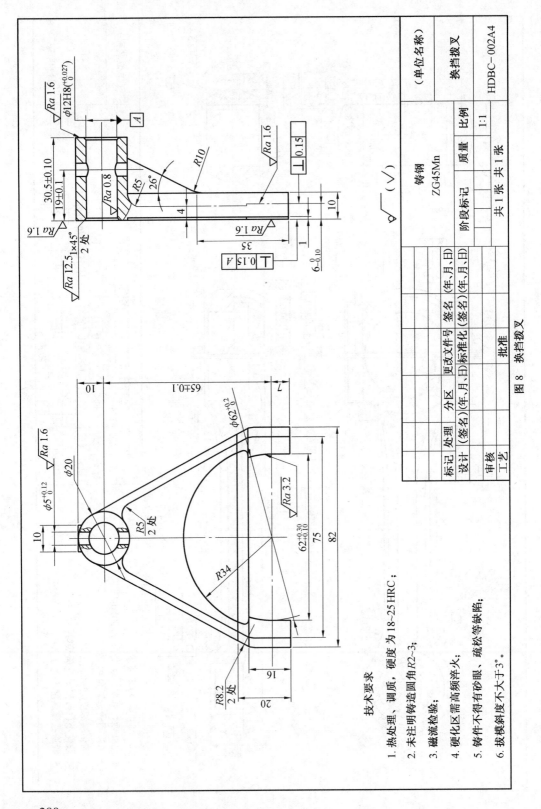

图 8 换挡拨叉

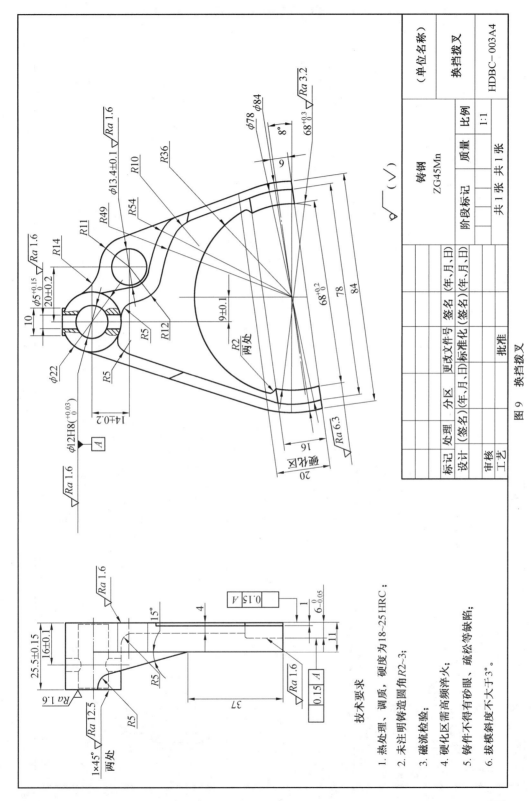

图 9 换挡拨叉

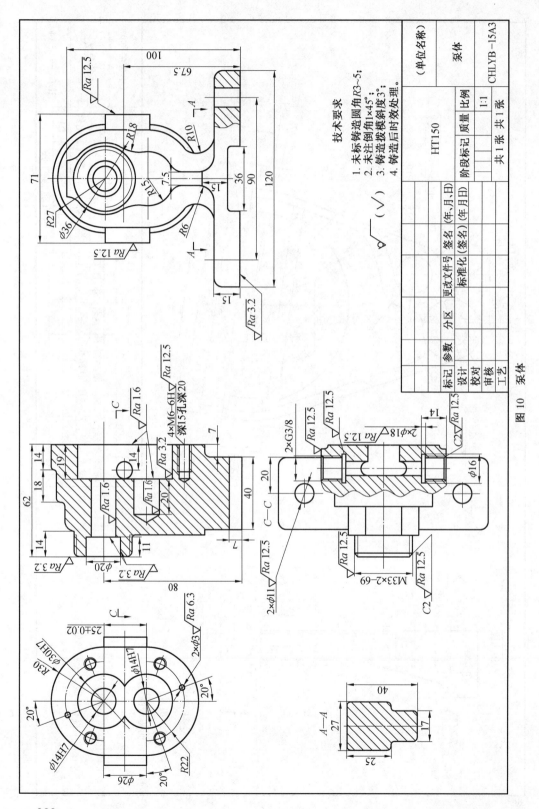

图 10 泵体

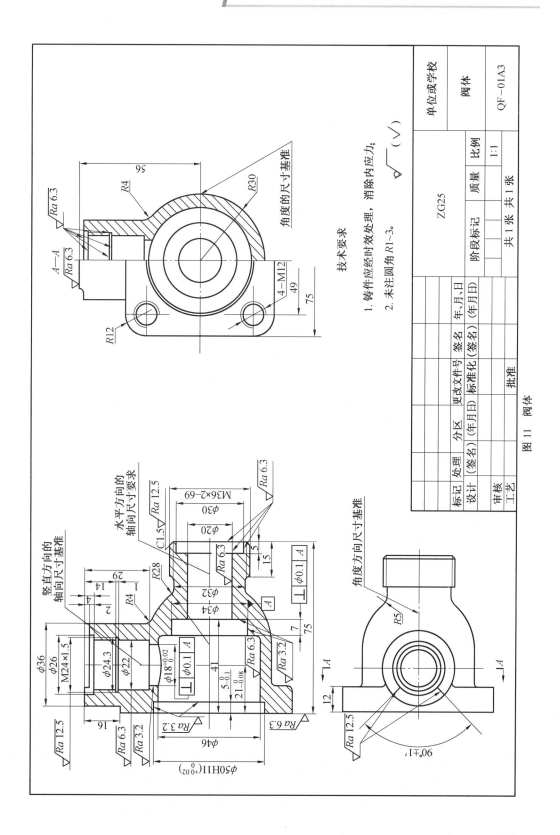

图 11 阀体

参考文献

[1] 李益民. 机械制造工艺设计简明手册[M]. 北京:机械工业出版社,1993.
[2] 赵福如. 机械加工工艺人员手册[M]. 4版. 上海:上海科学技术出版社,2011.
[3] 陈家芳. 实用金属切削加工工艺手册[M]. 上海:上海科学技术出版社,2011.
[4] 艾兴,肖诗纲. 切削用量简明手册[M]. 3版. 北京:机械工业出版社,2012.
[5] 王凡. 实用机械制造工艺设计手册[M]. 北京:机械工业出版社,2012.
[6] 王光斗,王春福. 机床夹具设计手册[M]. 3版. 上海:上海科学技术出版社,2000.
[7] 陈宏钧. 简明机械加工工艺手册[M]. 北京:机械工业出版社,2011.
[8] 机械行业标准 JB/T 9165.2—1998 工艺规程格式.
[9] 国家标准 GB/T 6414—1999 铸件尺寸公差与机械加工余量.
[10] 国家标准 GB/T 12362—2003 钢质模锻件公差及机械加工余量.
[11] 赵家齐. 机械制造工艺学课程设计指导书[M]. 2版. 北京:机械工业出版社,2000.
[12] 李旦. 机床夹具设计图册[M]. 哈尔滨:哈尔滨工业大学出版社,2012.
[13] 崇凯. 机械制造技术基础课程设计指南[M]. 北京:化学工业出版社,2007.
[14] 田培棠. 夹具结构设计手册[M]. 北京:国防工业出版社. 2010.